普通高等教育网络工程专业教材

Windows Server 2016 网络操作系统

主　编　孟凡楼　刘　洋

副主编　周玉涛　王仁林　南　洋

中国水利水电出版社
www.waterpub.com.cn
·北京·

内 容 提 要

本书详细介绍了 Windows Server 2016 网络操作系统的配置与管理，并结合实际操作，深入浅出地讲解了该系统的各种应用和解决方案。

本书分为 13 章，包括 Windows Server 2016 概述、安装 Windows Server 2016、配置 Windows Server 2016 的基本工作环境、Windows Server 2016 的账户管理、Windows Server 2016 域服务的配置与管理、NTFS 配置与管理、磁盘管理、文件服务器的配置、打印服务器的配置、DHCP 服务器的配置、DNS 服务器的配置、Web 服务器的配置、搭建 FTP 服务器等内容。本书每章后都提供了习题与实训，有助于学生对知识的巩固掌握。

本书的编写以学生为中心，内容实用，资源丰富，通俗易懂，构建了完整的知识体系，在拓展阅读中还介绍了国家技术前沿案例，增强学生的文化自信。

本书可作为普通高等学校计算机专业、网络工程专业、软件工程专业、通信工程专业、自动化专业的应用型人才培养本科教材，也可作为各高校相关专业的专科及高等职业教育电子信息类专业教材，还可供从事网络管理的工程技术人员以及其他自学者学习参考。

图书在版编目（C I P）数据

Windows Server 2016网络操作系统 / 孟凡楼，刘洋主编. -- 北京 : 中国水利水电出版社，2024.1
普通高等教育网络工程专业教材
ISBN 978-7-5226-2365-8

Ⅰ. ①W··· Ⅱ. ①孟··· ②刘··· Ⅲ. ①Windows操作系统－网络服务器－高等学校－教材 Ⅳ. ①TP316.86

中国国家版本馆CIP数据核字(2024)第021382号

策划编辑：杜威　责任编辑：鞠向超　加工编辑：刘瑜　封面设计：苏敏

书　　名	普通高等教育网络工程专业教材 Windows Server 2016 网络操作系统 Windows Server 2016 WANGLUO CAOZUO XITONG
作　　者	主　编　孟凡楼　刘　洋 副主编　周玉涛　王仁林　南　洋
出版发行	中国水利水电出版社 （北京市海淀区玉渊潭南路 1 号 D 座　100038） 网址：www.waterpub.com.cn E-mail: mchannel@263.net（答疑） 　　　　sales@mwr.gov.cn 电话：（010）68545888（营销中心）、82562819（组稿）
经　　售	北京科水图书销售有限公司 电话：（010）68545874、63202643 全国各地新华书店和相关出版物销售网点
排　　版	北京万水电子信息有限公司
印　　刷	三河市鑫金马印装有限公司
规　　格	184mm×260mm　16 开本　19 印张　486 千字
版　　次	2024 年 1 月第 1 版　2024 年 1 月第 1 次印刷
印　　数	0001—3000 册
定　　价	52.00 元

凡购买我社图书，如有缺页、倒页、脱页的，本社营销中心负责调换

前　言

习近平总书记在中国共产党第二十次全国代表大会上的报告中指出，要办好人民满意的教育。教育是国之大计、党之大计。培养什么人、怎样培养人、为谁培养人是教育的根本问题。本书的编写以学生为中心，内容实用，资源丰富，通俗易懂，构建了完整的知识体系，在拓展阅读中还介绍了国家技术前沿案例，增强学生的文化自信。

Windows 系列服务器操作系统无疑是现阶段最强大、最易用的网络操作系统之一，它具有安全、可管理、可靠等特点，适用于搭建中小型网络中的各种服务，尤其适合那些没有经过专业培训的人员使用。Windows Server 2016 虽然不是最新的服务器操作系统，但其在成熟程度、稳定性、安全性等方面都非常出色。与早期的 Windows Server 版本相比，Windows Server 2016 除了继承了功能强大、界面友好、使用便捷地优点之外，其操作界面也发生了很大变化，新增了很多独特的功能。

本书详细介绍了 Windows Server 2016 网络操作系统的配置与管理，并结合实际操作，深入浅出地讲解了该系统的各种应用和解决方案，实用性很强。

本书分为 13 章，包括 Windows Server 2016 概述、安装 Windows Server 2016、配置 Windows Server 2016 的基本工作环境、Windows Server 2016 的账户管理、Windows Server 2016 域服务的配置与管理、NTFS 配置与管理、磁盘管理、文件服务器的配置、打印服务器的配置、DHCP 服务器的配置、DNS 服务器的配置、Web 服务器的配置、搭建 FTP 服务器。除第 1 章外，每章后都提供了习题与实训，有助于学生对知识的巩固掌握。

本书由孟凡楼、刘洋任主编；周玉涛、王仁林、南洋任副主编。本书第 1～4 章由刘洋编写，第 5～7 章由周玉涛编写，第 8～9 章由南洋编写，第 10～13 章由孟凡楼编写，全书由孟凡楼、刘洋统稿、整理。

由于编者水平有限，书中难免有疏漏之处，敬请广大读者批评指正。

编　者
2023 年 5 月

目　　录

第1章　Windows Server 2016 概述

学习目标

本章主要介绍网络操作系统的基本概念、类型及功能，以及 Windows Server 2016 的诞生、版本差异和新功能。

通过本章的学习，应该达到如下目标：

- 掌握网络操作系统的基本概念。
- 掌握网络操作系统的类型与功能。
- 了解典型的网络操作系统。
- 了解 Windows Server 2016 的产生背景。
- 了解 Windows Server 2016 各版本之间的差异。
- 了解 Windows Server 2016 的新功能。

1.1　网络操作系统概述

1.1.1　网络操作系统的基本概念

网络操作系统（Network Operating System，NOS）是程序的组合，是在网络环境下，用户与网络资源之间的接口，用以实现对网络资源的管理和控制。对网络系统来说，所有网络功能几乎都是通过网络操作系统来实现的，网络操作系统代表着整个网络的水平。随着计算机网络的不断发展，特别是计算机网络互联、异构网络互联技术及其应用的发展，网络操作系统朝着支持多种通信协议、多种网络传输协议、多种网络适配器的方向发展。

网络操作系统是使联网计算机能够方便而有效地共享网络资源，为网络用户提供所需的各种服务的软件与协议的集合。因此，网络操作系统的基本任务是：屏蔽本地资源与网络资源的差异性，为用户提供各种基本网络服务功能，完成网络共享系统资源的管理，并提供网络系统的安全性服务。

计算机网络系统是通过通信媒体将多台独立的计算机连接起来的系统，每台被连接的计算机拥有独立的操作系统。网络操作系统建立在这些独立的操作系统之上，它是网络用户使用网络系统资源的桥梁。在多个用户争用系统资源时，网络操作系统能够进行资源调剂与管理。它依靠各个独立的计算机操作系统对所属资源进行管理，协调和管理网络用户进程，以及程序与联机操作系统进行的交互。

1.1.2　网络操作系统的类型

网络操作系统一般可以分为两类：面向任务型与通用型。面向任务型网络操作系统是为某一种特殊网络应用需求设计的；通用型网络操作系统能提供基本的网络服务功能，支持用户在各个领域的应用需求。

通用型网络操作系统也可以分为两类：变形系统与基础级系统。变形系统是在原有的单机操作系统的基础上增加网络服务功能构成的网络操作系统；基础级系统则是以计算机硬件为基础，根据网络服务的特殊要求，直接利用计算机硬件与少量软件资源专门设计的网络操作系统。

纵观近十年网络操作系统的发展，网络操作系统经历了从对等结构向非对等结构演变的过程。

1. 对等结构网络操作系统

在对等结构网络操作系统中，所有的节点地位平等，安装在每个节点的操作系统软件相同，连网计算机的资源可以共享。每台连网计算机都以前后台方式工作，前台为本地用户提供服务，后台为其他节点的网络用户提供服务。

对等结构网络操作系统可以提供共享硬盘、共享打印机、电子邮件、共享屏幕与共享 CPU 等服务。

对等结构网络操作系统的优点是：结构相对简单，网络中的任何节点之间均能直接通信。其缺点是：每个节点既要完成工作站的功能，又要完成服务器的功能，即除了要完成本地用户的信息处理任务，还要承担较重的网络通信管理与共享资源管理任务。这将加重连网计算机的负荷，导致其信息处理能力明显降低。因此，对等结构网络操作系统支持的网络一般规模都比较小。

2. 非对等结构网络操作系统

针对对等结构网络操作系统的缺点，人们进一步提出了非对等结构网络操作系统的设计思想，即将节点分为网络服务器（Network Server）和网络工作站（Network Workstation）两类。

在非对等结构的局域网中，连网的计算机有明确的分工。网络服务器采用高配置与高性能的计算机，以集中方式管理局域网的共享资源，并为网络工作站提供各类服务。网络工作站一般采用配置较低的微型机系统，主要为本地用户访问本地资源与网络资源提供服务。

非对等结构网络操作系统软件分为两部分，一部分运行在服务器上，另一部分运行在工作站上。因为网络服务器集中管理网络资源与服务，所以网络服务器是局域网的逻辑中心。网络服务器上运行的网络操作系统的功能与性能，直接决定着网络服务的功能和系统的性能与安全性，它是网络操作系统的核心。

在早期的非对等结构网络操作系统中，人们通常在局域网中安装一台或几台大容量的硬盘服务器，以便为网络工作站提供服务。硬盘服务器的大容量硬盘可以被多个网络工作站用户共享。硬盘服务器将共享的硬盘空间划分为多个虚拟盘体，虚拟盘体一般可以分为三个部分：专用盘体、公用盘体与共享盘体。

专用盘体可以分配给不同的用户，用户可以通过网络命令将专用盘体链接到工作站，用户可以通过口令、盘体的读写属性与盘体属性，来保护存放在专用盘体中的用户数据。公用盘体为只读属性，它允许多个用户同时进行读操作。共享盘体为可读写属性，它允许多个用户同时进行读写操作。

共享硬盘服务系统的缺点是：用户每次使用服务器的硬盘时，需要先进行链接；用户需要自己使用 DOS 命令来建立专用盘体上的 DOS 文件目录结构，并且要自己进行维护。因此，它使用起来很不方便，系统效率低，安全性差。

为了克服上述缺点，人们提出了基于文件服务的网络操作系统。这类网络操作系统分为文件服务器和工作站软件两部分。

文件服务器具有分时系统文件管理的全部功能，它支持文件的概念与标准的文件操作，提供网络用户访问文件、目录的并发控制和安全保密措施。因此，文件服务器具备完善的文件管理功能，能够对全网实行统一的文件管理，各工作站用户可以不参与文件管理工作。文件服务器能为网络用户提供完善的数据、文件和目录服务。

目前的网络操作系统基本都属于文件服务器系统，例如微软公司的 Windows NT Server 与 Novell 公司的 NetWare 等。这些网络操作系统能提供强大的网络服务功能与优越的网络性能，它们的发展为局域网的广泛应用奠定了基础。

1.1.3　网络操作系统的功能

网络操作系统除了应具有一般操作系统的进程管理、存储管理、文件管理和设备管理等功能之外，还应提供高效、可靠的通信能力及多种网络服务功能。

1. 文件服务（File Service）

文件服务是最重要、最基本的网络服务功能。文件服务器以集中的方式管理共享文件，网络工作站可以根据规定的权限对文件进行读写和其他各种操作，文件服务器为网络用户的文件安全与保密提供了必需的控制方法。

2. 打印服务（Print Service）

打印服务可以通过设置专门的打印服务器来完成，或者由工作站或文件服务器来完成。通过打印服务功能，局域网中只需要安装一台或几台网络打印机，用户就可以远程共享网络打印机。打印服务可以实现对用户打印请求的接收、打印格式的说明、打印机的配置、打印队列的管理等功能。打印服务在接收用户的打印请求后，本着"先到先服务"的原则，将用户需要打印的文件排序，用队列管理用户的打印任务。

3. 数据库服务（Database Service）

随着计算机网络的迅速发展，网络数据库服务变得越来越重要。选择适当的网络数据库软件，依照客户机/服务器（Client/Server）工作模式，开发出客户机与服务器端的数据库应用程序，客户机就可以向数据库服务器发送查询请求，服务器进行查询后，将结果传输到客户机。它优化了局域网系统的协同操作模式，从而有效地改善了局域网应用系统的性能。

4. 通信服务（Communication Service）

局域网主要提供工作站与工作站之间、工作站与网络服务器之间的通信服务功能。

5. 信息服务（Message Service）

局域网可以通过存储转发的方式或对等的方式完成电子邮件服务。目前，信息服务已经逐步发展为文件、图像、数字视频与语音数据的传输服务。

6. 分布式服务（Distributed Service）

分布式服务将网络中分布在不同地理位置的资源，组织在一个全局性的、可复制的分布数据库中，网络中多个服务器都有该数据库的副本。用户只需要在一个工作站上注册，便可与多个服务器连接。对于用户来说，网络系统中分布在不同位置的资源是透明的，这样就可以用简单的方法去访问一个大型互联局域网系统。

7. 网络管理服务（Network Management Service）

网络操作系统提供了丰富的网络管理服务工具，可以提供网络性能分析、网络状态监控、存储管理等多种管理服务。

8. Internet/Intranet 服务（Internet/Intranet Service）

为了适应 Internet 与 Intranet 的应用，网络操作系统一般都支持 TCP/IP 协议簇，提供各种 Internet 服务，支持 Java 应用开发工具，使局域网服务器成为 Web 服务器，从而全面支持 Internet 与 Intranet 访问。

1.1.4　典型的网络操作系统

目前，局域网中主要有以下几类网络操作系统。

1. Windows

微软公司的 Windows 系列操作系统在个人操作系统市场占有绝对优势，在网络操作系统市场也占有非常大的份额。由于它对服务器的硬件要求较高，且稳定性不是很好，所以一般用在中、低端服务器中，高端服务器通常采用 Unix、Linux 或 Solairs 等操作系统。在局域网中，微软公司的网络操作系统主要有 Windows NT Server 4.0、Windows 2000 Server、Windows Server 2003、Windows Server 2008、Windows Server 2012、Windows Server 2016 等。

2. NetWare

NetWare 操作系统曾经非常流行，因为其对网络硬件要求较低，所以受到一些设备比较落后的中、小型企业，特别是学校的青睐。目前常用的版本有 3.11、3.12、4.10、V4.11、V5.0 等。NetWare 服务器对无盘工作站和游戏的支持较好，常用于教学网和游戏厅。

3. Unix

目前，Unix 网络操作系统的常用版本有 Unix SUR 4.0、HP-UX 11.0，SUN 的 Solaris 8.0 等，它们均支持网络文件系统服务，功能强大。这种网络操作系统稳定，安全性能非常好，但由于它多数是以命令的方式来进行操作的，因此不容易掌握，特别是对初级用户不友好。正因如此，小型局域网基本不使用 Unix 网络操作系统，它一般用于大型的网站或大型的企、事业局域网中。Unix 网络操作系统历史悠久，其良好的网络管理功能已为广大网络用户所接受，它还拥有丰富的应用软件支持。Unix 本是针对小型机主机环境开发的操作系统，采用集中式分时多用户体系结构。

4. Linux

Linux 是一种新型的网络操作系统，其最大的特点是开放源代码，并可使用许多免费应用程序，目前常用的版本有 RedHat（红帽子），红旗 Linux 等，其安全性和稳定性较好，在国内得到了用户的充分肯定。它与 Unix 网络操作系统有许多类似之处，这类操作系统主要适用于中、高档服务器。

总的来说，对特定计算环境的支持使得每一种操作系统都有适合自己的工作场合。例如，Windows 2000 Professional、Windows XP、Windows 7、Windows 8、Windows 10 等适用于桌面计算机，Linux 操作系统适用于小型网络，Windows Server 系列操作系统适用于中小型网络，而 Unix 操作系统则适用于大型网络。因此，对于不同的网络应用，我们需要有目的地选择合适的网络操作系统。

1.2　Windows Server 2016 概述

Windows Server 2016 作为网络操作系统或服务器操作系统，高性能、高可靠性和高安全性是其必备要素，尤其是日趋复杂的企业应用和 Internet 应用，对其提出了更高的要求。Windows Server 2016 是对微软平台之前几个服务器版本的一次全面升级。通过对 Windows 操作系统各个版本进行回顾，我们可以对 Windows Server 2016 从技术与使用上有一个更准确的定位。

1.2.1　Windows 操作系统的发展历程

操作系统（Operating System，OS）是最基本、最重要的系统软件，它是用户和计算机的接口，是为了合理、方便地使用计算机系统而对其硬、软件资源进行管理的一种软件。当前使用较多的操作系统是微软公司的 Windows 操作系统。下面就来简单回顾一下 Windows 操作系统的发展历程。

1.　Windows 1.0

1985 年，微软公司正式发布了第一代窗口式多任务系统——Windows 1.0。该操作系统的推出标志着个人计算机开始进入了图形用户界面（Graphical User Interface，GUI）时代，GUI 打破了以往人们用命令行来接受用户指令的方式，用鼠标单击就可以完成命令的执行。此外，日历、记事本、计算器、时钟等实用工具开始出现，人们可以通过计算机管理简单的日常事务。

2.　Windows 3.X

1990 年，微软公司推出了 Windows 3.0，随后又发布了 Windows 3.2 中文版。在操作的稳定性和友好性方面，Windows 3.X 都有巨大的改进。

Windows 3.X 在界面人性化和内存管理上也有较大的改进：它具备模拟 32 位操作系统的功能，图片显示效果大有长进，对当时最先进的 386 处理器有良好的支持。这个系统提供的对虚拟设备驱动（VxDs）的支持，极大地改善了系统的可扩展性。

Windows 3.X 具备对声音输入/输出（I/O）的基本的多媒体支持和 CD-ROM，1992 年推出的 Windows 3.2 版可以播放音频、视频，并首次支持屏幕保护程序。

3.　Windows 95

上述的几个 Windows 操作系统版本虽然已让用户感受到 GUI 的魅力，在功能上不断地完善，但它们有一个共同的特点，就是都只能运行在 DOS 环境下，作为 DOS 的附属品出现。1995 年 8 月 24 日，微软公司推出具有里程碑意义的 Windows 95。Windows 95 是第一个独立的 32 位操作系统，它实现了真正意义上的 GUI，使操作界面变得更加友好。Windows 95 使基于 Windows 的 GUI 应用软件得到极大丰富，个人计算机从此普及化开来。另外，Windows 95 是单用户、多任务操作系统，它能够在同一个时间片中处理多个任务，充分利用了 CPU 的资源，并提高了应用程序的响应能力。Windows 95 还集成了网络功能和即插即用（Plug and Play）功能。

4.　Windows NT

Windows NT 是微软公司推出的面向工作站、网络服务器和大型计算机的多任务、多用户操作系统，NT 代表 New Technology（新技术）。它主要面向商业用户，有服务器版和工作站版，即 NT Server 版和 NT Workstation 版。

NT Workstation 版是直接面向用户的，它比 Windows 95 的效率更高，而且更少出错。NT Server 版用于服务器端，它用于对局域网中的计算机提供各种系统服务和安全保障。NT Server 版如果加上 IIS 就可以提供 Web 服务。Windows NT 凭借其良好的兼容性及与 Windows 操作系统类似的良好的 GUI，在网络操作系统市场上牢牢地站稳了脚跟。广大用户使用最多的版本是 Windows NT Server 4.0，它于 1996 年 8 月推出。对微软公司来说，Windows NT 是一个非常重要的产品，它使微软公司的业务成功地从台式机领域扩张到了服务器领域。

5. Windows 98

1998 年 6 月，微软公司推出了 Windows 98。与 Internet 的紧密集成是 Windows 98 最重要的特性，它使用户能够在共同的界面上，以相同方式简单、快捷地访问本机硬盘、Intranet 和 Internet 上的数据。作为性能更佳及更稳定的操作系统，Windows 98 较 Windows 95 更易安装，并提供全新的系统管理能力，可有效节省整体拥有成本。例如，新增的系统管理工具 Windows 维护向导、增强版错误信息报告工具 Dr. Watson 等使用户更容易诊断问题并改正错误，进行自我维护，提高使用效率。Windows 98 内置了大量的驱动程序，基本上囊括了市面上流行的各种品牌、各种型号硬件的最新驱动程序，而且硬件检测能力有了很大的提高。Windows 98 通过增设多种娱乐功能，真正使用户在轻松工作的同时，享受无穷乐趣。它全面支持高质量的图像、音响效果、数码影碟（DVD）、多媒体等硬件技术，用户可以享受效果丰富的互动放映形式。

6. Windows 2000

Windows 2000 的 Professional 版于 2000 年年初发布，它是第一个基于 NT 技术的纯 32 位的 Windows 操作系统，实现了真正意义上的多用户。Windows 2000 是专为电子商务时代设计的软件，主要针对功能强大的台式计算机，以及运行数据库、电子邮件系统和网站服务器的大型主机，它被业内专家称为"一个软件新世纪的开端"。

Windows 2000 可分成 4 个列：Professional、Server、Advanced Server、Datacenter Server。其中，Professional 是面向各种桌面计算机和便携机开发的新一代操作系统，其在安全性、稳定性方面的表现比 Windows 98 更好，因此成为商业和家庭用户理想的桌面操作系统，Windows 2000 的另外 3 种产品则属于网络操作系统，是面向服务器端的软件平台。

7. Windows XP

2001 年 10 月 25 日，Windows 家族中极具开创性的版本 Windows XP 面世。Windows XP 具有全新的 GUI，整合了更多、更实用的功能，包括防火墙、即时通信、媒体播放器等，加强了用户体验，促进了多媒体技术及数码设备的发展。增强的即插即用的特性使许多硬件设备更易于在 Windows XP 上使用。Windows XP 具有专门为中国用户开发的特性，全面满足中国用户在数字时代的需求。

8. Windows Vista

Windows Vista，是微软公司开发的继 Windows XP 和 Windows Server 2003 之后的又一重要的操作系统。该系统支持许多新的特性和技术。

9. Windows 7

Windows 7 是微软公司开发的具有革命性变化的操作系统。该系统旨在让人们的日常计算机操作更加简单、快捷，为人们提供高效易行的工作环境。它在 Windows 的其他版本上做了很大的改进，不论是从视觉上还是功能上，都得到了人们的认可。Windows 7 正式版于 2009 年 10 月 22 日发布，有简易版、家庭普通版、家庭高级版、专业版和旗舰版等多个版本。

10. Windows 8

2012 年 10 月 26 日，Windows 8 正式发布。Windows 8 支持来自 Intel、AMD 和 ARM 的芯片架构，被应用于个人计算机和平板电脑上，尤其是移动触控电子设备，如触屏手机等。该系统具有良好的续航能力，且启动速度更快、占用内存更少，并兼容 Windows 7 支持的软件和硬件。另外，在界面设计上，该系统采用平面化设计。

11. Windows 10

2015 年 7 月 29 日，Windows 10 正式发布，它是微软公司开发的跨平台、跨设备的封闭性操作系统，应用于计算机和平板电脑等设备。Windows 10 在易用性和安全性方面有了极大的提升，除针对部分新技术进行融合外，还对硬件进行了优化完善和支持。Windows 10 有家庭版、专业版、企业版和教育版等多个版本。

12. Windows 11

2021 年 6 月 24 日，Windows 11 正式发布，Windows 11 的外观设计更加现代化，菜单圆角化，任务栏图标居中。微软公司还重新设计了开始菜单、应用程序商店和设置应用程序，使在屏幕上排列多个应用程序窗口变得更容易。Windows 11 有家庭版、专业版、企业版、教育版、简化版和专业工作站版等多个版本。

13. Windows Server 2003

2003 年初发布的 Windows Server 2003 是微软公司继 Windows XP 后的又一个新产品，在当时号称是"有史以来最快、最可靠和最安全的革命性产品"，该系统拥有新的安全机制，适用于关键的和高扩展性的应用程序，以及对安全性能要求很高的服务器操作系统。其目标是高端服务器市场，作为一种高性能的网络操作系统，它旨在为用户提供稳定、可靠的网络环境。

从技术发展的角度来看，Windows Server 2003 延续了 Windows NT、Windows 2000 Server 的路线，主攻企业市场。

14. Windows Server 2008

Windows Server 2008 继承了 Windows Server 2003 的特性，Windows Server 2008 完全基于 64 位技术，在性能和管理等方面的优势相当明显，为未来服务器整合提供了良好的参考技术手段。Windows Server 2008 有标准版、企业版、数据中心版、Web 版等多个版本。

15. Windows Server 2012

2012 年 4 月 17 日，Windows Server 8 改名为 Windows Server 2012。它采用超越虚拟化技术，可通过一台服务器提供多台服务器的功能，实现相当灵活的工作方式，为每个应用程序创造更大的发挥空间。它将向企业和托管商提供可伸缩、动态、支持多租户，以及可通过云计算优化的基础结构，并能帮助专业人员更快、更高效地响应业务需求。

16. Windows Server 2016

2016 年 10 月 13 日，微软公司正式发布 Windows Server 2016。Windows Server 2016 围绕着软件定义存储、网络和虚拟化引入以下新功能：引入新的安全层，强化平台应对威胁的能力，控制访问权限和保护虚拟机；简化虚拟化升级，引入新的安装选项，增加弹性，确保基础设备稳定又不失灵活性；支持软件定义存储的扩展能力，强调适应性、降低成本、增强控制；新的网络栈带来核心网络功能集、SDN 软件架构，直接从 Azure 到数据中心；提供新的方式进行打包、配置、部署、运行、测试和保护应用程序，连续运行在本地或云端，使用新的 Windows 容器和 Nano Server 轻量级系统部署选项。Windows Server 2016 是对之前版本的一次全面升级，帮助企业打造更强大、更灵活的 IT 基础架构，本书将重点介绍该网络操作系统。

17. Windows Server 2019 及更高版本

2018 年 10 月 2 日，微软公司发布了 Windows Server 2019。Windows Server 2019 基于 Long-Term Servicing Channel 1809 内核开发，相较于之前的 Windows Server 版本，它主要围绕混合云、安全性、应用程序平台、超融合基础设施四个关键主题实现了很多创新。

2021 年 11 月 5 日，微软公司发布了 Windows Server 2022。Windows Server 2022 建立在 Windows Server 2019 的基础上，在以下三个关键主题上引入了许多创新：安全性、Azure 混合集成和管理，以及应用程序平台。此外，它可借助 Azure 版本，利用云的优势使虚拟机保持最新状态，并最大限度地减少停机时间。

1.2.2　Windows Server 2016 的诞生

Windows Server 2016 基于 Long-Term Servicing Branch 1607 内核开发 ，引入了新的安全层保护用户数据，控制访问权限，增强了弹性计算能力，降低存储成本并简化网络，还提供了新的方式来打包、配置、部署、运行、测试和保护应用程序。

截至 2022 年 3 月 8 日，Windows Server 2016 正式版已更新至 OS Build 14393.5006 版本。Windows Server 2016 的发展历程如下。

2014 年 10 月 2 日，微软公司推出了 Windows Server 2016 的技术预览版、数据中心版以及 Hyper-V 版。

2015 年 5 月 4 日，微软公司在 Ignite 2015 年度技术大会上发布了 Windows Server 2016 第二个技术预览版。

2015 年 8 月 20 日，微软公司推出了 Windows Server 2016 第三个技术预览版。

2015 年 11 月 20 日，微软公司推出了 Windows Server 2016 第四个技术预览版。

2016 年 10 月 13 日，微软公司正式发布了 Windows Server 2016。

1.2.3　Windows Server 2016 的版本

Windows Server 2016 有三个主要版本：Windows Server 2016 Standard Edition（标准版）、Windows Server 2016 Essentials Edition（基本版）和 Windows Server 2016 Datacenter Edition（数据中心版）。另外，还有 Microsoft Hyper-V Server 2016、Windows Storage Server 2016 Workgroup Edition（工作组版）和 Windows Storage Server 2016 Standard Edition（存储标准版）三个版本。

1. Windows Server 2016 Standard Edition（标准版）

Windows Server 2016 Standard Edition 是为具有很少或没有虚拟化的物理服务器环境设计的，它提供了 Windows Server 2016 可用的许多角色和功能。此版本最多支持 64 个插槽和最多 4TB 的 RAM。它包括最多两个虚拟机的许可证，并且支持 Nano 服务器安装。

2. Windows Server 2016 Essentials Edition（基本版）

Windows Server 2016 Essentials Edition 是专为小型企业而设计的，它对应于早期的 Windows Small Business Server。此版本最多可容纳 25 个用户和 50 台设备。它支持两个处理器内核和高达 64GB 的 RAM。它不支持 Windows Server 2016 的许多功能，包括虚拟化。

3. Windows Server 2016 Datacenter Edition（数据中心版）

Windows Server 2016 Datacenter Edition 专为高度虚拟化的基础架构设计，包括私有云和混合云环境。它提供 Windows Server 2016 可用的所有角色和功能。此版本最多支持 64 个插槽，最多 640 个处理器内核和最多 4TB 的 RAM。它为在相同硬件上运行的虚拟机提供了许可证，它还支持一些新功能，如储存空间直通和存储副本，以及新的受防护的虚拟机和软件定义的数据中心场景所需的功能。

4．Microsoft Hyper-V Server 2016

Microsoft Hyper-V Server 2016 作为运行虚拟机的独立虚拟化服务器，包括 Windows Server 2016 中虚拟化的所有新功能。主机操作系统没有许可成本，但每个虚拟机必须单独获得许可。此版本最多支持 64 个插槽和最多 4TB 的 RAM。它支持加入到域。除了有限的文件服务功能，它不支持其他 Windows Server 2016 的功能。此版本没有 GUI，但有一个显示配置任务菜单的用户界面。

5．Windows Storage Server 2016 Workgroup Edition（工作组版）

Windows Storage Server 2016 Workgroup Edition 常常充当入门级的统一存储设备。此版本支持 50 个用户，一个处理器内核为 32GB 的 RAM。它支持加入到域。

6．Windows Storage Server 2016 Standard Edition（存储标准版）

Windows Storage Server 2016 Standard Edition 支持多达 64 个插槽，但是以双插槽递增的方式获得许可。此版本最多支持 4TB 的 RAM。它包括两个虚拟机许可证。它支持加入到域。

1.3　Windows Server 2016 的新功能

1.3.1　虚拟化

Windows Server 2016 提供虚拟化产品和功能，以便于用户设计、部署和维护操作系统。

1．Hyper-V

Windows Server 2016 上的 Hyper-V 具有兼容连接待机模式、分配离散设备、支持第一代虚拟机中的操作系统磁盘的加密支持、保护主机资源、网络适配器和内存的热添加和删除、Linux 安全启动、嵌套虚拟化等功能。

2．Nano Server

Windows Server 2016 上的 Nano Server 具有一个已更新的模块，用于构建 Nano Server 映像，其中包括物理主机和来宾虚拟机功能的更大分离度，以及对不同 Windows Server 版本的支持。恢复控制台也有改进，其中包括入站和出站防火墙规则分离及 WinRM 配置修复功能。利用应急管理控制台，用户可以直接从 Nano Server 中查看和修复网络配置。借助新的 PowerShell 脚本，用户可以创建一个 Nano Azure 虚拟机。

3．受防护的虚拟机

Windows Server 2016 提供新的基于 Hyper-V 的受防护的虚拟机，以保护第二代虚拟机免受已损坏的构造影响。它引入了新的支持加密模式，完全支持将现有非受防护的第二代虚拟机转换为受防护的虚拟机，包括自动磁盘加密。Hyper-V 虚拟机管理器可以查看授权运行的受防护的虚拟机上的构造，为构造管理员提供了一种打开受防护的虚拟机的密钥保护程序并查看构造是否有权在其上运行的方式。它还提供基于 Windows PowerShell 的端到端诊断工具。

1.3.2　访问安全

Windows Server 2016 的新功能提高了保护活动目录（Active Directory）环境的能力，并帮助它们实现仅限云的部署和混合部署。其中某些应用程序和服务托管在云中，其他的则托管在本地。

1. 活动目录证书服务

Windows Server 2016 中的活动目录证书服务增加了对 TPM 密钥证明的支持，可使用智能卡 KSP 进行密钥证明，而未加入域的设备可以使用 NDES 注册，以获得可证明 TPM 密钥的证书。

2. 活动目录域服务

Windows Server 2016 中的活动目录域服务新增了特权访问管理、通过 Azure 活动目录连接将云功能扩展到 Windows 10 设备、将已加入域的设备连接到 Windows 10 体验 Azure AD、在组织中启用 Microsoft Passport for Work 等功能，提高了组织保护活动目录环境安全的能力。

3. 活动目录联合身份验证服务

Windows Server 2016 中的活动目录联合身份验证服务跨多种应用程序（包括 Office 365、基于云的 SaaS 应用程序以及企业网络上的应用程序）提供访问控制和单一登录。对于 IT 组织，它能够基于同一组凭据和策略，在本地和云端为新式和传统应用程序提供登录和访问控制。对于用户，它使用相同且熟悉的账户凭据提供无缝登录。对于开发人员，它提供了一种简单的方法，来对其身份位于组织目录中的用户进行身份验证。

4. Web 应用程序代理

Windows Server 2016 中的 Web 应用程序代理新增了适用于 HTTP 基本应用程序发布的预身份验证、应用程序的部 URL 可以包含通配符、HTTP 到 HTTPS 的重定向、发布远程桌面网关应用、将客户机 IP 地址传播到后端应用程序等功能。

1.3.3　系统管理

Windows Server 2016 新增了支持在 Nano Server 上运行本地 PowerShell.exe（不再仅限于远程）、增加"本地用户和组"Cmdlet 来替换 GUI、添加 PowerShell 调试支持、添加对 Nano Server 中安全日志记录和脚本以及 JEA 的支持等功能。

1. PackageManagement

Windows Server 2016 引入了一种新的软件包管理功能（以前称为 OneGet），该功能允许 IT 专业人员或开发人员使软件的发现、安装、清点在本地或远程自动进行，无论安装什么软件，也不管软件位于何处。

2. PowerShell 增强

Windows Server 2016 添加了其他 PowerShell 日志记录和其他数字取证功能，并且已添加有助于在脚本中减少漏洞的功能，如受限的 PowerShell 和安全 CodeGeneration API。

1.3.4　网络

1. 软件定义的网络

Windows Server 2016 可以将流量映射并传输到新的或现有的虚拟设备。与分布式防火墙和网络安全组联合使用，可以以类似于 Azure 的方式动态分段和保护工作负荷。它可以使用 System Center Virtual Machine Manager 部署并管理整个软件定义网络堆栈。它可以使用 Docker 来管理 Windows Server 容器网络，并将软件定义网络策略与虚拟机和容器关联。

2. TCP 性能改进

Windows Server 2016 将默认初始拥塞窗口从 4 个增加到 10 个，并已实现 TCP 快速打开。TCP 快速打开减少了建立 TCP 连接所需的时间，并且增加的初始拥塞窗口允许在初始突发中传输较大的对象。TCP 性能改进显著减少了在客户机和云端传输 Internet 对象所需的时间。

1.3.5　安全保障

1. 最小特权

Windows Server 2016 中的最小特权（Just Enough Administration，JEA）是一种安全技术，可使能由 Windows PowerShell 管理的任何内容均可进行委派管理。该功能包括对在网络标识下运行、通过 PowerShell Direct 进行连接、安全地复制文件到 JEA 终点。

2. 凭据保护

Windows Server 2016 中的凭据保护（Credential Guard）使用基于虚拟化的安全性来隔离密钥，以便只有特权系统软件可以访问它们。该功能还包括对 RDP 会话的支持，以便用户的凭据能够保留在客户机上，不会在服务器端暴露。

3. 控制流防护

Windows Server 2016 中的控制流防护（Control Flow Guard，CFG）是一种平台安全功能，旨在防止或消除内存损坏漏洞。该功能通过对应用程序从何处执行代码施加严格的限制，使漏洞程序难以通过缓冲区溢出等问题执行代码。

1.3.6　故障转移

Windows Server 2016 中含有使用故障转移群集功能将故障组合到单个容错群集中等多个新功能和增强功能，如群集操作系统滚动升级、存储副本、云见证、虚拟机复原、故障转移群集中的诊断改进、站点感知故障转移群集、工作组和多域群集、虚拟机负载平衡与启动顺序以及简化的 SMB 多通道和多 NIC 群集网络等。

1.4　拓展阅读"核高基"与国产操作系统

"核高基"是对核心电子器件、高端通用芯片及基础软件产品的简称，是国务院 2005 年发布的《国家中长期科学和技术发展规划纲要（2006—2020 年）》中与载人航天、探月工程并列的 16 个重大科技专项之一。

近年来，我国大量的计算机用户将目光转移到以 Linux 为基础的国产操作系统和国产办公软件上，国产操作系统和办公软件的发展非常迅速。

本 章 小 结

本章主要介绍了网络操作系统的基本概念、基本类型及功能，以及 Windows Server 2016

的诞生、版本差异和新功能。通过本章的学习，读者应该掌握网络操作系统的基本概念、类型与功能；了解典型的网络操作系统；了解 Windows Server 2016 的产生背景；了解 Windows Server 2016 各版本之间的差异和 Windows Server 2016 的新功能。

习　题

一、填空题

1．网络操作系统一般可以分为两类：_____与_____。

2．网络操作系统除了应该具有一般操作系统的功能外，还应提供高效、可靠的通信能力及多种网络服务功能，包括文件服务、_____、_____、通信服务、_____、分布式服务、_____、Internet/Intranet 服务等。

3．Windows Server 2016 的新功能体现在如下几个方面：_____、_____、_____、网络、_____、故障转移。

4．Windows Server 2016 目前有三个主要版本：_____、_____、_____。

二、选择题

1．以下属于网络操作系统的是（　　　）。

A．DOS　　　　　　　　　　　　B．Windows 7

C．Windows 2000 Professional　　　D．Windows Server 2016

2．以下属于 Windows Server 2016 版本的是（　　　）。

A．Windows Server 2016 标准版　　　B．Windows Server 2016 企业版

C．Windows Server 2016 Web 版　　　D．Windows Server 2016 安腾版

第2章 安装 Windows Server 2016

 学习目标

本章主要介绍 Windows Server 2016 的安装准备、安装注意事项、全新安装 Windows Server 2016 的过程和利用虚拟机软件 VMware Workstation 构建 Windows Server 2016 实验环境的方法和步骤。

通过本章的学习，应该达到如下目标：

- 了解 Windows Server 2016 的四种安装模式。
- 掌握全新安装 Windows Server 2016 的方法。
- 熟练掌握虚拟机的安装与使用方法。

2.1 Windows Server 2016 安装前的准备

2.1.1 硬件配置需求

按照微软公司官方的建议，Windows Server 2016 系统的硬件配置需求见表 2-1。

表 2-1 Windows Server 2016 系统的硬件配置需求

硬件	配置需求
CPU	最低要求：1.4GHz 64 位处理器；与 x64 指令集兼容；支持 NX 和 DEP；支持 CMPXCHG16b、LAHF/SAHF 和 PrefetchW；支持二级地址转换（EPT 或 NPT）
RAM	最低要求为 512MB，对于带桌面体验的服务器安装要求为 2GB
可用磁盘空间	最低要求：32GB。满足此最低要求时，计算机能够以"服务器核心"模式安装包含 Web 服务（IIS）服务器角色的 Windows Server 2016，"服务器核心"模式比 GUI 模式的相同角色服务器占用的磁盘空间大约少 4GB。如果通过网络安装系统或 RAM 超过 16GB 的计算机，则还需要为页面文件、休眠文件和转储文件分配额外的磁盘空间
网络适配器	最低要求：至少有千兆位吞吐量的以太网适配器；符合 PCI Express 体系结构规范；支持预启动执行环境（Preboot eXecution Environment，PXE）。支持网络调试（KDNet）的网络适配器很有用，但不是最低要求
其他	DVD 驱动器（如果要从 DVD 媒体安装操作系统）。以下并不是严格需要的，但某些特定功能需要：基于 UEFI 2.3.1c 的系统和支持安全启动的固件；受信任的平台模块；支持超级 VGA（1024px×768px）或更高分辨率的图形设备和监视器；键盘和鼠标（或其他兼容的输入设备）；Internet 访问（可能需要付费）

2.1.2　其他准备工作

为了确保顺利安装 Windows Server 2016，在开始安装之前，应该做好如下准备工作。

1．切断非必要的硬件连接

如果计算机与打印机、扫描仪、UPS 等非必要外设连接，在安装系统之前应先将其断开，以免安装过程中计算机发出了错误的指令而导致安装不能正常进行，如可能会发送给 UPS 自动关闭的错误指令而导致计算机断电。

2．查看硬件和软件兼容性

启动安装程序时，执行的第一个步骤是检查计算机硬件和软件的兼容性。在继续执行安装程序前将显示报告，使用该报告及 Relnotes.htm（位于安装光盘的\Docs 文件夹）中的信息来确定是否需要更新硬件、程序或软件。可以访问微软官方网址，检查 Windows Catalog 中的硬件和软件兼容性信息，判断是否兼容。

3．运行 RAM 检测工具

此工具可以对 RAM 进行检测或者修正错误，以防因 RAM 错误导致的系统运行不稳定等现象的发生。

4．检查系统日志错误

如果计算机以前安装有 Windows 操作系统，建议使用"事件查看器"查看系统日志，寻找可能在安装期间引发问题的错误或重复发生的错误。

5．备份文件

如果从其他系统升级到 Windows Server 2016，建议在升级前备份当前的文件，包括含有配置信息（如系统状态、系统分区和启动分区）的所有内容，以及所有的用户和相关数据。建议将文件备份到不同的媒体，尽量不要保存在本地计算机的其他非系统分区上。

6．重新格式化硬盘

尽管 Windows Server 2016 在安装过程中可以进行分区和格式化操作，但是建议在安装之前完成分区和格式化的工作，这样可以提高安装和磁盘运行的效率。另外，重新分区时，还可以根据自己的需要调整磁盘分区的大小或数量。

2.2　Windows Server 2016 安装注意事项

2.2.1　安装模式选择

1．全新安装

使用光盘或者 U 盘进行安装，这是最基本的安装方式，对于一台新的服务器，一般都采用这种方式来安装。使用光盘安装时，用户根据提示信息适时插入 Windows Server 2016 安装光盘，然后根据人机交互界面进行操作即可，在下一小节中将详细介绍这种安装方式。

2．升级安装

如果需要安装 Windows Server 2016 的计算机已经安装了 Windows Server 2012 等以前版本的操作系统，则可以选择升级安装，而不需要卸载原有的操作系统。这种安装方式的优点是可以保留原操作系统的各种配置和已安装的各种应用软件,从而大大减少重新配置系统的工作量。

3．其他安装方式

还可以采用其他一些安装方式,如无人安装,使用 Windows Automated Installation Kit 中的 Images 进行克隆安装,使用微软提供的部署解决方案（如 Windows Deployment Service 使用 Windows Server 2016 包含的功能进行网络安装),以及第三方解决方案（如将 Ghost 与微软系统准备工具 Sysprep 结合起来进行快速安装)。

2.2.2　硬盘分区规划与多重指导

1．选择文件系统

硬盘中的任何一个分区,都必须被格式化为合适的文件系统后才能正常作用。除了 exFAT、FAT32、FAT 与目前 Windows 主流文件系统 NTFS 之外,Windows Server 2016 还支持最新的 ReFS,它提供更高的安全性、更大的磁盘容量与更好的磁盘性能。不过,只能将 Windows Server 2016 安装到 NTFS 分区内,其他的文件系统分区只能用来存储数据。

2．硬盘分区规划

若执行全新安装,则需要在运行安装程序之前规划磁盘分区。磁盘分区是一种划分物理磁盘的方式,以便每个部分都能够作为一个或多个区域,并可以用 NTFS 格式化分区。主分区（或称为系统分区）是安装操作系统所需文件的分区。

执行全新安装之前,需要决定主分区的大小,对于该系统,至少需要 32GB 的可用磁盘空间,建议预留空间要大于最小需求,如 60GB,以满足存放可选组件、用户账户、活动目录信息、日志、分页文件及其他项目的需求。

3．是否安装多重引导操作系统

一台计算机可以安装多个操作系统并安装成多重引导。在安装多重引导操作系统时,还要注意同一系列操作系统版本的类型,一般先安装低版本,再安装高版本,否则不能正常安装。例如,同时安装 Windows Server 2008 和 Windows Server 2016 时,应当先安装 Windows Server 2008,再安装 Windows Server 2016。

设置多重引导操作系统的缺点是：每个操作系统都将占用大量的磁盘空间,并使得兼容性问题变得复杂,尤其是文件系统的兼容性。此外,有些操作系统不支持动态磁盘格式。所以一般情况下不推荐安装多重引导操作系统,如果确需在一台计算机上多个操作系统时,建议使用虚拟机来实现多个版本的操作系统,关于虚拟机将在 2.4 节中介绍。

2.3　全新安装 Windows Server 2016 的过程

前面已经提到,全新安装 Windows Server 2016 可以使用光盘或者 U 盘进行安装。Windows Server 2016 安装过程的用户界面是非常友好的,安装过程基本是在 GUI 环境下完成的,并且会为用户处理大部分初始化工作。下边介绍使用光盘安装的过程。

（1）设置光盘引导计算机。将计算机的 CMOS 设置为从光盘（DVD-ROM）引导,并将 Windows Server 2016 安装光盘置于光驱内重新启动计算机,这时计算机就会从光盘启动。如果硬盘内没有安装任何操作系统，便会直接显示安装界面；如果硬盘内安装有其他操作系统，则会显示"Press any key to boot from CD…"的提示信息，此时在键盘上按任意键，即可从光盘启动。

（2）安装启动后，打开"Windows 安装程序"窗口，选择要安装的语言、时间和货币格式、键盘和输入方法等设置。设置完毕后，单击"下一步"按钮，如图 2-1 所示。

（3）安装向导会询问是否立即安装 Windows Server 2016，单击"现在安装"按钮开始安装，如图 2-2 所示。

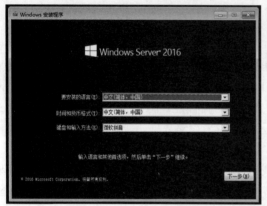
图 2-1   设置语言、时间和货币、键盘和输入方法

图 2-2   现在安装

（4）系统打开"选择要安装的操作系统"界面，在"操作系统"列表中列出了可以安装的操作系统。用户可根据需要，安装合适的 Windows Server 2016 版本。这里选择"Windows Server 2016 Standard（桌面体验）"版本，单击"下一步"按钮，如图 2-3 所示。

（5）在"适用的声明和许可条款"界面中显示软件许可条款，只有接受该许可条款方可继续安装，勾选"我接受许可条款"复选框，单击"下一步"按钮，如图 2-4 所示。

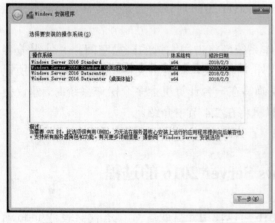
图 2-3   选择 Windows Server 2016 版本

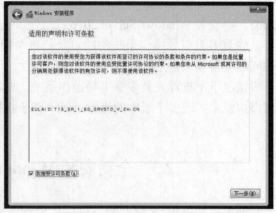
图 2-4   接受许可条款

（6）在"你想执行哪种类型的安装？"界面中，"升级"选项用于从旧版操作系统升级到 Windows Server 2016。如果计算机中没有安装任何操作系统，则该选项不可用。"自定义：仅安装 Windows（高级）"选项用于全新安装，单击该选项进行全新安装，如图 2-5 所示。

（7）在"你想将 Windows 安装在哪里？"界面中显示计算机上硬盘分区信息，图 2-6 所示的计算机有两块硬盘且都没有分区。

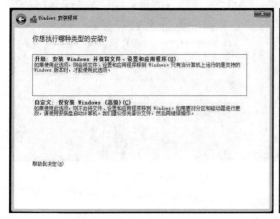

图 2-5　选择安装类型　　　　　　　　　　　　　图 2-6　选择安装位置

（8）选择"驱动器 0 未分配的空间"选项。如果将全部未分配空间作为安装操作系统的分区，则单击"下一步"按钮即可；如果想在分配空间上新建分区，则单击"新建"按键，在"大小"文本框中输入第一个分区的大小，如图 2-7 所示，单击"应用"按钮，打开"创建额外分区"的提示窗口，单击"确定"按钮回到安装程序。图 2-8 中的"名称"列表中的第 4 行"驱动器 0 分区 4"为创建好的主分区，选中该分区，单击"下一步"按钮，将 Windows 安装在该分区中。

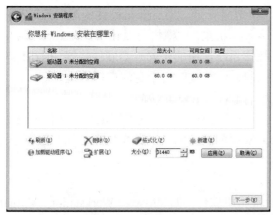
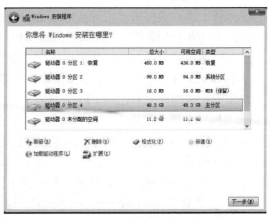

图 2-7　新建分区　　　　　　　　　　　　　　图 2-8　选择新建分区

（9）系统打开"正在安装 Windows"界面，开始复制文件并安装 Windows Server 2016，如图 2-9 所示。

（10）Windows Server 2016 安装完毕后，在第一次登录之前，要求用户必须更改系统管理员（Administrator）账户的密码，如图 2-10 所示，设置系统管理员（Administrator）账户的密码，单击"完成"按钮，完成系统安装。

图 2-9　开始安装　　　　　　　　　　图 2-10　更改系统管理员账户密码

2.4　利用虚拟机技术构建 Windows Server 2016 实验环境

对于 Windows Server 2016 学习者来说，最大的困难可能是没有一个实验环境。自从有了虚拟机，这个问题就解决了。下面简要地介绍什么是虚拟机、虚拟机的特点，以及如何利用虚拟机技术构建 Windows Server 2016 实验环境。

2.4.1　虚拟机简介

1. 什么是虚拟机

从本质上讲，虚拟机（Virtual Machine）是一套软件，通过对计算机硬件资源的管理和协调，在已经安装了操作系统的计算机上虚拟出一台计算机来。虚拟机可以让用户在一台实际的机器上同时运行多套操作系统和应用程序，这些操作系统使用的是同一套硬件装置，但在逻辑上又各自独立运行，互不干扰。虚拟机软件将这些硬件资源映射为本身的虚拟机器资源，每个虚拟机器看起来都拥有自己的 CPU、内存、硬盘、输入/输出设备等。

虚拟机与主机、虚拟机与虚拟机间可以通过网络进行连接，在软件层上与真实的网络并没有区别。甚至可以通过桥接的方式将虚拟机接入实际的局域网中，使虚拟机成为网络中的一员，与网络中其他计算机一样。

下面简要地介绍在虚拟机系统中常用的术语。

（1）物理计算机（Physical Computer）。运行虚拟机软件（如 VMware Workstation、Virtual PC 等）的物理计算机硬件系统，又称为宿主机。

（2）主机操作系统（Host OS）。在物理计算机上运行的操作系统，在这个系统中运行虚拟机软件。

（3）客户操作系统（Guest OS）。运行在虚拟机中的操作系统，可以在虚拟机中安装能在标准个人计算机上运行的操作系统及软件，如 UNIX、Linux、Windows、Netware、DOS 等。

（4）虚拟硬件（Virtual Hardware）。虚拟机通过软件模拟出来的硬件系统，如 CPU、内存、硬盘等。

2. 虚拟服务器

虚拟服务器就是在计算机上建立一个或多个虚拟机，由虚拟机来做服务器的工作。它将服务器的功能（含操作系统）从硬件上剥离出来，使得服务器看起来就像一个软件或者文件，因而具有良好的可移植性和可恢复性。

在哪些地方可以用到虚拟服务器呢？在某些场合下，一个局域网中只有一台物理服务器，但需要提供多个功能。如果将所有的服务功能都放在同一台服务器上，既不便于管理，也不安全，而且有的服务器本身存在漏洞，容易被恶意控制，那么其他关键服务也会受到牵连。这时，将不同安全级别的服务安放在不同的虚拟服务器上是个不错的主意。

又如，有些服务程序只能运行在特定的操作系统上，单独为这个服务配置一台服务器过于昂贵，这个时候使用虚拟机就能经济、简单地解决这个问题。

另外，虚拟服务器的移植和恢复都非常快。管理员可以为虚拟服务器建立快照，就是将服务器当前的状态保存为一个文件。如果虚拟服务器宕机了，只需要几十秒钟载入快照，就能让它重新运行起来。如果虚拟机所在的真实计算机不能用了，将快照复制到别的计算机上，就能马上重新运行虚拟服务器。

3. 常用的虚拟机软件

目前，常用的虚拟机软件有 VMware、Virtual PC/Server、VirtualBox、Bochs 等，它们根据不同的应用平台分为服务器版本和桌面版本。

（1）VMware 是提供虚拟机解决方案的软件公司，较常用的产品是 VMware Workstation。VMware 产品家族中的桌面产品使用非常简便，支持多种主流的操作系统。VMWare Workstation 的优点是作为商用软件有较好的稳定性和安全性，功能相对强大，并且提供了多平台的版本（支持 Windows 和 Linux 操作系统），而客户操作系统也是多平台的操作系统。但 VMware 不是免费软件或者开源软件。

（2）Virtual PC/Server 是微软公司的产品，对 Windows 系列操作系统的支持非常好。但是相对于 VMware 和 VirtualBox 来说，Virtual PC/Server 只能运行于 Windows 操作系统，并且其客户操作系统也只能为 Windows 操作系统，可以说它是为 Windows 软件开发人员设计的虚拟机软件。

（3）VirtualBox。无论是对于个人还是企业用户来说，VirtualBox 都是功能强大的虚拟产品，它不仅性能丰富、高效，而且是一套开源软件，用户不仅可以免费使用，还能获得其源代码。它也支持多平台、多客户操作系统。

（4）Bochs 也是一套免费的开源软件，用户可以自行修改、编译源代码，Bochs 对 Linux 操作系统的支持非常好，操作略复杂，因此多用于 Linux 操作系统。

另外，Windows Server 2016 本身也包括了 Windows Server Virtualization（WSv），这是一项功能强大的虚拟化和网络管理技术，企业无须购买第三方软件，即可充分利用虚拟化的优势。在 Windows Server 2016 中创建虚拟机前，先要安装 Hyper-V 角色，然后再安装最新的 Hyper-V 补丁。

2.4.2　安装 VMware Workstation

安装 VMware Workstation

VMware Workstation 是一个在 Windows 或 Linux 操作系统上运行的应用程序，它可以模拟一个标准个人计算机环境。这个环境和真实的计算机一样，都有芯片组、

CPU、内存、显卡、声卡、网卡、软驱、硬盘、光驱、串口、并口、USB 控制器、SCSI 控制器等设备，提供这个应用程序的窗口就是虚拟机的显示器。本小节以 VMware Workstation Pro 16 中文版为例，说明虚拟机软件 VMware Workstation 的安装与配置过程。

（1）在 VMware 官方网站下载安装文件并申请注册序列号。

（2）双击 VMware Workstation 的安装文件，启动安装过程。安装 VMware Workstation 之前，会自动安装 Microsoft VC Redistributable，然后要求重启系统，如图 2-11 所示，单击"是"按钮重启系统。注意，Microsoft VC Redistributable 一定要安装正确，可以单独下载 Microsoft Visual C++ 2015-2022 Redistributable（x64）安装包。如果安装不正确，虚拟机可能会出现虚拟网络适配器不能正常使用等情况。

（3）重启系统后，再次双击 VMware Workstation 的安装文件，启动安装向导，如图 2-12 所示，单击"下一步"按钮。

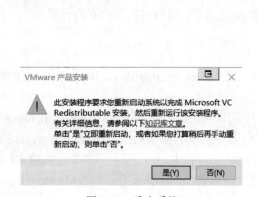

图 2-11　重启系统

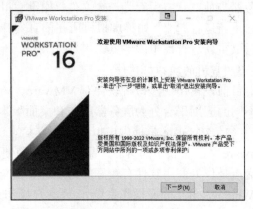

图 2-12　启动安装向导

（4）在"最终用户许可协议"界面中，勾选"我接受许可协议中的条款"复选框，单击"下一步"按钮，如图 2-13 所示。

（5）在"自定义安装"界面中，单击"更改"按钮，选择安装位置，不更改将安装在默认位置。勾选"将 VMware Workstation 控制台工具添加到系统 PATH"复选框，单击"下一步"按钮，如图 2-14 所示。

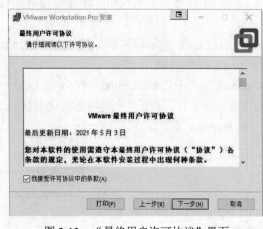

图 2-13　"最终用户许可协议"界面

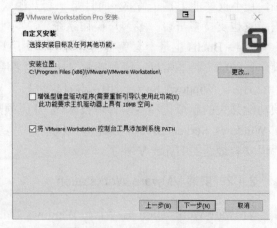

图 2-14　"自定义安装"界面

（6）在"用户体验设置"界面中，选择启动时是否检查产品更新和是否加入 VMware 客户体验提升计划复选框，这里全部勾选，单击"下一步"按钮，如图 2-15 所示。

（7）在"快捷方式"界面中，选择是否创建桌面图标、开始菜单选项和快速启动图标。用户可根据需要勾选相应的复选框，单击"下一步"按钮，如图 2-16 所示。

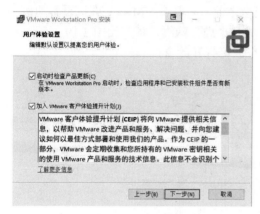
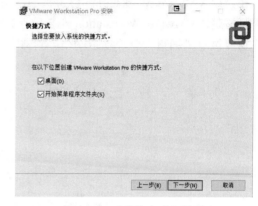

图 2-15　"用户体验设置"界面　　　　　　　　图 2-16　"快捷方式"界面

（8）在"已准备好安装 VMware Workstation Pro"界面中，单击"安装"按钮，开始安装，如图 2-17 所示。

（9）软件开始安装，并提示安装进行状态，如图 2-18 所示。这时不要单击"取消"按钮，否则会终止安装过程。

图 2-17　"已准备好安装"界面　　　　　　　　图 2-18　正在安装

（10）在"输入许可证密钥"界面中输入密钥，或选择跳过，完成安装。

安装完成后，可能会要求重新启动计算机，以使一些配置生效。重新启动后，就能顺利使用 VMware 虚拟机软件了。

2.4.3　创建和管理 Windows Server 2016 虚拟机

1. VMware Workstation 虚拟机的网络模型

虚拟机软件安装完成后，就可以在此基础上创建虚拟机，并在虚拟机中

创建和管理 Windows
Server 2016 虚拟机

安装操作系统。最常用的环境是需要虚拟机能与主机和其他虚拟机进行通信，如本书中的大部分项目实训，均可以通过在宿主机中安装 Windows Server 2016 虚拟机，然后在宿主机与虚拟机之间相互通信来实现，这些通信是通过设置虚拟网卡来实现的。VMware Workstation 虚拟机主要有 3 种网络模型：Bridged 网络、NAT 网络和 Host-only 网络。

在介绍 VMware Workstation 虚拟机的网络模型之前，有几个 VMware 虚拟设备的概念需要解释清楚。VMware Workstation 安装后，会生成几个虚拟网络设备，如图 2-19 所示（在虚拟机窗口执行"编辑"→"虚拟网络编辑器"命令，可打开此窗口）。

图 2-19 虚拟网络设备

上图中的 VMnet0 是 VMware 虚拟桥接网络下的虚拟交换机；VMnet1 是用于与 Host-only 虚拟网络进行通信的虚拟交换机；VMnet8 是用于主机与 NAT 虚拟网络通信的虚拟交换机。

为了使虚拟机能与宿主机通信，在宿主机中安装了两个虚拟网卡，分别是 VMware Network Adapter Vmnet1 和 VMware Network Adapter VMnet8。其中，VMware Network Adapter VMnet1 与 VMnet1 虚拟交换机互连，是宿主机与 Host-Only 虚拟网络进行通信的虚拟网卡；VMware Network Adapter VMnet8 与 VMnet8 虚拟交换机互连，是宿主机与 NAT 虚拟网络进行通信的虚拟网卡，如图 2-20 所示。

（1）Bridged 网络。Bridged 模型的网络是较为容易实现的一种虚拟网络，比较常用。Host 主机的物理网卡和 Guest 客户机的虚拟网卡在 VMnet0 上通过虚拟网桥进行连接，这也就是说，Host 主机的物理网卡和 Guest 客户机的虚拟网卡处于同等地位，此时的 Guest 客户机就好像 Host 主机所在的一个网段上的另外一台计算机。如果 Host 主机网络存在 DHCP（Dynamic Host Configuration Protocol，动态主机配置协议）服务器，那么 Host 主机和 Guest 客户机都可以把 IP 地址获取方式设置为 DHCP 方式。

（2）NAT 网络。NAT（Network Address Translation，网络地址转换）网络用来使虚拟机通过 Host 主机系统连接到 Internet。也就是说，Host 主机能够访问 Internet，同时，在该网络模型下的 Guest 客户机也可以访问 Internet。Guest 客户机是不能自己连接 Internet 的，Host 主机必须对所有进出网络的 Guest 客户机系统收发的数据包进行地址转换。在这种方式下，Guest 客户机对外是不可见的。

图 2-20　宿主机中的虚拟网卡

在 NAT 网络中，会使用到 VMnet8 虚拟交换机，Host 上的 VMware Network Adapter VMnet8 虚拟网卡被连接到 VMnet8 交换机上，与 Guest 客户机进行通信，但是 VMware Network Adapter VMnet8 虚拟网卡仅用于和 VMnet8 网段通信，它并不为 VMnet8 网段提供路由功能，处于虚拟 NAT 网络下的 Guest 客户机是使用虚拟的 NAT 服务器连接 Internet 的。

（3）Host-only 网络。Host-only 网络被用来设计一个与外界隔绝的网络。其实 Host-only 网络和 NAT 网络非常相似，二者唯一的不同就是在 Host-only 网络中没有用到 NAT 服务，没有服务器为 VMnet1 网络做路由。如果此时 Host 主机要和 Guest 客户机通信该怎么办呢？当然是用 VMware Network Adapter VMnet1 这块虚拟网卡了。

2. 创建虚拟机

在使用上，这台虚拟机和真正的物理主机没有太大的区别，都需要分区、格式化、安装操作系统、安装应用程序和软件，总之，一切操作都跟一台真正的计算机一样。下面通过一个例子，介绍使用 VMware Workstation 创建虚拟机的方法与步骤。

（1）运行 VMware Workstation，打开图 2-21 所示的 VMware Workstation 窗口，执行"文件"→"新建虚拟机"命令，或者按 Ctrl+N 组合键，或者单击"创建新的虚拟机"按钮，打开创建虚拟机向导。

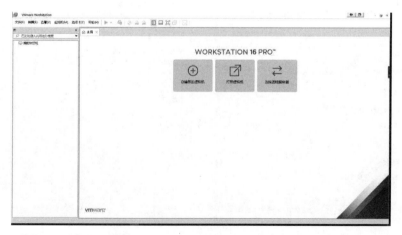

图 2-21　VMware Workstation 窗口

（2）在"配置类型"界面中选择配置类型，配置类型有"典型（推荐）"和"自定义（高级）"两种。"典型（推荐）"类型的设置十分方便，但无法在低版本的虚拟机软件上使用，因此这里选择"自定义（高级）"类型，单击"下一步"按钮，如图2-22所示。

（3）在"选择虚拟机硬件兼容性"界面中，选择虚拟机的硬件格式，可以在"硬件兼容性"下拉列表框中进行选择。通常情况下，选择默认的"Workstation 16.2.x"格式即可，因为新的虚拟机硬件格式支持更多的功能。选择好后，单击"下一步"按钮，如图2-23所示。

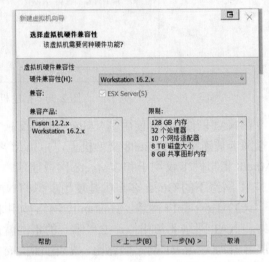

图 2-22　选择配置类型　　　　　　　　图 2-23　选择虚拟机硬件兼容性

（4）在"安装客户机操作系统"界面中，有三个单选项："安装程序光盘""安装程序光盘映像文件（iso）""稍后安装操作系统"，如果选择前两项，软件会根据选择的操作系统自动选择合适的硬件配置。在此选择最后一项，单击"下一步"按钮，如图2-24所示。

（5）在"选择客户机操作系统"界面中，选择"Microsoft Windows"单选按钮，在"版本"下拉列表框中选择"Windows Server 2016"选项，单击"下一步"按钮，如图2-25所示。

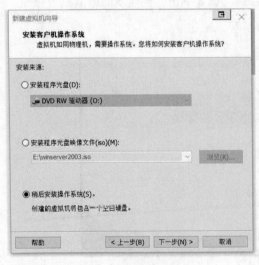
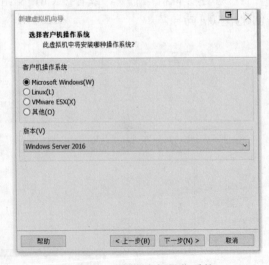

图 2-24　选择安装来源　　　　　　　　　图 2-25　选择客户机操作系统

（6）在"命名虚拟机"界面中，为新建的虚拟机命名并且选择它的保存路径。由于虚拟机文件会很大，因此应该指定到空余空间多的磁盘分区上，单击"下一步"按钮，如图 2-26 所示。

（7）在"固件类型"界面中，选择默认的"UEFI"单选项，单击"下一步"按钮，如图 2-27 所示。

图 2-26　命名虚拟机　　　　　　　　图 2-27　选择固件类型

统一可扩展接口（Unified Extensible Firmware Interface，UEFI）规范提供了固件和操作系统之间的软件接口。UEFI 取代了 BIOS，增强了可扩展固件接口（Extensible Firmware Interface，EFI），并为操作系统和启动时的应用程序及服务提供了操作环境。BIOS 主要负责开机时检测硬件功能和引导操作系统启动，相比传统的 BIOS，UEFI 跳过了启动时的自检过程，从而节省了开机时间。

（8）在"处理器配置"界面中，选择虚拟机中处理器的数量，如果选择 2，主机需要有两个处理器或者是超线程的处理器，如图 2-28 所示。

（9）在"此虚拟机的内存"界面中，设置虚拟机使用的内存。通常情况下，对于低版本的操作系统，如 Windows Server 2008 虚拟机，最低为 512MB。此处可选择系统默认的 2048MB，以后可以修改，单击"下一步"按钮，如图 2-29 所示。

（10）在"网络类型"界面中，选择虚拟机网卡的联网类型。选择"使用桥接网络"单选按钮（VMnet0 虚拟网卡），表示当前虚拟机与主机（指运行 VMware Workstation 的计算机）在同一个网络中。选择"使用网络地址转换（NAT）"单选按钮（VMnet8 虚拟网卡），表示虚拟机通过宿主机单向访问宿主机及宿主机之外的网络，但宿主机之外的网络中的计算机不能访问该虚拟机。选择"使用仅主机模式网络"单选按钮（VMnet1 虚拟网卡），表示虚拟机只能访问宿主机及所有使用 VMnet1 虚拟网卡的虚拟机，宿主机之外的网络中的计算机不能访问该虚拟机，也不能被该虚拟机所访问。选择"不使用网络连接"单选按钮，表示该虚拟机与宿主机没有网络连接。单击"下一步"按钮，如图 2-30 所示。

（11）在"选择 I/O 控制器类型"界面中，选择虚拟机的 SCSI 控制器的型号，通常选择默认选项即可，单击"下一步"按钮，如图 2-31 所示。

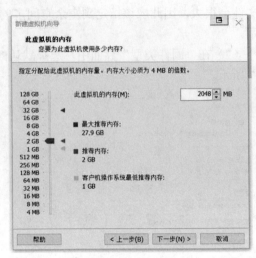

图 2-28 处理器配置   图 2-29 设置使用的内存

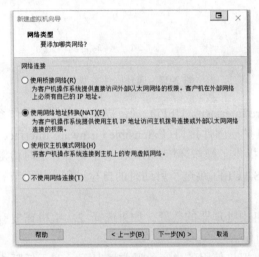
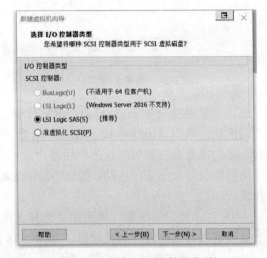

图 2-30 选择网络类型   图 2-31 选择 I/O 控制器类型

（12）在"选择磁盘类型"界面中，选择虚拟磁盘类型，通常使用默认推荐选项，单击"下一步"按钮，如图 2-32 所示。

（13）在"选择磁盘"界面中，选择"创建新虚拟磁盘"单选按钮，单击"下一步"按钮，如图 2-33 所示。

（14）在"指定磁盘容量"界面中，设置虚拟磁盘大小。这里的大小只是允许虚拟机占用的最大空间，并不会立即使用这么大的磁盘空间。设置完成后，单击"下一步"按钮，如图 2-34 所示。

（15）在"指定磁盘文件"界面的磁盘文件文本框中，设置虚拟磁盘文件名称，单击"完成"按钮，如图 2-35 所示。

（16）在"已准备好创建虚拟机"界面中，列出了新建虚拟机的相应设置，可以单击"自定义硬件"按钮修改相应设置，或单击"完成"按钮完成虚拟机的创建，如图 2-36 所示。

图 2-32　选择磁盘类型

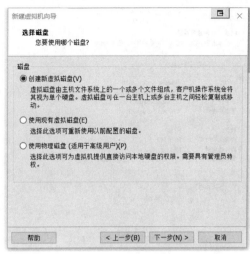

图 2-33　选择磁盘

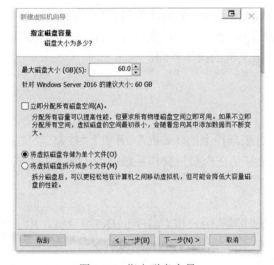

图 2-34　指定磁盘容量

图 2-35　指定磁盘文件

3. 为虚拟机安装 Windows Server 2016

在虚拟机中安装 Windows Server 2016，与在真实的计算机中安装 Windows Server 2016 没有什么区别，但在虚拟机中安装 Windows Server 2016，可以直接使用保存在主机上的 Windows Server 2016 安装光盘镜像作为虚拟机的光驱。

（1）若使用安装光盘镜像来为虚拟机中安装 Windows Server 2016，可以单击"编辑虚拟机设置"链接，打开前文创建的 Windows Server 2016 虚拟机配置文件。在"虚拟机设置"对话框的"硬件"选项卡中，选择"CD-ROM"选项，在"连接"选项区域内选择"使用 ISO 映像文件"单选按钮，然后浏览选择 Windows Server 2016 安装光盘镜像文件（ISO 格式）。如果使用安装光盘，则选择"使用物理驱动器"单选按钮，并选择安装光盘所在光驱，如图 2-37 所示。

（2）选择光驱后，单击工具栏上的播放按钮，打开虚拟机的电源，在虚拟机窗口中单击，进入虚拟机。

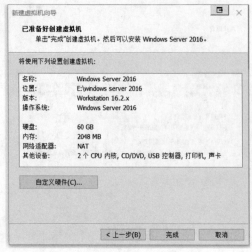

图 2-36　已准备好创建虚拟机

图 2-37　配置虚拟机光驱

（3）在虚拟机窗口中，我们看到了熟悉的 Windows Server 2016 安装程序的画面，接下来的操作与前面介绍的 Windows Server 2016 安装过程完全一样。在窗口内单击，进入虚拟机的设置，若按 Alt+Ctrl 组合键，可释放鼠标，回到宿主机的操作界面。

2.4.4　虚拟机的操作与设置

1．启动、关闭和挂起虚拟机

若要启动、关闭和挂起虚拟机，可以通过单击工具栏上的"关机""开机""挂起""重置"等按钮来实现。需要说明的是，关闭虚拟机时，最好是在虚拟机操作系统中用正常关机方式关闭虚拟机，以免损坏系统和丢失数据。

2．在虚拟机中使用 Ctrl+Alt+Del 组合键

Windows Server 2016 成功安装后，登录系统时需要用户按 Ctrl+Alt+Del 组合键，由于该组合键被宿主机操作系统使用了，因此在虚拟机中不能使用。首先在虚拟机窗口中单击，使虚拟机获得焦点，然后按 Ctrl+Alt+Ins 组合键，或执行"虚拟机"→"发送 Ctrl+Alt+Del"实现。

3．安装 VMware Tools

为了更好地使用虚拟机，可以为虚拟机的操作系统安装上 VMware Tools。VMware Tools 相当于 VMware 虚拟机的主板芯片组驱动和显卡驱动、鼠标驱动，安装 VMware Tools 后，可增强虚拟机的性能。例如，可直接用鼠标在虚拟机和主机之间切换；可直接拖曳主机的文件或文件夹到虚拟机的桌面，从而达到复制文件的目的；可以提高虚拟机的显示性能等。安装 VMware tools 的过程如下。

（1）启动虚拟机后，执行"虚拟机"→"安装 VMware Tools"命令，在打开的对话框中单击"安装"按钮。

（2）进入虚拟机窗口，安装程序将自动运行，若没有自动运行，可打开虚拟机的虚拟光驱，运行 Setup.exe 程序，接下来操作按照向导执行即可。

4．调整虚拟机配置

在测试环境中，可以定制虚拟机的网卡数，调整虚拟机的使用内存，或者给虚拟机添加多个硬盘。

若要调整虚拟机的硬件配置，必须先将虚拟机关机，单击"编辑虚拟机设置"链接，打开"虚拟机设置"对话框。

在"硬件"选项卡中，用户可单击"添加"按钮添加各种硬件，单击"移除"按钮可删除各种硬件，如图 2-38 所示。

在"选项"选项卡中，用户可以对虚拟机的选项进行设置，如修改虚拟机的名称、电源设置、将宿主机的某个文件夹设置共享文件夹等，如图 2-39 所示。

图 2-38　"虚拟机设置"对话框的"硬件"选项卡　图 2-39　"虚拟机设置"对话框的"选项"选项卡

5. 多重快照功能

有时，为了测试软件，需要保存安装软件之前的状态，这时可以通过快照功能来保存系统当前的状态。VMware Workstation 可以保存多个快照，而且还提供了快照管理功能。

（1）要创建一个快照，可执行"虚拟机"→"快照"→"拍摄快照"命令，在打开的对话框中输入快照的名称和描述，如图 2-40 所示。

（2）要还原一个快照，可执行"虚拟机"→"快照"→"恢复到快照"命令，并确认。

（3）如果建立了多重快照，还可以打开快照管理窗口进行管理。执行"虚拟机"→"快照"→"快照管理器"命令。在打开的窗口中可以建立、删除、还原一个快照，如图 2-41 所示。如果虚拟机处于关机状态，在此窗口中也可以克隆系统。

6. 克隆多个虚拟机

在以后的学习中，往往需要多个运行 Windows Server 2016 的虚拟机来模拟现实场景，如果已安装好一个 Windows Server 2016 虚拟机，就可以克隆出多个虚拟机，这样可省去安装操作系统的过程。克隆多个虚拟机可以在快照管理器中完成，也可使用菜单命令来实现。

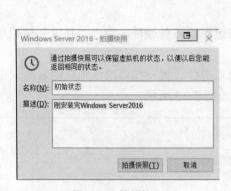

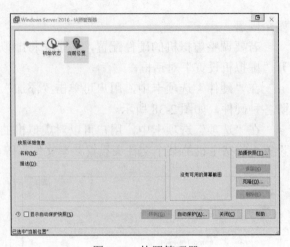

图 2-40　拍摄快照　　　　　　　　　　　图 2-41　快照管理器

（1）关闭需要克隆的虚拟机。

（2）执行"虚拟机"→"管理"→"克隆"命令，或者在快照管理器中单击"克隆"按钮，打开克隆虚拟机向导，单击"下一步"按钮继续。

（3）在"克隆源"界面中，选择要克隆虚拟机的当前状态还是克隆一个快照，单击"下一步"按钮，如图 2-42 所示。

（4）在"克隆类型"界面中，选择要创建链接克隆还是完全克隆，通过创建链接克隆，可以节省磁盘空间，单击"下一步"按钮，如图 2-43 所示。

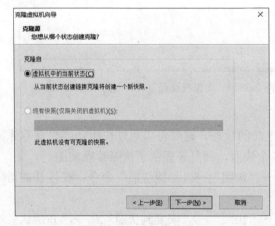

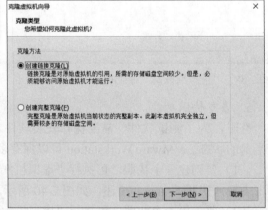

图 2-42　选择克隆源　　　　　　　　　　图 2-43　选择克隆类型

（5）在"新虚拟机名称"界面中，设置克隆虚拟机名称和存放位置，设置完毕后，单击"下一步"按钮，如图 2-44 所示。

（6）系统开始创建克隆，所需时间主要取决于克隆类型。克隆完成后，将在虚拟机管理器中看到两个虚拟机，如图 2-45 所示。

（7）由于克隆虚拟机的计算机名和 IP 地址与原来的虚拟机完全一样，如果它们同时启动将出现冲突，需要启动手动修改。同时，计算机的安全标识符（Security Identify，SID）也完全一样，要使克隆出来的虚拟机有新 SID，则需要运行系统准备工具。方法是启动克隆虚拟机，运行 C:\Windows\System32\sysprep\文件夹下的 sysprep.exe 程序，在打开的对话框中勾选"通用"复选框，单击"确定"按钮，如图 2-46 所示，重新启动虚拟机。

图 2-44　设置克隆虚拟机名称和存放位置

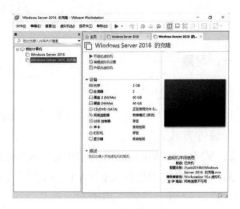

图 2-45　克隆完成

图 2-46　重置 SID

2.5　拓展阅读　中国计算机的主要奠基者

在我国计算机发展的历史长河中，有一位做出突出贡献的科学家，也是中国计算机的主要奠基者，他就是华罗庚教授，他是中国计算机最主要的奠基者之一。

本　章　小　结

本章主要介绍了 Windows Server 2016 的安装模式、光盘安装 Windows Server 2016 的过程和利用虚拟机软件构建 Windows Server 2016 实验环境的方法的步骤。通过本章的学习，读者应该能够了解 Windows Server 2016 的四种安装模式；掌握光盘安装 Windows Server 2016 的方法；熟练掌握虚拟机软件 VMware Workstation 16 的安装与使用方法。

习题与实训

一、习题

（一）填空题

1．Windows Server 2016 操作系统的安装方式有_____、_____、无人安装、第三方软件安装等方式。

2．VMware Workstation 虚拟机的网络模型有_____、_____和_____。

3．在虚拟机中使用 Ctrl+Alt+Del 组合键时，可使用_____组合键代替；从虚拟机中返回宿主机，使用_____组合键。

（二）选择题

1．有一台服务器的操作系统是 Windows Server 2012，文件系统是 NTFS，现要求对该服务器进行 Windows Server 2016 的安装，保留原数据，但不保留操作系统，应使用下列（   ）方法进行安装才能满足需求。

    A．在安装过程中进行全新安装并格式化磁盘

    B．对原操作系统进行升级安装，不格式化磁盘

    C．做成双引导，不格式化磁盘

    D．重新分区并进行全新安装

2．Windows Server 2016 最好安装到（   ）文件系统的分区。

    A．exFAT   B．FAT32   C．NTFS   D．ReFS

二、实训

1．安装 VMware Workstation 16 虚拟机软件。

2．利用 VMware Workstation 16 创建 Windows Server 2016 虚拟机。

3．在虚拟机中安装 Windows Server 2016。

4．在虚拟机软件中进行虚拟机设置、保存快照、克隆等练习。

第 3 章　配置 Windows Server 2016 的基本工作环境

学习目标

本章主要介绍 Windows Server 2016 的启动与使用，用户和系统环境的配置方法，管理硬件设备、配置计算机名与网络属性的方法和步骤，Windows Server 2016 管理控制台的使用方法，管理服务器的角色和功能的基本方法。

通过本章的学习，应该达到如下目标:

- 掌握 Windows Server 2016 用户和系统环境的配置方法。
- 掌握管理硬件设备的方法。
- 基本掌握 Windows Server 2016 管理控制台的使用方法。
- 掌握管理服务器的角色和功能的基本方法。

3.1　启动与使用 Windows Server 2016

Windows Server 2016 在安装完毕并正确地设置系统管理员（Administrator）账户的密码之后，就可以使用了。

（1）图 3-1 所示是 Windows Server 2016 启动后的第一个界面，提示用户按 Ctrl+Alt+Delete 组合键进入用户登录窗口。

（2）在用户登录窗口中输入正确的系统管理员（Administrator）账户和密码，登录到 Windows Server 2016，如图 3-2 所示。

图 3-1　启动界面　　　　　　　图 3-2　输入 Administrator 的账户和密码

（3）在安装 Windows Server 2016 的过程中，不会提示用户设置计算机名、网络配置等信息。但作为一台服务器，这些信息又必不可少，因此 Windows Server 2016 第一次启动时，默认会打开"服务器管理器"窗口，要求管理员设置基本配置信息，如设置服务器的时区、将服务器加入现有域、为服务器启用远程桌面，以及启用 Windows 更新和 Windows 防火墙，等等。图 3-3 所示为 Windows Server 2016 中的"服务器管理器"窗口。

对于上述这些初始化配置参数的配置方法，本章后续将进行介绍。

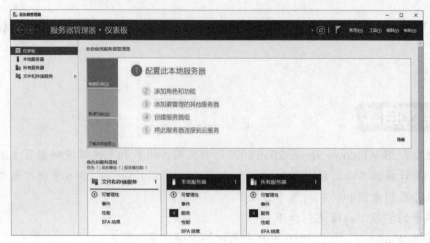

图 3-3　"服务器管理器"窗口

3.2　配置用户和系统环境

3.2.1　配置用户工作环境

配置用户工作环境

1. 设置用户的桌面环境

安装好 Windows Server 2016 后，桌面上只有一个"回收站"图标，显得空荡荡的，如图 3-4 所示。如果用户想在桌面上显示"计算机""网络"等图标，则可以通过个性化设置来完成。

（1）双击"控制面板"中的"个性化"图标，或者右击桌面，在弹出的快捷菜单中执行"个性化"命令，打开"设置"窗口，如图 3-5 所示。

（2）在"设置"窗口中，可以设置背景、颜色、锁屏界面、主题、开始、任务栏等。若要设置桌面图标，可单击"主题"链接，在"主题"窗口中单击"桌面图标设置"按钮。

图 3-4　Windows Server 2016 桌面

图 3-5　"设置"窗口

（3）在"桌面图标设置"对话框中，勾选需要放在桌面的图标的相应复选框，单击"确定"按钮，如图 3-6 所示。

（4）此时就可以在桌面上看到这些图标了，如图 3-7 所示。

图 3-6　桌面图标设置

图 3-7　Windows Server 2016 桌面图标

2. 自定义开始菜单

当用户单击屏幕左下角"开始"按钮▦时，会弹出图 3-8 所示的"开始"菜单。"开始"菜单的样式及项目可以根据用户的喜好进行修改。

图 3-8　"开始"菜单

在图 3-5 所示的"设置"窗口中单击"开始"按钮，可以根据需要调整相应的开关，如图 3-9 所示。

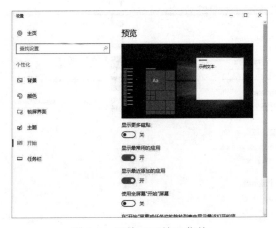

图 3-9　调整"开始"菜单

单击下方的"选择哪些文件夹显示在'开始'菜单上"链接，打开图 3-10 所示的"设置"窗口。在该窗口中可以选择显示在"开始"菜单中的文件夹。例如，将前 5 个开关全部打开，则调整后的"开始"菜单如图 3-11 所示，可以看到左侧增加了图标。

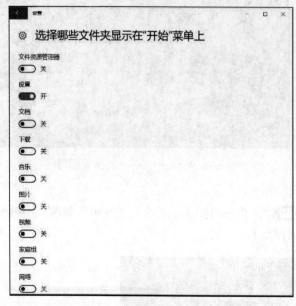

图 3-10　设置"开始"菜单

图 3-11　调整后的"开始"菜单

3. 自定义任务栏

在图 3-5 所示的"设置"窗口中单击"任务栏"按钮，可以根据需要调整相应的开关，如图 3-12 所示。

单击"选择哪些图标显示在任务栏上"链接，打开图 3-13 所示"设置"窗口，根据需要选择显示在任务栏上的图标。

图 3-12　调整任务栏

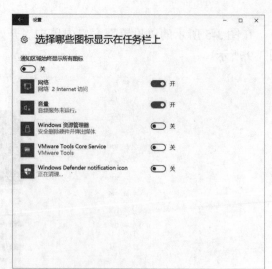

图 3-13　设置任务栏

用户也可以单击"打开或关闭系统图标"链接，打开图 3-14 所示"设置"窗口，根据需要打开或关闭相应项目。

图 3-14　设置系统图标

3.2.2　控制面板

控制面板（Control Panel）是 Windows GUI 一部分，它提供了一组特殊用途的管理工具，使用这些工具可以配置 Windows、应用程序和服务环境，图 3-15 所示是以小图标方式查看的 Windows Server 2016 的控制面板窗口。在 Windows Server 2016 中，要打开控制面板，可右击"开始"按钮，在弹出的菜单中执行"控制面板"命令，也可以运行 control 命令来打开控制面板。该窗口中包含可用于常见任务的默认选项，用户也可以在控制面板中插入用户安装的应用程序和服务的图标。

图 3-15　控制面板窗口

下面简要介绍 Windows Server 2016 控制面板中主要的配置工具。

（1）Internet 选项。可以使用 Internet 选项来更改 Internet Explorer 设置。可以指定默认主页、修改安全设置、使用内容审查程序阻止访问不适宜资料，以及指定颜色和字体如何显示在网页上。

（2）iSCSI 发起程序。连接到远程 iSCSI 目标并配置连接设置。

（3）RemoteApp 和桌面连接。连接到位于工作区的桌面和程序。

（4）Windows Defender。打开或关闭 Windows Defender 功能。Windows Defender 是由微软公司提供的用于 Windows 操作系统的安全软件，可以保护 Windows 操作系统不受病毒和木马的侵害。

（5）Windows 防火墙。可以保护服务器免遭外部恶意程序的攻击，具体使用配置方法本章后续有专门介绍。

（6）安全和维护。包括"更改安全和维护设置""更改用户账户控制设置""更改 Windows SmartScreen 筛选器设置"几个方面的设置。

（7）程序和功能。管理计算机上的程序，可以添加新程序、更改或删除现有程序、启用或关闭 Windows 功能。

（8）电话和调制解调器。管理电话和调制解调器连接，这是早期 Windows 操作系统的功能。

（9）电源选项。管理能源消耗的选项，决定计算机唤醒是否需要密码、电源按钮的功能、电源计划的创建与选择，选择关闭显示器的时间，更改计算机的睡眠时间等。

（10）个性化。允许用户改变计算机显示设置，如设置 Windows 桌面背景、颜色、锁屏界面、主题、开始、任务栏等，上一小节已做介绍。

（11）管理工具。为系统管理员提供多种工具，可以使用管理工具进行系统管理、网络管理、存储管理和目录服务管理等操作。

（12）恢复。高级恢复工具，用于系统的备份与还原。

（13）键盘。让用户更改并测试键盘设置，可以设置光标闪烁频率、字符重复速率，或者修改键盘驱动程序设置。

（14）默认程序。选择 Windows 操作系统默认使用的程序，如将某个程序设为它能打开的所有文件类型和协议的默认程序，将文件类型或协议与程序关联，更改"自动播放"设置。

（15）凭证管理器。查看并删除用户为网站、已连接的应用程序和网络保存的登录信息。

（16）轻松使用设置中心。通过设置，使计算机适合特殊人员使用，如"启动放大镜""启动讲述人""启动屏幕键盘""设置高对比度"等。

（17）区域。更改 Windows 操作系统用来显示日期、时间、货币量、大数和带小数数字的格式。

（18）任务栏和导航。更改任务栏和导航的外观和显示的项目，上一小节已做介绍。

（19）日期和时间。允许用户更改存储于计算机 BIOS 中的日期和时间，更改时区，并通过 Internet 时间服务器同步日期和时间。

（20）设备管理器。用于检查硬件状态并更新计算机上的设备驱动程序。

（21）设备和打印机。添加设备和打印机，共享整个网络上的打印资源。

（22）声音。可以使用声音对系统事件指派声音、设置音量、配置录音和播放的设置，以及配置播放、录音和 MIDI 设备的设置。

（23）鼠标。自定义鼠标设置。

（24）索引选项。更改 Windows 操作系统的索引方式以加快搜索速度。

（25）同步中心。在计算机与网络文件夹之间同步文件。

（26）网络和共享中心。可以使用网络和共享中心来配置计算机与 Internet、网络或另一台计算机之间的连接。使用网络连接，可以将设置配置为访问本地或远程的网络资源或功能。

（27）文本到语音转换。更改文本到语音（Text to Speech，TTS）支持的设置。

（28）文件资源管理器选项。功能与早期 Windows 版本的"文件夹选项"相同，用于自定义文件和文件夹的显示。

（29）系统。查看和更改网络连接、硬件及设备、用户配置文件、环境变量、内存使用和性能等项的设置。

（30）显示。更改显示器设置，如更改项目大小、更改文本大小、更改屏幕分辨率等。

（31）颜色管理。更改用于显示器、扫描仪和打印机的高级颜色设置。

（32）疑难解答。排除并解决常用的计算机问题。

（33）用户账户。更改本地用户账户的设置和密码。

（34）语言。自定义语言首选项和国际设置。

（35）语音识别。配置语音识别在计算机上的工作方式。

（36）自动播放。更改 CD、DVD 和设备的默认设置，以便自动播放音乐、查看图片、安装文件及玩游戏。

（37）字体。显示所有安装到计算机中的字体。用户可以删除字体，安装新字体或者使用字体特征搜索字体。

3.2.3　管理环境变量

在安装了 Windows Server 2016 的计算机中，环境变量会影响计算机如何运行程序、如何查找程序、如何分配内存等。

1．查看现有环境变量

在"选择管理员：命令提示符"窗口中执行 set 命令，即可检查计算机中现有的环境变量，如图 3-16 所示。图中的每一行都代表一个环境变量，等号"="左边为环境变量的名称，右边为环境变量的值。例如，环境变量 COMPUTERNAME 的值为 WIN-5DU5V2I1AID。

图 3-16　检查环境变量

又如，环境变量 PATH 用来指定查找程序的路径。当执行一个程序时，若当前工作文件夹没有找到，则按照环境变量 PATH 对应的路径，依次到相应的文件夹中进行查找。

2. 更改环境变量

环境变量分为系统变量和用户变量两种，其中，系统变量适用于每个在此台计算机登录的用户，也就是每个登录的用户的环境内都会有这些变量。只有具备 Administrator 权限的用户，才可以添加或修改系统环境变量。建议不要随便修改该变量，以免系统不能正常工作。用户也可以自定义用户环境变量，这个变量只适用于该用户，不会影响到其他的用户。

添加、修改环境变量的步骤如下。

（1）双击控制面板中的"系统"按钮，打开"系统"对话框。单击"高级系统设置"按钮，打开"系统属性"对话框，如图 3-17 所示。

（2）在"高级"选项卡中单击"环境变量"按钮，打开"环境变量"对话框，如图 3-18 所示，上半部为用户变量区，下半部为系统变量区。

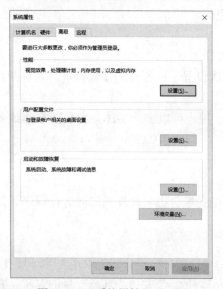

图 3-17　"系统属性"对话框　　　　　图 3-18　"环境变量"对话框

（3）在"环境变量"对话框中，通过单击"新建""编辑""删除"按钮，对系统变量和用户变量进行设置。

需要说明的是，除了系统变量与用户变量之外，位于系统分区的根文件夹的 AUTOEXEC.BAT 文件内的环境变量也会影响这台计算机的环境变量设置。如果这 3 处的环境变量设置发生冲突，其设置的准则如下。

1）如果是环境变量 PATH，则系统配置的顺序是：系统变量→用户变量→AUTOEXEC.BAT，也就是先设置系统变量，然后设置用户变量，最后设置 AUTOEXEC.BAT，后设置的附加在先设置的之后。

2）如果不是环境变量 PATH，则系统配置的顺序是：AUTOEXEC.BAT→系统变量→用户变量，也就是先设置 AUTOEXEC.BAT，然后设置系统变量，最后设置用户变量，后设置的会覆盖先设置的。

3）系统只有在启动时，才会读取 AUTOEXEC.BAT 文件。因此，如果在 AUTOEXEC.BAT

文件内添加、修改了的环境变量，则必须重新启动计算机，这些变量才能发挥作用。

3. 使用环境变量

使用环境变量时，必须在环境变量的前后加上%，例如，%username%表示要读取用户账户名称，%windir%表示要读取 Windows 操作系统文件目录，如图 3-19 所示。

图 3-19　环境变量示例

对于特定的计算机来说，每个用户的环境变量都不相同，都是它们各自配置文件的组成部分。

3.3 管理硬件设备

硬件设备是指连接到计算机并由计算机控制的所有设备，例如打印机、游戏杆、网络适配器或调制解调器，以及其他外围设备。硬件设备不但包括制造和生产时就连接到计算机上的设备，还包括后来添加的外围设备。某些设备（例如网络适配器和声卡）连接到计算机内部的扩展槽中，另一些设备连接到计算机外部的端口上（例如打印机和扫描仪）。

3.3.1 安装新硬件

在大部分情况下，安装硬件设备是非常简单的，只要将设备安装到计算机即可，因为现在绝大部分的硬件设备都支持即插即用，而 Windows Server 2016 的即插即用功能会自动地检测到所安装的即插即用硬件设备，并且自动安装该设备需要的驱动程序。如果 Windows Server 2016 检测到某个设备，却无法找到合适的驱动程序，则系统会提示用户提供驱动程序。

如果安装的是最新的硬件设备，而 Windows Server 2016 也检测不到这个尚未被支持的硬件设备，或者硬件设备不支持即插即用，则可以双击控制面板中的"设备和打印机"按钮，在打开的"设备和打印机"窗口中单击"添加设备"按钮，启动添加设备向导，按照向导提示一步一步操作。

3.3.2 查看已安装的硬件设备

通常，设备管理器用于检查硬件状态并更新计算机上的设备驱动程序。精通计算机硬件的用户也可以使用设备管理器的诊断功能来解决设备冲突或更改资源设置，但执行此操作时应非常谨慎。用户可以利用设备管理器查看、禁用、启用计算机内已经安装的硬件设备，也可以针对硬件设备执行调试、更新驱动程序、卸载驱动程序等工作。

启动设备管理器最简单的方法是双击控制面板中的"设备管理器"按钮。也可以在"系统"对话框中单击"设备管理器"按钮，打开设备管理器，如图 3-20 所示。

若要查看隐藏的硬件设备，可以在设备管理器中执行"查看"→"显示隐藏的设备"命令，查看隐藏的设备，如图 3-21 所示。

图 3-20　设备管理器　　　　　　　　　　　图 3-21　查看隐藏的设备

3.3.3　更新驱动程序、禁用、卸载与扫描检测新设备

在设备管理器中右击某设备，在弹出的快捷菜单中执行相应命令，即可更新驱动程序软件、禁用、卸载或扫描检测硬件改动，如图 3-22 所示。

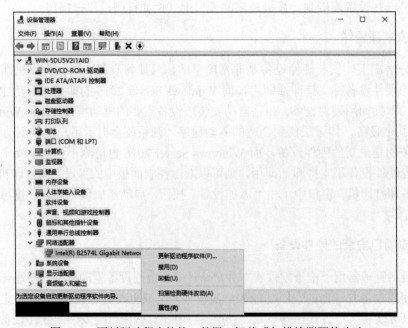

图 3-22　更新驱动程序软件、禁用、卸载或扫描检测硬件改动

3.4　配置 Windows Server 2016 网络

配置 Windows
Server 2016 网络

3.4.1　设置计算机名与 Windows 更新

1．设置计算机名

在安装 Windows Server 2016 的整个过程中，不需要用户设置计算机名，系统使用的是一长串随机字符串作为计算机名。为了更好地标识和识别计算机，在 Windows Server 2016 安装完毕后，最好将计算机名修改为易于记忆或具有一定意义的名称。

（1）双击控制面板中的"系统"按钮，打开"系统"对话框。

（2）在"系统"对话框中单击"计算机名、域和工作组设置"后的"更改设置"按钮，打开"系统属性"对话框，选择"计算机名"选项卡，如图 3-23 所示。

（3）单击"更改"按钮，弹出"计算机名/域更改"对话框，在"计算机名"文本框中输入新的计算机名，在"工作组"文本框中输入计算机所处的工作组。设置完毕后，单击"确定"按钮，如图 3-24 所示。

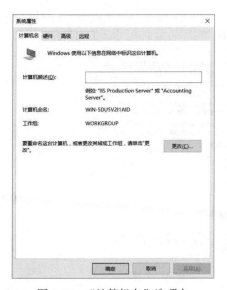

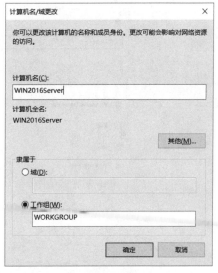

图 3-23　"计算机名"选项卡　　　　　图 3-24　"计算机名/域更改"对话框

（4）系统提示必须重新启动计算机，才能使新的计算机名和组名生效。

（5）返回到"系统属性"对话框后，单击"关闭"按钮，系统再次提示必须重新启动计算机以应用更改。单击"立即重新启动"按钮，即可重新启动系统并应用新的计算机名和工作组名称。

2．设置 Windows 更新

要确保服务器安全并拥有良好性能，可以手动或自动进行系统更新，从而让系统获得最新的修复和安全改进。下面介绍 Windows 更新的操作过程。

打开"服务器管理器"窗口，在左侧选择"本地服务器"选项，如图 3-25 所示。单击列表框内右上角"Windows 更新"后的蓝色文字，可以查看 Windows 更新状态，如图 3-26 所示。

单击"立即安装"按钮,可以下载最新的服务器操作系统、软件和硬件的最新更新程序。

图 3-25　选择"本地服务器"选项

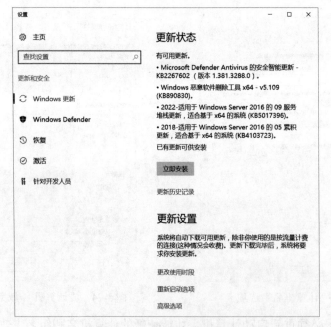

图 3-26　Windows 更新状态

大多数情况下,更新完成后,重启服务器可完成更新操作,在"更新历史记录"中可以查看具体的更新信息。还可以在图 3-26 所示的窗口的"更新设置"区域对"更新使用时段""重新启动选项""高级选项"等进行设置。

3.4.2　防火墙与网络连接设置

1. 防火墙设置

Windows 防火墙可以保护服务器免遭外部恶意程序的攻击。系统将网络位置分为专用网络、公用网络与域网络（只有加入了域的服务器才会有域网络），而且会自动判断并设置服务器所在的网络位置，图 3-27 所示的服务器所在的位置为专用网络。

图 3-27　Windows 防火墙设置

为了增加服务器在网络内的安全性，位于不同网络位置的服务器有着不同的 Windows 防火墙设置，一般位于公用网络的计算机，其设置比较严格，而位于专用网络或域网络的服务器设置相对比较宽松。

Windows 防火墙默认为启用状态，如图 3-28 所示，它会阻挡其他计算机与此服务器通信。用户可以分别针对专用网络与公用网络位置进行设置，并且这两个网络默认已启用防火墙，会封锁所有的传入连接（不包括死于允许中的程序）。

图 3-28　默认启用 Windows 防火墙

注意：

（1）Windows 防火墙会阻挡所有的传入连接，可以单击图 3-27 左上方的"允许应用或功能通过 Windows 防火墙"选项来解除对某些程序的封锁。

（2）Windows 防火墙默认是启用的，因此网络上其他用户无法利用 ping 命令来与服务器通信。用户可以单击图 3-27 左侧的"高级设置"选项，设置"入站规则"来开放 ICMP Echo Request 数据包（勾选"文件和打印机共享-回显请示-ICMP4-In"复选框）。

（3）后续的配置管理实训中，为方便调试，建议先将 Windows 防火墙关闭，调试成功后再启用防火墙，并检查确认允许的程序和功能列表。单击"启用或关闭 Windows 防火墙"选项，打开图 3-28 所示的对话框，根据需要启用或关闭 Windows 防火墙。

2. 远程设置

Windows Server 2016 可以使用"服务器管理器"窗口在远程服务器上执行相应的管理任务，系统默认启用"远程管理"功能，在"本地服务器"界面中，"远程管理"区域后的蓝色文字是"已启用"，说明该功能已经启用，为了安全，可以单击该选项，在弹出的"配置远程管理"对话框中，取消选择"允许从其他计算机中远程管理此服务器"选项，从而禁用此功能。

Windows Server 2016 的远程桌面功能是被禁用的，在"本地服务器"界面中单击"远程桌面"后的蓝色文字"已禁用"，弹出图 3-29 所示的"系统属性"对话框，选择"远程"选项卡，可以看到"远程协助"区域是灰色的，只有添加了"远程协助"功能才能使用。在"远程桌面"区域，选择"允许远程连接到此计算机"单选按钮，单击"选择用户"按钮，在弹出的图 3-30 所示的"远程桌面用户"对话框中，可以添加或删除远程桌面访问的本地用户账户。

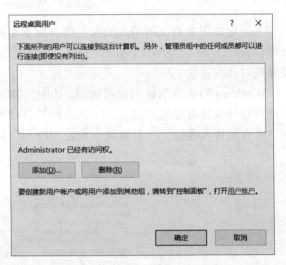

图 3-29 "系统属性"对话框   图 3-30 "远程桌面用户"对话框

3. NIC 组合设置

NIC 组合就是把同一台服务器上的多个物理网卡通过操作系统绑定成一个虚拟的网卡，对于外部网络而言，这台服务器只有一个可见的网卡。而对于任何应用程序以及本服务器所在的网络，这台服务器只有一个网络连接或者说只有一个可访问的 IP 地址。之所以要进行 NIC 组合设置，是因为除了可以利用多网卡同时工作来提高网络速度，还可以通过 NIC 组合实现不同网卡之间的负载均衡和网卡冗余。在"本地服务器"界面中单击"NIC 组合"区域后的蓝色文字"已禁用"，弹出图 3-31 所示的"NIC 组合"对话框，在左下"组"区域右侧的"任务"下拉列表框中选择"新建组"选项，在"新建组"界面中输入组名称，选择组合的网卡，单击"确定"按钮，如图 3-32 所示。

4. 网络连接设置

正确设置 TCP/IP 属性，是一台主机接入网络的关键。设置 Windows Server 2016 系统的 TCP/IP 属性的步骤如下。

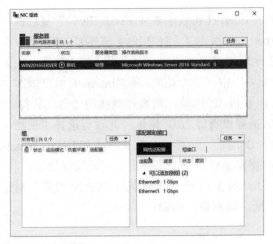
图 3-31　"NIC 组合"对话框

图 3-32　"新建组"界面

（1）在"服务器管理器"窗口中选择"本地服务器"选项，单击"Ethernet0（本地连接的名称）"后的蓝色文字，打开"网络连接"窗口，如图 3-33 所示。

图 3-33　"网络连接"窗口

（2）右击"Ethernet0"按钮，在弹出的快捷菜单中执行"属性"命令，打开图 3-34 所示的"Ethernet0 属性"对话框，其中显示了系统已安装的网络程序和协议。在 Windows Server 2016 中默认已安装了 IPv4 和 IPv6 两个版本的 Internet 协议，并且默认都已启用。

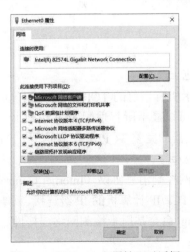
图 3-34　"Ethernet0 属性"对话框

（3）若要设置 IPv4 的相关属性，可以勾选"Internet 协议版本 4（TCP/IPv4）"复选框，单击"属性"按钮，打开图 3-35 所示的"Internet 协议版本 4（TCP/IPv4 属性）"对话框。在 Internet 中，每台主机都要分配一个 IP 地址。IP 地址可以动态获得，也可手动静态配置（关于这方面内容，将在第 10 章"DHCP 服务器的配置"中详细介绍）。在"Internet 协议版本 4（TCP/IPv4）属性"对话框中，若要通过 DHCP 获得 IP 地址，则选择默认的"自动获得 IP 地址"单选按钮。但对于一台服务器来说，通常需要设置静态 IP 地址，此时可选择"使用下面的 IP 地址"单选按钮，并在相应的文本框中输入 IP 地址、子网掩码、默认网关和 DNS（Domain Name System，域名系统）服务器的 IP 地址。设置完毕后，单击"确定"按钮保存设置。

（4）用户也可单击下面的"高级"按钮，打开图 3-36 所示的"高级 TCP/IP 设置"对话框，添加新的 IP 地址、网关、DNS 及 WINS 地址，或删除、编辑已有地址。

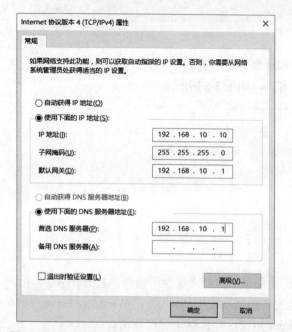

图 3-35　"Internet 协议版本 4（TCP/IPv4）属性"对话框　　　图 3-36　"高级 TCP/IP 设置"对话框

3.4.3　常用的网络排错工具

1. 使用 ipconfig 确认 IP 地址配置

ipconfig 命令的作用是显示所有当前的 TCP/IP 网络配置值、刷新 DHCP 和 DNS 设置。使用不带参数的 ipconfig 命令可以显示所有适配器的 IP 地址、子网掩码、默认网关。若加上参数/all，则可以显示所有适配器的完整 TCP/IP 配置信息，如图 3-37 所示。

2. 使用 ping 测试网络连通性

ping 命令是通过发送因特网控制消息协议（Internet Control Message Procotol，ICMP）回响请求数据包来验证与另一台 TCP/IP 计算机的 IP 级连接。回响应答消息的接收情况将和往返过程的次数一起显示出来。ping 命令是用于检测网络连接性、可到达性和名称解析的疑难问题的主要命令，其命令格式为：

ping　[<命令选项>]　<目标 IP 地址或域名>

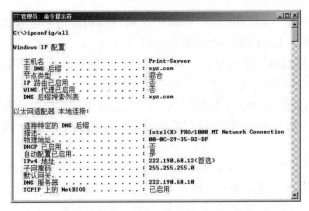

图 3-37　显示所有适配器的完整 TCP/IP 配置信息

表 3-1 列出了一些常用的 ping 命令选项。

表 3-1　常用的 ping 命令选项

选项	功能
-t	指定在中断前 ping 可以持续发送回响请求信息到目的地。要中断并显示统计信息，按 Ctrl+Break 组合键，要中断并退出 ping，按 Ctrl+C 组合键
-a	指定对目的地 IP 地址进行反向名称解析。如果解析成功，ping 将显示相应的主机名
-n count	指定发送回响请求消息的次数，具体次数由 count 来指定。若不指定次数，则默认值为 4
-w timeout	调整超时（毫秒）。默认值是 1000（1 秒的超时）
-l size	指定发送的回响请求消息中数据字段的长度（以字节表示）。默认值为 32，最大值是 65527
-f	指定发送的回响请求消息带有"不要拆分"标志（所在的 IP 标题设为 1）。回响请求消息不能由目的地路径上的路由器进行拆分。该选项可用于检测并解决路径最大传输单位的故障

ping 命令是常用的网络故障排除工具，ping 结束后，还将显示统计信息。图 3-38 所示的是用 ping 命令测试本机与 210.44.71.224 主机的连接性，ping 出 4 个 32 字节数据包，丢失了 0 个。

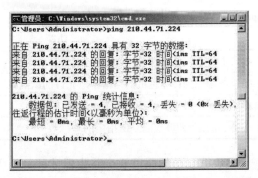

图 3-38　用 ping 命令测试本机与网络主机的连接性

如果执行 ping 命令不成功，故障可能出现在以下几个方面：网线故障、网络适配器配置不正确、IP 地址配置不正确，等等。如果执行 ping 命令成功而网络仍无法使用，那么可以证实从源点到目标之间所有物理层、数据链路层和网络层的功能都运行正常，问题很可能出在网络系统的软件配置方面。使用 ping 命令可以排除简单的网络故障，步骤如下。

（1）ping 环回地址（127.0.0.1），以验证本地计算机上是否正确地配置了 TCP/IP，如果 ping 命令执行失败，说明 TCP/IP 安装不正确。

（2）ping 本地计算机的 IP 地址，以验证其是否已正确地添加到网络中。如果 ping 命令执行失败，说明 IP 地址配置不正确，或没有连接到网络中。

（3）ping 默认网关的 IP 地址，以验证默认网关是否正常工作以及是否可以与本地网络上的本地主机进行通信。如果 ping 命令执行失败，需要验证默认网关 IP 地址是否正确以及网关（路由器）是否运行。

（4）ping 远程主机的 IP 地址，以验证到远程主机（不同子网上的主机）IP 地址的连通性。如果 ping 命令执行失败，需要验证远程主机的 IP 地址是否正确，远程主机是否运行，以及该计算机和远程主机之间的所有网关（路由器）是否运行。

（5）ping 远程主机的域名。如果 ping IP 地址已成功，但 ping 命令执行失败，可能是由于名称解析问题所致，需要验证 DNS 服务器的 IP 地址是否正确，DNS 服务器是否运行，以及该计算机和 DNS 服务器之间的网关（路由器）是否运行。

3. 使用 tracert 命令跟踪网络连接

tracert 是路由跟踪实用命令，用于确定 IP 数据报访问目标所采取的路径。tracert 命令用 IP 的生存时间（Time To Live，TTL）字段和 ICMP 错误消息来确定从一个主机到网络上其他主机的路由。

在 TCP/IP 网络中，要求路径上的每个路由器在转发数据包之前至少将数据包上的 TTL 值递减 1。tracert 命令的工作原理是通过向目标发送不同 IP 的 TTL 值的 ICMP 回响请求数据包，确定到目标所采取的路由。当数据包上的 TTL 减为 0 时，路由器应该将"ICMP Time Exceeded"的消息发回源主机。tracert 命令首先发送 TTL 值为 1 的回显数据包，并在随后的每次发送过程将 TTL 值递增 1，直到目标响应或 TTL 达到最大值，从而确定路由。

tracert 命令的格式为：

tracert　[<命令选项>]　<目标主机的域名或 IP 地址>

表 3-2 列出了一些常用的 tracert 命令选项。

表 3-2　常用的 tracert 命令选项

选项	功能
-d	指定不将 IP 地址解析到主机域名
-h maximum_hops	指定在跟踪到目标主机的路由中所允许的跃点数
-j host-list	指定数据包所采用路径中的路由器接口列表
-w timeout	等待 timeout 为每次回复所指定的毫秒数

在图 3-39 所示的例子中，数据包必须通过 9 个路由器才能到达主机 218.58.206.54，其中，中间 3 列时间表示发送 3 个数据包返回的时间，"*"表示这个包丢失了。

tracert 命令对于解决大型网络问题非常有用，可以确定数据包在网络上的停止位置、路由环路等问题。

4. 使用 pathping 命令跟踪数据包的路径

pathping 命令是一个路由跟踪工具，它将 ping 和 tracert 命令的功能及这两个命令所不提供的其他信息结合起来。pathping 命令在一段时间内将数据包发送到最终目标的路径上的每个路由器，然后根据从每个跃点返回的数据包来计算结果。由于 pathping 命令显示数据包在任何给定路由器或链接上丢失的程度，因此很容易确定导致网络问题的路由器或链接。

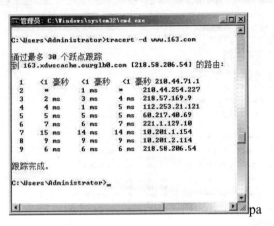

图 3-39　tracert 命令示例

pathping 命令的格式为：

pathping [<命令选项>]　<目标主机的域名或 IP 地址>

表 3-3 列出了 pathping 命令的一些常用选项。

表 3-3　常用的 pathping 命令选项

选项	功能
-n	不将地址解析成主机域名
-h maximum_hops	搜索目标的最大跃点数
-g host-list	沿着主机列表释放源路由
-p period	在 ping 之间等待的毫秒数
-q num_queries	每个跃点的查询数
-wtimeout	每次等待回复的毫秒数
-i address	使用指定的源地址
-4	强制 pathping 使用 IPv4
-6	强制 pathping 使用 IPv6

　　图 3-40 所示的是典型的 pathping 命令报告，跃点列表后所编辑的统计信息表明在每个独立路由器上丢失数据包的情况。

　　当运行 pathping 命令测试问题时，首先应查看路由的结果。此路径与 tracert 命令所显示的路径相同，然后 pathping 命令对下一个 150 秒显示繁忙消息（此时间根据跃点计数而有所不同）。在此期间，pathping 命令从以前列出的所有路由器和它们的链接之间收集信息，结束后显示测试结果。

　　最右边的两栏"此节点/链接已丢失/已发送=Pct"和"地址"说明了数据包的丢失率。本例中，172.16.99.2（跃点 2）和 218.22.0.17（跃点 3）之间的链接正在丢失 1%的数据包，其他链接工作正常。在跃点 3、4、5、6 处的路由器也丢失转送到它们的数据包（"指向此处的源已丢失/已发送=Pct" 栏中所示），但是该丢失不会影响转发路径。

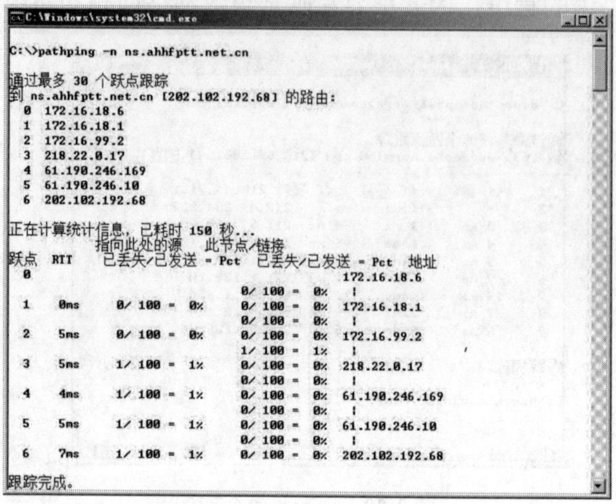

图 3-40　pathping 命令报告

对链接显示的丢失率（在最右边的栏中标记为 "!"）表明沿路径转发丢失的数据包。该丢失表明链接阻塞。对路由器显示的丢失率（通过最右边栏中的 IP 地址显示）表明这些路由器的 CPU 可能超负荷运行。这些阻塞的路由器可能也是端对端问题的一个因素，尤其是在软件路由器转发数据包时。

5. 使用 netstat 命令显示连接统计

netstat 命令提供了有关网络连接状态的实时信息，以及网络统计数据和路由信息。该命令的一般格式为：

netstat [选项]

命令中各选项的含义见表 3-4。使用不带选项的 netstat 命令会显示系统中的所有网络连接，首先是活动的 TCP 连接，之后是活动的域套接字。

表 3-4　netstat 命令选项

选项	功能
- a	显示所有的 Internet 套接字信息，包括正在监听的套接字
- i	显示所有网络设备的统计信息
- c	在程序中断前，连接显示网络状况，间隔为 1 秒
- e	显示以太网（Ethernet）统计信息
- n	以网络 IP 地址代替名称，显示出网络连接情形
- o	显示定时器状态，截止时间和网络连接的以往状态
- r	显示内核路由表，输出与 route 命令的输出相同
- s	显示每个协议的统计信息
- t	只显示 TCP 套接字信息，包括那些正在监听的 TCP 套接字
- u	只显示 UDP 套接字信息

6. 使用 arp 命令显示和修改地址解析协议缓存

arp 命令用于显示和修改地址解析协议（Address Resolution Protocol，ARP）"缓存中的项目。ARP 缓存中包含一个或多个表，它们用于存储 IP 地址及其经过解析的以太网或令牌环物理地址。计算机上安装的每一个以太网或令牌环网络适配器都有自己单独的表。如果在没有参数的情况下使用，则 arp 命令将显示帮助信息，表 3-5 列出了 arp 命令的一些常用选项。

表 3-5　常用的 arp 命令选项

选项	功能
-a	显示所有接口的当前 ARP 缓存表
-d inet_addr	删除指定的 IP 地址项，此处的 inet_addr 代表 IP 地址
-s inet_addr eth_addr	向 ARP 缓存添加可将 IP 地址 InetAddr 解析成物理地址 eth_addr 的静态项

在表 3-5 中，IP 地址 InetAddr 使用点分十进制表示，物理地址 eth_addr 由 6 个字节组成，这些字节用十六进制记数法表示并且用连字符隔开，例如 00-AA-00-4F-2A-9C。

显示所有接口的 ARP 缓存表的命令为：

arp -a

添加将 IP 地址 10.0.0.80 解析成物理地址 00-AA-00-4F-2A-9C 的静态 ARP 缓存项的命令为：

arp -s 10.0.0.80 00-AA-00-4F-2A-9C

通过 -s 选项添加的项属于静态项，它们在 ARP 缓存中不会超时，但终止 TCP/IP 后再启动，这些项会被删除。如果要创建永久的静态 ARP 缓存项，管理员需要在批处理文件中使用适当的 arp 命令，并通过"计划任务程序"在启动时运行该批处理文件。

3.5　Windows Server 2016 管理控制台

Windows Server 2016 具有完善的集成管理特性，这种特性允许管理员为本地和远程计算机创建自定义的管理工具。这个管理工具就是微软系统管理控制台（Microsoft Management Console，MMC），它是一个用来管理 Windows 系统的网络、计算机、服务及其他系统组件的管理平台。

3.5.1　管理单元

MMC 不是执行具体管理功能的程序，而是一个集成管理平台工具。MMC 集成了一些被称为管理单元的管理程序，这些管理单元就是 MMC 提供用于创建、保存和打开管理工具的标准方法。

管理单元是用户直接执行管理任务的应用程序，是 MMC 的基本组件。Windows Server 2016 在 MMC 中有两种类型的管理单元：独立管理单元和扩展管理单元。其中，独立管理单元（即前面所所说的管理单元）可以直接添加到控制台根节点下，每个独立管理单元提供一个相关功能；扩展管理单元是为独立管理单元提供额外管理功能的管理单元，一般是添加到已经有了独立管理单元的节点下，用来丰富其管理功能。系统管理员可以通过添加或删除一些特定的管理单元，帮助不同的用户执行特定的管理任务。

　　"计算机管理"窗口由 3 个窗格组成：左边显示的是"控制台根节点"，包含了多个管理单元的树状体系，显示了控制台中可以使用的项目；中间窗格为节点的详细资料内容，列出这些项目的信息和有关功能；右边空格为"操作"窗格，列出了与控制台所选对象的相应操作，与"操作"菜单对应。随着单击左边控制台树中的不同项目，中间详细信息窗格中的信息也将变化，如图 3-41 所示。

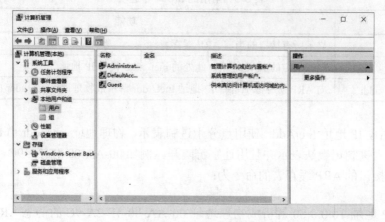

图 3-41　"计算机管理"窗口

3.5.2　管理控制台的操作

管理控制台的操作主要包括打开 MMC、添加/删除管理单元。

1. 打开 MMC

执行以下任一操作可以打开 MMC。

管理控制台的操作

　　（1）右击"开始"按钮，选择"运行"选项，在"运行"对话框中的"打开"文本框中输入"mmc"，单击"确定"按钮，如图 3-42 所示，即可打开 MMC 窗口。

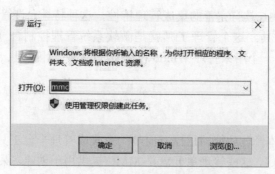

图 3-42　使用"运行"对话框打开 MMC

　　（2）在"开始"菜单中的"开始搜索"文本框中输入"mmc"并确认。

　　（3）在命令提示符窗口中输入"mmc"，然后按 Enter 键。

2. 添加/删除管理单元

　　系统管理员通过创建自定义的 MMC，可以把完成单个任务的多个管理单元组合在一起，使用一个统一的管理界面来完成适合自身企业应用环境的大多数管理任务。

下面介绍创建自定义的 MMC 的具体步骤。

（1）打开 MMC。

（2）MMC 的初始窗口是空白的，如图 3-43 所示，执行"文件"→"添加/删除管理单元"命令，向 MMC 添加新的管理单元（或删除已有的管理单元）。

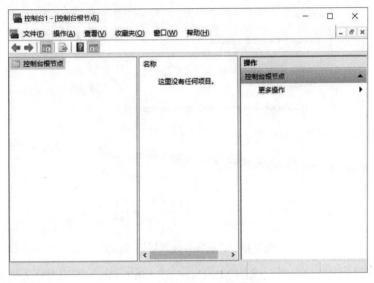

图 3-43 空白的 MMC 初始窗口

（3）打开"添加或删除管理单元"对话框，从"可用的管理单元"列表框中选择要添加的管理单元，单击"添加"按钮，将其添加到"所选管理单元"列表框中，添加完毕后，单击"确定"按钮，如图 3-44 所示。

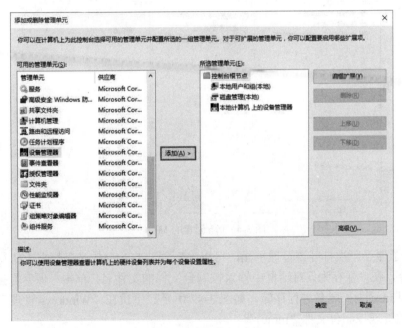

图 3-44 添加管理单元

（4）MMC 不但可以管理本地计算机，也可以管理远程计算机。在添加"计算机管理"管理单元时，会打开"选择目标机器"对话框，如图 3-45 所示，提示用户选择管理本地计算机还是远程计算机。若要管理远程计算机，可选择"另一台计算机"单选按钮，并输入欲管理的计算机的 IP 地址或计算机名。

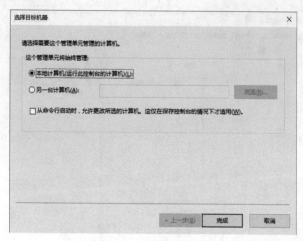

图 3-45　"选择目标机器"对话框

（5）图 3-46 所示是一个新创建的 MMC。在该 MMC 下，就可以对这些管理单元进行管理了。

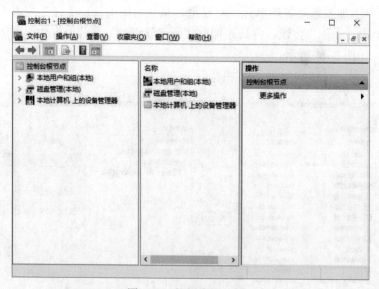

图 3-46　新创建的 MMC

（6）为了便于下次打开该管理单元，可以将新创建的 MMC 保存起来。执行"文件"→"保存"命令，在"保存为"对话框中输入控制台文件的文件名，单击"保存"按钮，将新创建的 MMC 以.msc 为扩展名进行存储，如图 3-47 所示。下次在"Windows 管理工具"中就能看到刚创建的管理控制台文件"mmc1"。

图 3-47　保存管理控制台文件

3.6　管理服务器角色和功能

3.6.1　服务器角色、角色服务和功能简介

自从 Windows Server 2008 之后，该系列操作系统的一个主要亮点就是组件化，系统管理员用户通过添加或删除"服务器管理器"窗口里的"角色"和"功能"，就可以实现几乎所有的服务器任务。类似 DNS 服务器、文件服务器、打印服务器等被视为"角色"，而类似故障转移集群、组策略管理等这样的任务则被视为"功能"。

那么，在 Windows Server 2016 中，服务器的角色与功能到底有什么不同呢？服务器角色指的是服务器的主要功能，管理员可以选择整个计算机专用于一个服务器角色，或在单台计算机上安装多个服务器角色，每个角色可以包括一个或多个角色服务，而功能则提供对服务器的辅助或支持。通常，管理员添加功能不会作为服务器的主要功能，但可以增强已安装的角色的功能。像故障转移集群，是管理员可以在安装了特定的服务器角色（如文件服务）后安装的功能，以将冗余特性添加到文件服务并缩短可能的灾难恢复时间。

1.　角色

服务器角色是程序的集合，在安装并正确配置之后，允许计算机为网络内的多个用户或其他计算机执行特定功能。当一台服务器安装了某个服务后，其实就是赋予了这台服务器一个角色，这个角色的任务就是为应用程序、计算机或者整个网络环境提供该项服务。一般来说，角色具有下列共同特征。

（1）角色描述计算机的主要功能、用途或使用。一台特定计算机可以专门用于执行企业中常用的单个角色。如果多个角色在企业中均很少使用，则可以由一台特定计算机执行。

（2）角色允许整个组织中的用户访问由其他计算机管理的资源，如网站、打印机或存储在不同计算机上的文件。

（3）角色通常包括自己的数据库，这些数据库可以对用户或计算机请求进行排队，或记录与角色相关的网络用户和计算机的信息。例如,活动目录域服务包括一个用于存储网络中所有计算机名称和层次结构关系的数据库。

2. 角色服务

角色服务是提供角色功能的程序。安装角色时,可以选择角色将为企业中的其他用户和计算机提供的角色服务。一些角色(如 DNS 服务器)只有一个功能,因此没有可用的角色服务。其他角色(如终端服务器)可以安装多个角色服务,这取决于企业的应用需求。

3. 功能

功能虽然不直接构成角色,但可以支持或增强一个或多个角色的功能,或增强整个服务器的功能,而不用管安装了哪些角色。例如,故障转移群集功能增强其他角色(如文件服务器和 DHCP 服务器)的功能,使它们可以针对已增加的冗余和改进的性能加入服务器群集;Telnet客户机功能允许网络连接与 Telnet 服务器远程通信,从而全面增强服务器的通信功能。

4. 角色、角色服务与功能之间的依存关系

安装角色并准备部署服务器时,"服务器管理器"窗口会提示安装该角色所需的任何其他角色、角色服务或功能。例如,许多角色都需要运行 Web 服务器(IIS)。同样,如果要删除角色、角色服务或功能,"服务器管理器"窗口将提示是否删除与其相关的程序。例如,要删除 Web服务器(IIS)角色,"服务器管理器"窗口将询问是否在计算机中保留依赖于 Web 服务器的其他角色。这种依存关系由系统统一管理,管理员不需要知道要安装的角色所依赖的软件。

5. 查看角色和功能

在服务器管理器中,用户可以按照不同的节点层次(所有服务器、本地服务器、某个角色)查看自己已安装的角色和功能。例如,选择"服务器管理器"窗口左侧列表中的"本地服务器"选择,在右侧下方的"角色和功能"区域,可查看本地服务器上安装的角色和功能列表,如图 3-48 所示。其中,"类型"栏明确区分了角色、角色服务和功能。

图 3-48 查看本地服务器上安装的角色和功能列表

3.6.2 添加服务器角色和功能实例

在"角色和功能"区域单击右上角的"任务"下拉列表框,选择"添

添加服务器角色和功能实例

加角色和功能"选项,或者选择"服务器管理器"窗口右上角的"管理"菜单中的"添加角色和功能"选项,都可启动"添加角色和功能"向导。

下面以添加 DNS 服务器角色和 Telnet 客户机功能为例,说明利用添加角色和功能向导添加服务器角色和功能的过程(本书在第 11 章介绍 DNS 服务器时,将不再介绍 DNS 服务器的安装不再介绍)。其他角色的添加过程与本例大致相同。

(1)启动添加角色和功能向导,在图 3-49 所示的"开始之前"界面中,单击"下一步"按钮。

(2)在"选择安装类型"界面中,选择"基于角色或基于功能的安装"单选按钮,单击"下一步"按钮,如图 3-50 所示。

图 3-49　"开始之前"界面　　　　　　图 3-50　"选择安装类型"界面

(3)在"选择目标服务器"界面中,从"服务器池"列表框中选择服务器,此处只有一台服务器,选择后直接单击"下一步"按钮,如图 3-51 所示。

(4)在"选择服务器角色"界面中,显示所有可以安装的服务器角色,如果角色前面的复选框没有被勾选,表示该网络服务尚未安装,如果已选中,说明该服务已经安装。这里勾选"DNS 服务器"复选框,单击"下一步"按钮,如图 3-52 所示。

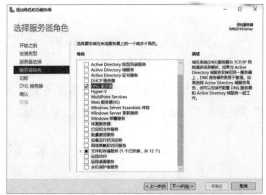

图 3-51　"选择目标服务器"界面　　　　图 3-52　"选择服务器角色"界面

(5)在"选择功能"界面中勾选"Telnet 客户机"复选框,单击"下一步"按钮,如图 3-53 所示,如果不需要安装功能,可不用选择。

（6）在"DNS 服务器"界面中，对 DNS 服务器的功能作了简要介绍，单击"下一步"按钮，如图 3-54 所示。

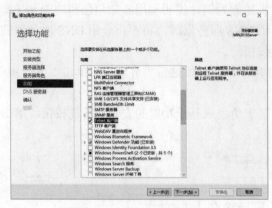 

图 3-53　"选择功能"界面　　　　　　图 3-54　"DNS 服务器简介"界面

（7）在"确认安装所选内容"界面中，要求确认所要安装的服务器角色。如果选择错误，可以单击"上一步"按钮返回，这里单击"安装"按钮，开始安装"DNS 服务器"角色和"Telnet 客户机"功能，如图 3-55 所示。

（8）在"安装进度"界面中，显示安装"DNS 服务器"角色和安装"Telnet 客户机"功能的进度，如图 3-56 所示。安装完成，单击"关闭"按钮。

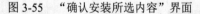 

图 3-55　"确认安装所选内容"界面　　　　　图 3-56　"安装进度"界面

此时，在"服务器管理器-本地服务器"窗口的"角色和功能"窗格中将显示"DNS 服务器"角色和"Telnet 客户机"功能已经安装。

本 章 小 结

本章主要介绍了控制面板中的主要工具及功能，介绍了设置 Windows Server 2016 桌面环境及开始菜单的方法，介绍了环境变量的查看、设置和使用方法；介绍了硬件设备的安装、查看、管理方法；介绍了掌握更改计算机名和工作组的方法，介绍了 TCP/IP 属性配置方法，和常用网络排错工具的使用方法及应用场合；介绍了 Windows Server 2016 管理控制台的操作界面和使用方法；介绍了服务器角色、角色服务和功能的概念；以添加 DNS 服务为例，介绍了添加服务器角色的过程；以添加 Telnet 客户机为例，介绍了添加服务器功能的过程。

习题与实训

一、习题

（一）填空题

1. 在 Windows Server 2016 中，使用_____命令可以查看环境变量，使用_____命令可以查看缓存中的 ARP 信息地址，使用_____命令可以查看网络当前连接状态。

2. 使用环境变量时，必须在环境变量的前后加上%，例如，_____表示要读取用户账户名称，_____表示要读取 Windows 操作系统的文件目录。

3. 要打开 MMC，可以右击"开始"按钮，选择"运行"选项，在"运行"对话框中输入_____并单击"确定"按钮。

（二）选择题

1. 管理员小王发现网络中有计算机重名现象，他找到其中重名的一台运行 Windows Server 2016 的计算机，希望使用控制面板中的功能重命名计算机，他可以在（　　）位置更改计算机名。

　　A．系统　　　　　　　　　　B．显示
　　C．网络连接　　　　　　　　D．管理工具

2. 如果想显示计算机 IP 地址的详细信息，应使用（　　）命令。

　　A．ipconfig　　　　　　　　B．ipconfig/all
　　C．show ip info　　　　　　D．show ip info/all

3. 如果用 ping 命令一直 ping 某一个主机，应该使用（　　）选项。

　　A．-a　　　　B．-s　　　　C．-t　　　　D．-f

4. 在 Windows Server 2016 中，默认情况下，ping 包的大小为 32 字节，但是有时为了检测大数据包的通过情况，可以使用参数改变 ping 包的大小。如果要 ping 主机 192.168.1.200 并且将 ping 包设置为 2000 字节，应该使用（　　）命令。

　　A．ping -t 2000 192.168.1.200　　B．ping -a 2000 192.168.1.200
　　C．ping -n 2000 192.168.1.200　　D．ping -l 2000 192.168.1.200

5. 如果要让用户看见 IP 数据报到达目的地经过的路由，应使用（　　）命令。

　　A．ping　　　B．tracert　　　C．whoami　　　D．ipconfig

6. 在_____命令行中，按协议的种类显示统计数据。

　　A．ipconfig　　B．netstat -s　　C．netstat -a　　D．netstat -e

7. 在 Windows Server 2016 主机的命令提示符窗口中运行（　　）命令，可以查看本机 ARP 表的内容。

　　A．arp -s　　B．arp -d　　C．arp -a　　D．arp -1

二、实训

1. 设置用户工作环境。
2. 查看和管理环境变量。
3. 更改计算机名与工作组名。
4. 配置 TCP/IP 属性，启用防火墙，启用远程桌面。
5. 使用常用的网络排错工具。
6. 使用 MMC 自定义管理工具。
7. 添加服务器角色和功能。

第 4 章　Windows Server 2016 的账户管理

本章主要介绍 Windows Server 2016 用户账户的类型、本地用户账户的创建与管理方法、本地组账户的创建与管理方法，以及本地用户账户的其他管理任务。

通过本章的学习，应该达到如下目标：

● 理解本地用户账户和域用户账户的区别。
● 熟悉内置本地用户账户及其功能。
● 掌握本地用户账户的创建与管理方法。
● 掌握本地组账户的创建与管理方法。
● 了解本地用户账户的其他管理任务。

4.1　用户账户

4.1.1　用户账户简介

用户账户机制是维护计算机操作系统安全的基本而重要的技术手段，操作系统通过用户账户来辨别用户身份，让具有一定使用权限的用户登录计算机、访问本地计算机资源或从网络访问计算机的共享资源。系统管理员根据不同用户的具体工作情景，指派不同的用户、不同的权限，让用户执行并完成不同功能的管理任务。

运行 Windows Server 2016 的计算机都需要有用户账户才能登录，用户账户是在 Windows Server 2016 环境中，用户唯一的标识符。在 Windows Server 2016 启动运行之初或登录系统已运行的过程中，都将要求用户输入指定的用户名和密码。当用户输入的账户标识符和密码与本地安全数据库中的用户相关信息一致时，系统才允许用户登录到本地计算机或从网络上获取对资源的访问权限。

Windows Server 2016 支持两种用户账户：本地用户账户和域账户。

（1）本地用户账户。本地用户账户是指安装了 Windows Server 2016 的计算机在本地安全目录数据库中建立的账户。使用本地用户账户只能登录到建立该账户的计算机上，并访问该计算机上的资源。此类账户通常在工作组网络中使用，其显著特点是基于本机。当创建本地用户账户时，用户信息被保存在%Systemroot%\system32\config 文件夹下的安全数据库（Security Accounts Manager，SAM）中。

（2）域账户。域账户是建立在域控制器的活动目录数据库中的账户。此类账户具有全局性，可以登录到域网络环境模式中的任何一台计算机，并获得访问该网络的权限。这需要系统管理员在域控制器上为每个登录到域的用户创建一个用户账户。域环境中的域用户账户将在第 5 章详细介绍。

4.1.2 内置的本地用户账户

Windows Server 2016 提供了一些内置用户账户，用于执行特定的管理任务或使用户能够访问网络资源。Windows Server 2016 的最常用的两个内置账户是 Administrator 和 Guest，如图 4-1 所示。

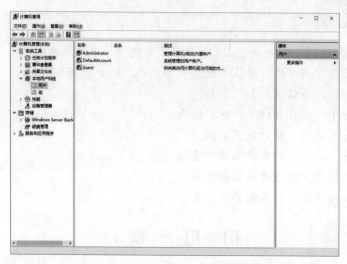

图 4-1 Windows Server 2016 的内置账户

（1）Administrator 即系统管理员，拥有最高的使用资源权限，可以对计算机或域配置进行管理，如创建修改用户账户和组、管理安全策略、创建打印机、分配允许用户访问资源的权限等。在安装 Windows Server 2016 后，第一次启动过程中，就要求设置系统管理员账户和密码。系统管理员账户默认的名称是 Administrator，为了安全起见，用户可以根据需要改变其名称或禁用该账户，但无法删除它。

（2）Guest 即为临时访问计算机的用户提供的账户。Guest 账户也是在系统安装中自动添加的，不能删除。在默认情况下，为了保证系统的安全，Guest 账户是禁用的。但在对安全性要求不高的网络环境中，可以使用该账户，还可以给它分配一个密码。Guest 账户只拥有很少的权限，系统管理员可以改变其使用权限。

4.2 本地用户账户管理

本地用户账户管理

4.2.1 创建本地用户账户

1．规划本地用户账户

在系统中创建本地用户账户之前，应先制定用户账户规则或约定，这样可以更好地统一账户的管理工作，提供高效、稳定的系统应用环境。

（1）用户账户命名规划。

1）用户账户命名注意事项。一个好的用户账户命名策略有助于系统用户账户的管理，要注意以下的用户账户命名注意事项。

①账户名必须唯一。本地用户账户必须在本地计算机系统中是唯一的。

②账户名不能包含以下字符：?、+、*、/、\、[、]、=、<、>、【，等等。

③账户名称识别字符。用户可以输入超过 20 个字符，但系统只识别前 20 个字符。

④用户名不区分大小写。

2）用户账户命名推荐策略。为加强用户管理，在企业应用环境中，通常采用以下命名规范。

①用户全名。建议用户全名以企业员工的真实姓名命名，便于管理员查找用户账户。

②用户登录名。用户登录名一般要方便记忆，并具有安全性。用户登录名一般采用姓的拼音加名的首字母，如李小明的登录名可设置为 lixm。

（2）用户账户密码的规划。

1）尽量采用长密码。Windows Server 2016 用户账户密码最长可以包含 127 个字符，理论上来说，用户账户密码越长，安全性就越高。

2）采用大小写、数字和特殊字符组合密码。Windows Server 2016 用户账户密码严格区分大小写，采用大小写、数字和特殊字符组合密码将使用户密码更加安全。其要求如下。

①不包含用户的账户名，不包含用户账户名中超过两个连续字符的部分。

②至少包含以下四类字符中的三类字符。

a. 英文大写字母（A～Z）。

b. 英文小写字母（a～z）。

c. 10 个阿拉伯数字（0～9）。

d. 非字母字符（例如：!、@、#、$、？、…）。

注意：用户可通过 Windows Server 2016 的本地安全策略中的账户策略来设置本地用户账户密码复杂性要求。

2. 使用服务器管理器创建用户账户

用户必须拥有管理员权限，才可以创建用户账户。下面介绍创建用户账户的主要步骤。

（1）从"开始"菜单中打开"服务器管理器"窗口，执行右上角"工具"菜单的"计算机管理"命令，打开"计算机管理"窗口，展开左窗格中的"本地用户和组"节点，单击"用户"节点，弹出图 4-1 所示的"计算机管理-用户"窗口。在中间窗格中右击，在弹出的快捷菜单中执行"新用户"命令，如图 4-2 所示，弹出图 4-3 所示的"新用户"对话框。

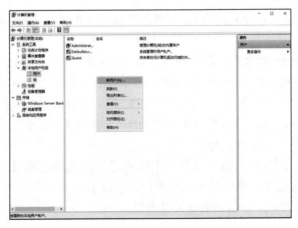

图 4-2　执行"新用户"命令

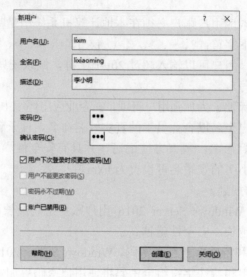

图 4-3　"新用户"对话框

（2）在"新用户"对话框中输入用户名、全名、用户描述信息和用户密码，指定用户密码选项，单击"创建"按钮新增用户账户。创建完用户后，单击"关闭"按钮。表 4-1 详细说明了各个复选框的功能。

表 4-1　各个复选框的功能

复选框	功能
用户下次登录时须更改密码	用户第一次登录系统时，会弹出修改密码的对话框，要求用户更改密码
用户不能更改密码	系统不允许用户修改密码，只有管理员能够修改用户密码，通常用于多个用户共用一个用户账户，如 Guest
密码永不过期	默认情况下，Windows Server 2016 用户账户密码最长可以使用 42 天，勾选该复选框，用户密码可以突破该限制继续使用，通常用于 Windows Server 2016 的服务账户或应用程序所使用的用户账户
账户已禁用	禁用用户账户，使用户账户不能再登录，用户账户要登录，必须取消勾选该复选框

注意："用户下次登录时须更改密码""用户不能更改密码""密码永不过期"互相排斥，不能同时勾选。

Windows Server 2016 创建的用户账户是不允许相同的，并且系统内部使用 SID 来识别每个用户账户。每个用户账户都对应唯一的 SID，这个 SID 在用户创建时由系统自动产生。系统指派权利、授权资源访问权限都需要使用这个 SID。用户登录后，可以在命令提示符状态下执行 whoami/logonid 命令，查询当前用户账户的 SID，如图 4-4 所示。

3. 使用 net user 命令创建用户账户

作为系统管理员，创建用户账户是其基本任务之一。虽然创建用户账户的步骤很简单，但如果要建几十个、几百个甚至上千个用户账户时，就非常麻烦了。在 Windows Server 2016 中，管理员可以使用 net user 命令来创建大量用户。

图 4-4　查询当前用户账户的 SID

如果想创建用户名为 k01 的账户，可以在命令行中输入：

net user k01 /add

如果想创建用户名为 k02 的账户，并且设置用户没有密码、用户不能更改密码，可以在命令行中输入：

net user k02 /add /passwordchg:no /passwordreq:no

如果想创建大量用户账户，可以使用记事本写入创建用户账户的命令，并另存为以.bat 为扩展名的批处理文件中：

net user k03 /add
net user k04 /add
net user k05 /add

运行这个批处理文件，大量账户将被创建。

4.2.2　管理本地用户账户的属性

为了方便管理和使用，一个用户账户不应只包括用户名和密码等信息，还应包括其他一些属性，如用户隶属的用户组、用户配置文件、用户的拨入权限、终端用户设置等，可以根据需要对账户的这些属性进行设置。在"本地用户和组"窗口中双击一个用户，打开其"属性"对话框，如图 4-5 所示。

下面分别介绍常用的用户账户属性设置。

1. "常规"选项卡

在"常规"选项卡中，可以设置与账户有关的一些描述信息，包括全名、描述、账户及密码选项等。管理员通过设置密码选项，可以禁用账户，如果账户已经被系统锁定，管理员可以解除锁定。

2. "隶属于"选项卡

在"隶属于"选项卡中，可以设置将该账户和组之间的隶属关系，把账户加入合适的本地组中，或者将用户从组中删除，如图 4-6 所示。

为了管理方便，通常会把用户加入组中，通过设置组的权限统一管理用户的权限。根据需要，对用户组进行权限的分配与设置，用户属于哪个组，用户就具有该用户组的权限。新增的用户账户默认加入 Users 组，Users 组的用户一般不具备特殊权限，如安装应用程序、修改系统设置等。当要分配给这个用户一些其他的权限时，可以将该用户账户加入其他拥有这些权限的组。如果需要将用户从一个或几个用户组中删除，单击"删除"按钮即可完成。

下面以将 lixm 用户添加到管理员组为例，介绍添加用户到组的操作步骤。

（1）在"隶属于"选项卡中单击"添加"按钮。

图 4-5　某用户的"属性"对话框

图 4-6　"隶属于"选项卡

（2）在"选择组"对话框中输入需要加入的组的名称，如输入管理员组的名称
Administrators。输入组名称后，单击"检查名称"按钮，检查名称是否正确，如果输入了错误
的组名称，系统将提示找不到该名称。如果没有错误，名称会改变为"本地计算机名称\组名
称"。若管理员不记得组名称，可以单击"高级"按钮，从组列表中选择要加入的组名称，如
图 4-7 所示。

（3）在展开后的"选择组"对话框中单击"立即查找"按钮，在"搜索结果"列表框
中列出了所有用户组，选择希望用户加入的一个和多个用户组，单击"确定"按钮，如图 4-8
所示。

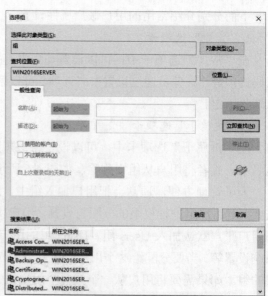

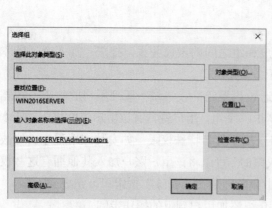

图 4-7　"选择组"对话框

图 4-8　展开后的"选择组"对话框

（4）切换到"隶属于"选项卡，单击"确定"按钮，如图 4-9 所示。

3. "配置文件"选项卡

在图 4-10 所示的"配置文件"选项卡中，可以设置用户账户的配置文件路径、登录脚本和主文件夹路径。用户配置文件是存储当前桌面环境、应用程序设置以及个人数据的文件夹和数据的集合，还包括所有登录到某台计算机上所建立的网络连接。由于用户配置文件提供的桌面环境与用户最近一次登录到该计算机上所用的桌面相同，因此就保持了用户桌面环境及其他设置的一致性。当用户第一次登录到某台计算机上时，Windows Server 2016 自动创建一个用户配置文件，并将其保存在该计算机上。本地用户账户的配置文件都保存在本地磁盘 %userprofile%文件夹中。

图 4-9　"隶属于"选项卡

图 4-10　"配置文件"选项卡

4.2.3　本地用户账户的其他管理任务

1. 重新设置（修改）本地用户账户密码

当用户忘记密码，无法登录系统时，就需要给该用户账户重新设置一个新密码，步骤如下。

（1）右击需要重新设置密码的用户账户，在弹出的快捷菜单中执行"设置密码"命令。

（2）在提示对话框中，建议管理员不要重新设置密码，最好由用户自己更改密码，单击"继续"按钮，如图 4-11 所示。

（3）在设置密码对话框中，输入用户的新密码并确认密码，单击"确定"按钮，如图 4-12 所示。

2. 删除本地用户账户

对于不再需要的账户，可以将其删除。但在执行删除操作之前，应确认其必要性，因为删除用户账户会导致与该账户有关的所有信息遗失。系统内置账户如 Administrator、Guest 等无法删除，删除账户步骤如下。

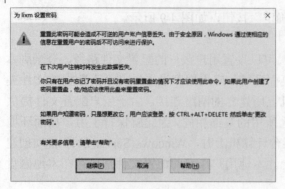
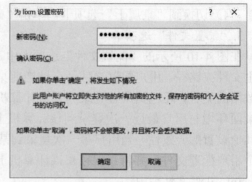

图 4-11　建设不要重设密码而要更改密码　　　　　图 4-12　输入并确认密码

（1）右击需要删除的本地用户账户，在弹出的快捷菜单中执行"删除"命令。

（2）在提示对话框中单击"是"按钮，确认删除，如图 4-13 所示。

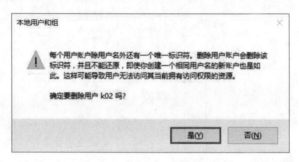

图 4-13　删除本地用户账户

注意：每个用户都有一个名称之外的唯一的 SID，SID 在新增账户时由系统自动产生。由于系统在设置用户权限、资源访问控制时，内部都使用 SID，所以一旦用户账户被删除，这些信息也就跟着消失了。即使重新创建一个名称相同的用户账户，也不能获得原先用户账户的权限。

3．禁用或激活本地用户账户

如果管理员希望临时停止某用户访问系统，可以不用删除该用户账户，仅临时禁用该用户账户。当需要恢复该用户使用时，可重新激活该用户账户。

（1）右击需要禁用或激活的本地用户账户，在弹出的快捷菜单中执行"属性"命令。

（2）在"常规"选项卡（图 4-5）中执行以下操作。

1）若要禁用所选的本地用户账户，勾选"账户已禁用"复选框。

2）若要激活所选的本地用户账户，取消勾选"账户已禁用"复选框，如图 4-14 所示。

4．重命名

若某用户的用户名不符合命名规范，这时需要对用户名进行重命名。用户账户重命名只是修改登录时系统的标识，其用户账户的 SID 号并没有发生改变，因此其权限、密码都没有改变。本地用户账户的重命名步骤如下。

（1）右键单击要重命名的本地用户账户，在弹出的快捷菜单中执行"重命名"命令。

（2）输入新的用户名，然后按 Enter 键，如图 4-15 所示。

图 4-14　禁用或激活本地用户账户

图 4-15　重命名本地用户账户

4.3　本地组账户管理

本地组账户管理

4.3.1　组账户简介

组是多个用户、计算机账户、联系人和其他组的集合，也是操作系统实现其安全管理机制的重要技术手段，属于特定组的用户或计算机称为组的成员。使用组可以同时为多个用户账户或计算机账户指派一组公共的资源访问权限和系统管理权限，而不必单独为每个账户指派权限，从而简化管理，提高效率。

组账户并不用于登录计算机操作系统，用户在登录到系统中时，只能使用用户账户，同一个用户账户可以同时为多个组的成员，这时该用户的权限就是所有组权限的并集。

4.3.2 内置的本地组账户

根据创建方式的不同，组可以分为内置组和用户自定义组。内置组是在安装 Windows Server 2016 时自动创建的。如果一个用户属于某个内置组，则该用户就具有在本地计算机上执行各种任务的权限和能力。

关于内置组的相关描述，用户可以参看系统介绍。打开"计算机管理"窗口，在"本地用户和组"节点的"组"节点中，可以查看本地内置的所有组账户，如图 4-16 所示。每个组账户之后都有关于该账户的介绍。表 4-2 所示为内置组及其介绍。

图 4-16　查看本地内置的所有组账户

表 4-2　内置组及其介绍

内置组	介绍
Access Control Assistance Operators	该组的成员可以远程查询此计算机上资源的授权属性和权限
Administrators	该组的成员具有对计算机的完全控制权限，并且他们可以根据需要向用户分配用户权利和访问控制权限。Administrator 账户是该组的默认成员。当计算机加入域中时，Domain Admins 组会自动添加到该组中。因为该组成员可以完全控制计算机，所以向其中添加用户时要特别谨慎
Backup Operators	该组的成员可以备份和还原计算机上的文件，而无须理会保护这些文件的权限。这是因为执行备份任务的优先级要高于所有文件权限。该组的成员无法更改安全设置
Certificate Service DCOM Access	允许该组的成员连接到企业中的证书颁发机构
Cryptographic Operators	已授权该组的成员执行加密操作
Distributed COM Users	允许该组的成员在计算机上启动、激活和使用 DCOM 对象

内置组	介绍
Event Log Readers	该组的成员可以从本地计算机中读取事件日志
Guests	该组的成员拥有一个在登录时创建的临时配置文件，在注销时，此配置文件将被删除。Guests 账户（默认情况下已禁用）也是该组的默认成员
Hyper-V Administrators	该组的成员拥有对 Hyper-V 所有功能的完全且不受限制的访问权限
IIS_IUSRS	这是 Internet 信息服务（IIS）使用的默认组
Network Configuration Operators	该组的成员可以更改 TCP/IP 设置，并且可以更新和发布 TCP/IP 地址。该组中没有默认的成员
Performance Log Users	该组的成员可以从本地计算机和远程客户机管理性能计数器、日志和警报
Performance Monitor Users	该组的成员可以从本地计算机和远程客户机监视性能计数器
Power Users	默认情况下，该组的成员拥有不高于标准用户账户的用户权限。在早期版本的 Windows 操作系统中，Power Users 组专门为用户提供特定的管理员权限以执行常见的系统任务。在此版本 Windows 操作系统中，标准用户账户具有执行最常见配置任务的能力，例如更改时区。对于需要与早期版本的 Windows 操作系统相同的 Power User 权限的旧应用程序，管理员可以应用一个安全模板，此模板可以启用 Power Users 组，以假设具有与早期版本的 Windows 相同的权限
Print Operators	成员可以管理在域控制器上安装的打印机
RDS Endpoint Servers	该组中的服务器运行虚拟机和主机会话，用户 RemoteApp 程序和个人虚拟桌面将在这些虚拟机和会话中运行。需要将该组填充到运行 RD 连接代理的服务器上。在部署中使用的 RD 会话主机服务器和 RD 虚拟化主机服务器需要位于该组中
RDS Management Servers	该组中的服务器可以在运行远程桌面服务的服务器上执行例程管理操作。需要将该组填充到远程桌面服务部署中的所有服务器上。必须将运行 RDS 中心管理服务的服务器包括到该组中
RDS Remote Access Servers	该组中的服务器使 RemoteApp 程序和个人虚拟桌面用户能够访问这些资源。在面向 Internet 的部署中，这些服务器通常部署在边缘网络中。需要将该组填充到运行 RD 连接代理的服务器上。在部署中使用的 RD 网关服务器和 RD Web 访问服务器需要位于该组中
Remote Desktop Users	该组的成员可以远程登录计算机
Remote Management Users	该组的成员可以通过管理协议（如通过 Windows 远程管理服务实现的 WS-Management）访问 WMI 资源。这仅适用于授予用户访问权限的 WMI 命名空间
Replicator	该组支持复制功能。Replicator 组的唯一成员应该是域用户账户，用于登录域控制器的复制器服务。不能将实际用户的用户账户添加到该组中
Storage Replica Administrators	该组的成员具有存储副本所有功能的不受限的完全访问权限
System Managed Accounts Group	该组的成员由系统管理
Users	该组的成员可以执行一些常见任务，例如运行应用程序、使用本地和网络打印机以及锁定计算机。该组的成员无法共享目录或创建本地打印机。默认情况下，Domain Users、Authenticated Users 以及 Interactive 组是该组的成员。因此，在域中创建的任何用户账户都将成为该组的成员

管理员可以根据自己的需要向内置组添加成员或删除内置组成员，也可以重命名内置组，但不能删除内置组。

4.3.3 创建本地组账户

通常情况下，系统默认的用户组能够满足某些方面的系统管理需要，但无法满足安全性和灵活性的需要，管理员必须根据需要新增一些组，即用户自定义组。这些组被创建之后，就可以像管理内置组一样，赋予其权限和增加组成员。需要注意的是，只有本地计算机上的Administrators 组和 Power Users 组成员有权创建本地组。

1. 规划本地组账户

本地组名不能与被管理的本地计算机上的任何其他组名或用户名相同。本地组名中不能用含有"、/、\、[、]、:、;、|、=、,、+、*、?、<、>、@等字符，而且不能只由.和空格组成。

2. 使用服务器管理器创建本地组账户

使用服务器管理器在本地计算机上创建本地组的步骤如下。

（1）在"计算机管理"窗口中展开左边窗格中的 "本地用户和组"节点，右击"组"节点，在弹出的快捷菜单中执行"新建组"命令，如图 4-17 所示。

（2）在"新建组"对话框中输入组名和描述，单击"添加"按钮，还可以为本组添加本地用户账户，单击"创建"按钮即可完成创建，如图 4-18 所示。

图 4-17　新建组

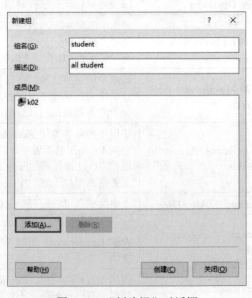

图 4-18　"新建组"对话框

3. 使用 net localgroup 命令创建本地组账户

与创建本地用户账户一样，也可以使用命令行来创建本地组账户，其步骤如下。

（1）打开命令提示符窗口。

（2）若要创建一个组，输入以下命令并按 Enter 键：

```
net localgroup    组名    /add
```

4.3.4　本地组账户的其他管理任务

1．修改本地组成员

修改本地组成员通常包括向组中添加成员或从组中删除已有的成员。可以在创建用户组的同时向组中添加用户，也可以先创建用户组，再向组中添加用户。

（1）双击欲添加成员的用户组，打开用户组的"属性"对话框，单击"添加"按钮，如图 4-19 所示。

（2）在"选择用户"对话框中输入成员名称，或者单击"高级"按钮查找用户，然后单击"确定"按钮以选择用户，如图 4-20 所示。

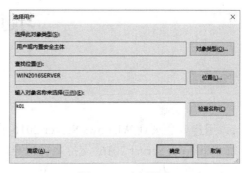

图 4-19　单击"添加"按钮　　　　　　图 4-20　选择用户

如果要删除某组的成员，则双击该组的名称，选择要删除的成员，然后单击"删除"按钮即可。

2．删除本地组账户

对于系统不再需要的本地组，系统管理员可以将其删除。但是管理员只能删除自己创建的组，而不能删除系统提供的内置组。当管理员删除系统内置组时，系统将拒绝删除操作。删除本地组账户的方法如下。

（1）在服务器管理器或"计算机管理"控制台中选择要删除的组账户并右击，在弹出的快捷菜单中执行"删除"命令。

（2）在打开的确认对话框中单击"是"按钮确认删除，如图 4-21 所示。

与用户账户一样，每个组都拥有一个唯一的 SID，一旦删除了用户组，就不能重新恢复，即使新建一个与被删除组有相同名字和成员的组，也不会与被删除组有相同的权限。

3．重命名本地组账户

重命名组的操作与删除组的操作类似，只需要在弹出的快捷菜单中执行"重命名"命令，输入相应的名称即可。

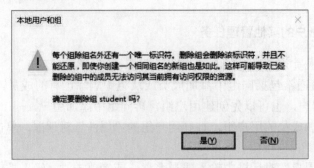

图 4-21 确认删除

本 章 小 结

本章主要介绍了本地用户账户和本地组账户的概念，介绍了常用的内置本地用户账户和本地组账户的作用，以及创建和管理本地用户账户和本地组账户的方法。本地用户账户和组账户是系统用户使用和管理本地资源的身份证，读者应要熟练掌握操作过程。

习题与实训

一、习题

（一）填空题

1. 用户要登录到 Windows Server 2016 的计算机，必须拥有一个合法的_____。

2. Windows Server 2016 支持两种用户账户：_____和_____。Windows Server 2016 系统常用的两个内置账户是_____和_____。

3. 使用_____可以同时为多个用户账户指派一组公共权限。

4. 用户必须拥有_____权限，才可以创建用户账户。

5. 用户登录后，可以在命令提示符窗口中输入_____命令查询当前用户账户的 SID。

（二）选择题

1. 下列关于账户的说法中正确的是（　　）。

　　A. 可以用用户账户或组账户中的任意一个登录系统

　　B. 一个用户账户删除后，通过重新建立同名的账户，可以获得和此账户先前相同的权限

　　C. 使用本地用户账户只能在登录到建立该账户的计算机上，使用域用户账户可以在域网络环境模式中的任何一台计算机上登录

　　D. 不用 Guest 账户时可以将其删除

2. 如果将一个用户改名后，则该账户（　　）。

　　A. 成为一个新账户，原来的权限都不存在了

　　B. 成为一个新账户，原来的权限部分存在

　　C. 还是原来的账户，原来的权限不存在了

　　D. 还是原来的账户，原来的权限没有变化

3．下列（　　）账户名不合法。

A．abc_123 　　　　　　　　　B．windowsbook

C．dictionar* 　　　　　　　　D．abdkeofFHEKLLOP

4．下面密码中符合复杂性要求的是（　　）。

A．admin 　　　　　　　　　　B．zhang.123@

C．!@#$　12345 　　　　　　D．Li1#

二、实训

通过上机实习，理解本地用户账户和本地组账户的概念，掌握创建和管理本地用户账户和本地组账户的方法。

第 5 章　Windows Server 2016 域服务的配置与管理

本章主要介绍活动目录与域的相关概念，活动目录域的创建过程，将计算机加入域的方法，域内组织单位和用户账户的管理，以及域内组账户的管理方法。

通过本章的学习，应该达到如下目标：

- 了解活动目录与域的相关概念。
- 掌握活动目录域的创建过程。
- 掌握将计算机加入域并使用活动目录资源的方法。
- 掌握域内组织单位和域用户账户的管理方法。
- 掌握域组的创建与管理方法。

5.1　活动目录与域

在 Windows Server 2016 的系统环境中，活动目录及其服务占有非常重要的地位，是 Windows Server 2016 的精髓。系统管理员若想要管理好 Windows Server 2016，为广大用户提供良好的网络环境，就应当很好地理解活动目录的工作方式、结构特点以及基本的操作技能。

5.1.1　活动目录服务概述

目录服务用来存储网络中各种对象（如用户账户、组、计算机、打印机和共享资源等）的有关信息，并按照层次结构方式进行信息的组织，以方便用户的查找和使用，活动目录是 Windows Server 2016 域环境中提供目录服务的组件。在微软平台上，目录服务从 Windows Server 2000 就开始引入，所以我们可以把活动目录理解为目录服务在微软平台的一种实现方式，当然，目录服务在非微软平台上也有相应的实现方式。

1. 工作组和域

Windows Server 2016 有两种网络环境：工作组和域，默认使用工作组网络环境，如图 5-1 所示。

工作组网络也称为对等式网络，因为网络中每台计算机的地位都是平等的，它们的资源以及管理是分散在每台计算机之上，所以工作组环境的特点

图 5-1　工作组和域

就是分散管理。工作组环境中的每台计算机都有自己的本机安全账户数据库，称为 SAM 数据库。这个 SAM 数据库是干什么用的呢？其实，平时我们登录系统时，输入账户和密码后，系统就检查这个 SAM 数据库，如果输入的账户存在于 SAM 数据库中，同时密码也正确，系统就允许用户登录。这个 SAM 数据库默认就存储在%Systemroot%\ system32\config 文件夹中，这就是工作组环境中的登录验证过程。

假如，有这样一种应用场景一家公司有 200 台计算机，希望某台计算机上的账户 Bob 可以访问每台计算机资源或者可以在每台计算机上登录。要实现这一目录，在工作组环境中，必须要在这 200 台计算机的各个 SAM 数据库中都创建 Bob 这个账户。一旦 Bob 想要更换密码，必须要更改 200 次！假如不是 200 台计算机，而是 5000 台计算机或者上万台计算机，这个工作量将是非常巨大的。这便是工作组环境的应用场景示例。

域环境与工作组环境最大的不同是，域内所有的计算机共享一个集中式的目录数据库（又称活动目录数据库），它包含整个域内的对象（用户账户、计算机账户、打印机、共享文件等）和安全信息等，而活动目录负责目录数据库的添加、修改、更新和删除。所以要在 Windows Server 2016 上实现域环境，其实就是要安装活动目录。活动目录实现了目录服务，提供对企业网络环境的集中式管理。还是前面那个例子，在域环境中，只需要在活动目录中创建一次 Bob 账户，就可以在任意一台计算机上以账户 Bob 登录，如果要为 Bob 账户更改密码，只需要在活动目录中更改一次就可以了。

2. 活动目录的特性

活动目录服务是一个完全可扩展、可伸缩的目录服务，系统管理员可以在统一的系统环境中管理整个网络中的各种资源，Windows Server 2016 的活动目录具有以下主要特性。

（1）服务的集成性。活动目录的集成性主要体现在三个方面：用户及资源的管理、基于目录的网络服务、网络应用管理。Windows Server 2016 活动目录服务采用 Internet 标准协议，用户账户可以使用"用户名@域名"的形式来进行网络登录。单个域树中所有的域共享一个等级命名结构，与 Internet 的域名空间结构一致。一个子域的名称就是将该名称添加到父域的名称中。DNS 是一个 Internet 的标准服务，主要用来将对用户的主机名翻译成数字式的 IP 地址。活动目录使用 DNS 为域完成命名和定位服务，域名同时也是 DNS 名。

（2）信息的安全性。Windows Server 2016 支持多种网络安全协议，使用这些协议能够获得更强大、更有效的安全性。在活动目录数据库中存储了域安全策略的相关信息，如域用户口令的限制策略和系统访问权限等，由此可实施基于对象的安全模型和访问控制机制。在活动目录中的每个对象都有一个独有的安全性描述，该描述主要定义了浏览或更新对象属性所需的访问权限。

（3）管理的简易性。活动目录是以层次结构组织域中的资源。每个域中可有一台或多台域控制器，为了简化管理，用户可在任何域控制器上进行修改，这种更新能复制到所有其他域控制器中的活动目录数据库中。活动目录提供了对网络资源管理的单点登录，管理员可登录环境中任意一台计算机，来管理网络中的任何计算机的被管理对象。为了使域控制器实现更高的可用性，活动目录允许在线备份。系统管理员通过部署、安装活动目录服务，可以使网络系统环境的管理工作变得更加简单、方便。

（4）应用的灵活性。活动目录具有较强的、自动的可扩展性。系统管理员可以将新的对象添加到应用框架中，并且将新的属性添加到现有对象上。活动目录中可实现一个域或多个域，每个域中有一个或多个域控制器，多个域可合并为域树，多个域树又可合并为域林。

Windows Server 2016 中的活动目录不仅可以应用于局域网计算机系统环境中，还可以应用于跨地区的广域网系统环境中。

5.1.2　与活动目录相关的概念

活动目录是一个分布式的目录服务，由此管理的信息可以分散在多台计算机上，保证各个计算机用户迅速访问。在用户访问处理信息数据时，活动目录为用户提供了统一的视图，便于用户理解和掌握。

1．名字空间（Namespace）

名字空间是一个界定好的区域，如果把电话簿看成一个名字空间，就可以通过电话簿这个界定好的区域里面的某个人名，找到与这个人名相关的电话、地址以及其公司名称等信息。Windows Server 2016 的活动目录就提供一个名字空间，通过活动目录里的对象的名称，就可以找到与这个对象相关的信息。活动目录的名字空间采用 DNS 的架构，所以活动目录的域名采用 DNS 的格式来命名，如把域名命名为 jsj.wfu.edu.cn，xk.wfu.edu.cn 等。

2．对象（Object）与属性（Attribute）

对象是对某具体主题事物的命名，如用户、打印机或应用程序等。对象的相关属性是用来识别对象的描述性数据。例如，一个用户的属性可能包括用户的 Name、E-mail 和 Phone 等。

3．容器（Container）

容器是活动目录名字空间的一部分，代表存放对象的空间，它不代表有形的实体，仅代表从对象本身所能提供的信息空间。

4．域、域树、域林和组织单位

活动目录的逻辑结构包括域（Domain）、域树（Domain Tree）、域林（Forest）和组织单位（Organization Unit，OU），如图 5-2 所示。

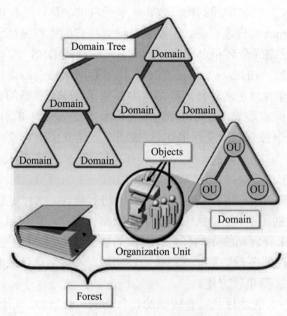

图 5-2　活动目录的逻辑结构

（1）域。域是 Windows Server 2016 活动目录的核心逻辑单元，是共享同一活动目录的一组计算机集合。从安全管理角度讲，域是安全的边界，在默认的情况下，一个域的管理员只能管理自己的域。一个域的管理员要管理其他的域，需要专门的授权。同时，域也是复制单位，一个域可包含多个域控制器。当某个域控制器的活动目录数据库修改以后，其他所有域控制器中的活动目录数据库也将自动更新。

（2）域树。域树由一组具有连续名字空间的域组成。例如，图 5-3 中最上层的域名为 wfu.edu.cn，这个域是这棵域树的根域（Root Domain），此根域下面有两个子域，分别是 xk.wfu.edu.cn 和 jsj.wfu.edu.cn。从图中可以看出，它们的命名空间具有连续性。例如，域 jsj.wfu.edu.cn 的后缀名包含着上一层父域的域名 wfu.edu.cn。

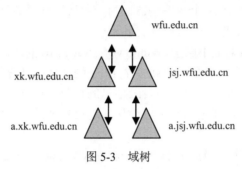

图 5-3　域树

如果多个域之间建立了关系，那么这些域就可以构成域树。域树是由若干具有共同模式、配置的域构成，形成了一个临近的名字空间，在树中的域通过自动建立的信任关系连接起来。域树可以用两种方法表示：一种是域之间的关系，另一种是域树的名字空间。

（3）域林。域林由一棵或多棵域树组成，每棵域树独享连续的名字空间，不同域树之间没有名字空间的连续性，如图 5-4 所示。域林中第一个创建的域称为域林根域，它不能被删除、更改或重命名。

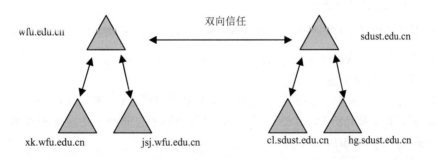

图 5-4　域林

（4）组织单位。组织单位是组织、管理一个域内对象的容器，它能包容用户账户、用户组、计算机、打印机和其他的组织单位。组织单位具有很清楚的层次结构，系统管理员根据自身环境需求，可以定义不同的组织单位，帮助管理员将网络所需的域数量降到最低，可以创建任意规模的、具有伸缩性的管理模型。使用组织单位，可以根据实际组织模型来管理账户和资源的配置和使用，在域中来反映企业的组织结构，同时还可以进行委派任务与授权等系统管理。

5. 域控制器、站点和成员服务器

域是逻辑组织形式，它能够对网络中的资源进行统一管理。在规划 Windows Server 2016 域模式的网络环境时，需要具体部署各种角色计算机，这称之为活动目录的物理结构。活动目录的物理结构由域控制器、站点和成员服务器组成。

（1）域控制器。域控制器是安装、运行活动目录的 Windows Server 2016 服务器。在域控制器上，活动目录存储了域范围内的所有账户和策略信息（如系统的安全策略、用户身份验证数据和目录搜索）。账户信息可以是用户、服务器或计算机账户。

一个域中可以有一个或多个域控制器。单个域网络的用户通常只需要一个域就能够满足要求。在具有多个网络位置的大型网络或组织中，为了获得高可用性和较强的容错能力，可能在每个部分都需要增加一个或多个域控制器。当一台域控制器的活动目录数据库发生改动时，其他域控制器的活动目录数据库也将自动更新。

（2）站点。站点在概念上不同于 Windows Server 2016 的域，站点代表网络的物理结构，而域代表组织的逻辑结构。站点是一个或多个 IP 子网地址的计算机集合，往往用来描述域环境网络的物理结构或拓扑。为了确保域内目录信息的有效交换，域中的计算机需要很好地连接，尤其是不同子网内的计算机，通过站点可以简化活动目录内站点之间的复制、身份验证等活动，提高工作效率。

（3）成员服务器。一个成员服务器就是一台在 Windows Server 2016 域环境中实现一定功能或提供某项服务的服务器，如通常使用的文件服务器、FTP 应用服务器、数据库服务器或 Web 服务器。成员服务器不是域控制器，不执行用户身份验证并且不存储安全策略信息，它对网络中的其他服务具有更强的处理能力。

5.2 创建活动目录域

创建活动目录域

5.2.1 创建域的必要条件

Windows Server 2016 初始默认安装时是没有安装活动目录的，只有安装了活动目录，用户才能搭建域环境。在安装活动目录服务之前，应当明确一些必要的安装条件。

1. 一个 NTFS 硬盘分区

域控制器需要一个能够提供安全设置的硬盘分区来存储 SYSVOL 文件夹，只有 NTFS 硬盘分区才具备安全设置的功能。SYSVOL 文件夹主要用于存储组策略对象和脚本，默认情况下，该文件夹位于%windir%目录中。

2. 合适的域控制器计算机名称

如果计划安装活动目录域服务（Active Directory Domain Server，ADDS）的服务器名称不符合 DNS 规范，则活动目录域服务安装向导将显示警告信息，要求重命名服务器，或者使用 Microsoft DNS 服务器。

3. 配置 TCP/IP 和 DNS 客户机设置

活动目录域服务依赖于正确配置 TCP/IP 参数和 DNS 客户机，而这些配置都是通过修改域控制器的所有物理网络适配器的 IP 属性来完成的。然后，活动目录域服务安装向导会检测是否有 TCP/IP 或 DNS 客户机设置配置不正确的问题。检测无误后，该向导才会继续进行安装。

对于 TCP/IP 参数，则必须为域控制器的每个物理网络适配器分配一个有效的 IP 地址。因为DHCP 服务器或 DHCP 服务可能不可用，或者 DHCP 服务器为域控制器指定不同的 IP 地址，所以应始终对每个网络适配器使用静态 IP 地址，以使客户机可以继续查找域控制器。

4. 有一台具有允许动态更新 DC 定位器记录的 DNS 服务器

为了使域成员和其他域控制器能发现和使用正要安装的域控制器，必须向 DNS 服务器中添加允许动态更新的 DC 定位器记录。DNS 服务器管理员可以手动添加 DC 定位器记录，但对于初学者来说，更方便的方法是在安装第一台域控制器的时候同时安装 DNS 服务器，安装程序会自动配置 DNS 服务器，并在 DNS 服务器中添加 DC 定位器记录。

5.2.2　创建网络中的第一台域控制器

用户可通过系统提供的活动目录安装向导来安装、配置自己的服务器。如果网络中没有其他域控制器，可新建域树或者新建子域，并将服务器配置为域控制器。

1. 安装活动目录域服务

（1）在"服务器管理器"窗口中，选择右上角的"管理"下拉列表框中的"添加角色和功能"选项，如图 5-5 所示。

图 5-5　"服务器管理器"窗口

（2）打开添加角色和功能向导，在图 5-6 所示的"开始之前"界面中，提示了此向导可以完成的工作，以及操作之前应注意的相关事项，单击"下一步"按钮。可以勾选下方的"默认情况下将跳过此页"复选框，以后再启动该向导时，可不显示此页。

（3）在图 5-7 所示的"选择安装类型"界面中，选择默认的"基于角色或基于功能的安装"单选按钮，单击"下一步"按钮。

（4）在图 5-8 所示的"选择目标服务器"界面中，选择安装的目标服务器，此处只有一台，单击"下一步"按钮。

（5）在"选择服务器角色"界面中，显示了所有可以安装的服务器角色，如果角色前面的复选框没有被勾选，表示该网络服务尚未安装，如果已勾选，说明该服务已经安装。这里勾选"Active Directory 域服务"复选框，单击"下一步"按钮，如图 5-9 所示。

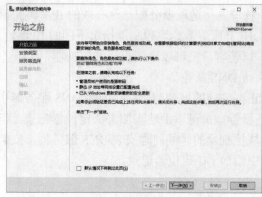

图 5-6　"开始之前"界面

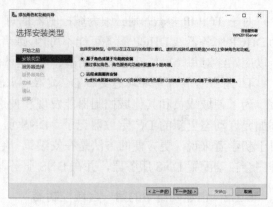

图 5-7　"选择安装类型"界面

图 5-8　"选择目标服务器"界面

图 5-9　"选择服务器角色"界面

　　（6）在弹出的图 5-10 所示的"添加 Active Directory 域服务 所需的功能？"界面中单击"添加功能"按钮，返回"选择服务器角色"界面，单击"下一步"按钮。

　　（7）在图 5-11 所示的"选择功能"界面中已经勾选了"Active Directory 域服务所必需的功能"复选框，直接单击"下一步"按钮。

图 5-10　"添加 Active Directory 域服务
所需的功能"界面

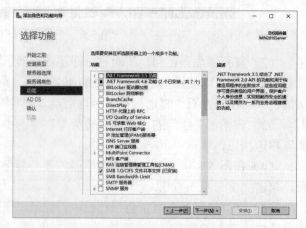

图 5-11　"选择功能"界面

（8）在图 5-12 所示的"Active Directory 域服务"界面中，简要介绍了活动目录域服务的功能，单击"下一步"按钮。

（9）在图 5-13 所示的"确认安装所选内容"界面中，要求确认所要安装的角色服务，如果选择错误，可以单击"上一步"按钮返回，这里单击"安装"按钮，开始安装活动目录域服务角色。

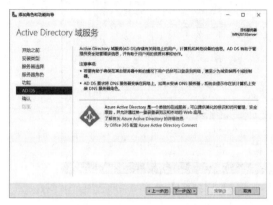

图 5-12　"Active Directory 域服务"界面　　　　图 5-13　"确认安装所选内容"界面

（10）在图 5-14 所示的"安装进度"界面中，显示安装活动目录域服务的进度。

（11）在如图 5-15 所示的"安装结果"界面中，显示活动目录域服务已经安装完成。若系统未启用 Windows 自动更新，还会提醒用户设置 Windows 自动更新。单击"关闭"按钮，完成角色安装。

图 5-14　"安装进度"界面　　　　　　　　图 5-15　"安装结果"界面

2. 安装活动目录

（1）打开"服务器管理器"窗口，下拉右侧滚动条到"角色和功能"区域，即可看到活动目录域服务角色已经成功安装。单击右上方的旗帜符号，如图 5-16 所示，选中"将此服务器升级为域控制器"链接，启动活动目录域服务配置向导。

（2）在图 5-17 所示的"部署配置"界面中，若要创建一台全新的域控制器，则选择"添加新林"单选按钮；如果网络中已经存储其他域控制器或林，则选择"将新域添加到现有林"单选按钮或"将域控制器添加到现有域" 单选按钮。此处选择"添加新林"单选按钮，在根域名处填入根域的名称，如"wfxy.com"，单击"下一步"按钮，如图 5-18 所示。

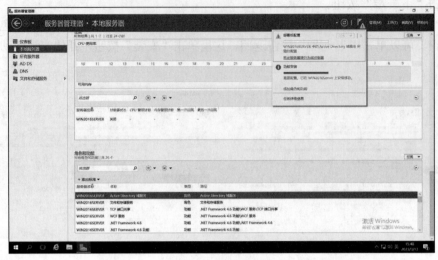

图 5-16　"将此服务器升级为域控制器"链接

图 5-17　"部署配置"界面　　　　　　　　图 5-18　添加新林

注意：如果域中已有一个域控制器，则可以向该域添加其他域控制器，以提高网络服务的可用性和可靠性。通过添加其他域控制器，有助于提供容错，平衡现有域控制器的负载，以及向站点提供其他基础结构支持。当域中有多个域控制器时，如果某个域控制器出现故障或必须断开连接，该域可继续正常工作。此外，多个域控制器使客户机在登录网络时，可以更方便地连接到域控制器，从而提高性能。

（3）在图 5-19 所示的"域控制器选项"界面中，分别设置"林功能级别"和"域功能级别"，林功能级别确定了在域或林中启用的活动目录域服务的功能，限制哪些操作系统可以在域或林中的域控制器上运行。例如，选择 Windows Server 2016 林功能级别，将提供在 Windows Server 2016 中可用的所有活动目录域服务功能。如果域控制器运行的是更高版本的操作系统，则当该林位于 Windows Server 2016 功能级别时，某些高级功能将在这些域控制器上不可用。一般情况下，创建新域或新林时，将域和林功能级别设置为环境可以支持的最高值。这样一来，就可以尽可能充分利用许多活动目录域服务功能。域功能级别的选择不能低于林功能级别。在

"键入目录服务还原模式密码"区域，设置在目录服务还原模式下启动此域控制器的密码。这个密码主要作用是，当活动目录域服务未运行时，登录域控制器所必需的密码。管理员务必保护好这个密码，默认情况下，必须提供包含大写和小写字母组合、数字和符号的强密码。设置完成后，单击"下一步"按钮。

（4）在图 5-20"DNS 选项"界面中，提示无法创建 DNS 服务器的委派，单击"下一步"按钮。

图 5-19　"域控制器选项"界面　　　　　　图 5-20　"DNS 选项"界面

（5）在图 5-21 所示的"其他选项"界面中，显示了根域的 NetBIOS 域名，单击"下一步"按钮。

（6）在图 5-22 所示的"路径"界面中，指定 AD DS 数据库、日志文件和 SYSVOL 文件夹在服务器上的存储位置。安装活动目录域服务时，需要数据库存储有关用户、计算机和网络中的其他对象的信息。日志文件记录与活动目录域服务有关的活动，如有关当前更新对象的信息。SYSVOL 存储组策略对象和脚本。默认情况下，SYSVOL 是位于%windir%目录中的操作系统文件的一部分。此处使用默认位置，单击"下一步"按钮。

图 5-21　"其他选项"界面　　　　　　图 5-22　"路径"界面

（7）在图 5-23 所示的"查看选项"界面中，显示前面所进行的设置以便用户检查。若设置不合适，可单击"上一步"按钮返回修改，单击"下一步"按钮。

（8）在图 5-24 所示的"先决条件检查"界面中，显示了先决条件的验证结果，单击"安装"按钮，启动安装进程。

图 5-23　"查看选项"界面　　　　　　图 5-24　"先决条件检查"界面

（9）活动目录安装完成后，系统将自动重启。

（10）重新启动计算机后，系统已升级为活动目录域控制器，此时必须使用域用户账户登录，其格式是"域名\用户账户"，登录域控制器界面如图 5-25 所示。

注意：活动目录安装后，所有本地用户将不能再使用了，同时创建一个域管理员账户 Administrator，其密码与本地 Administrator 账户的密码相同。

（11）登录到系统后，执行"开始"→"管理工具"→"Active Directory 用户和计算机"命令，打开"Active Directory 用户和计算机"窗口，便可对域控制器进行管理了，如图 5-26 所示。至此，安装过程完毕。

图 5-25　登录域控制器界面　　　　图 5-26　"Active Directory 用户和计算机"窗口

5.2.3　检查 DNS 服务器内 SRV 记录的完整性

为了使其他域成员和域控制器通过 SRV 记录发现此域控制器，必须在 DNS 服务器中检查域控制器注册的 SRV 记录是否完整。

（1）在安装活动目录同时也安装 DNS 服务，系统会将首选的 DNS 自动指定为 127.0.0.1，在此，将首选 DNS 改成指向自己的 IP 地址，如图 5-27 所示。

（2）执行"开始"→"管理工具"→"DNS"命令，打开"DNS 管理器"窗口，检查

DNS 服务器内的 SRV 记录是否完整，如图 5-28 所示。注意，上面区域内有 4 项，下面的区域有 6 项。

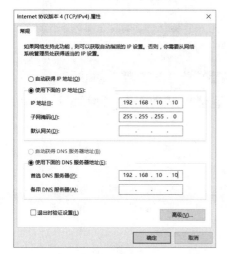

图 5-27　设置首选 DNS

图 5-28　检查 DNS 服务器内 SRV 记录是否完整

5.3　将 Windows 计算机加入域

将 Windows
计算机加入域

5.3.1　将 Windows 计算机加入域

客户机必须加入域，才能接受域的统一管理，使用域中的资源。目前主流的 Windows 操作系统，除 Home 版外，都能添加到域中。

下面以 Windows 7 为例，介绍将计算机加入域的详细操作步骤。

（1）在"Internet 协议（TCP/IP）属性"对话框中，指定 Windows 7 的 IP 地址和 DNS 服务器的地址，如图 5-29 所示。如果域控制器采用默认的安装过程，则域控制器也是 DNS 服务器。域控制器即 DNS 服务器的 IP 地址为 192.168.10.10，所以首选 DNS 服务器的地址为 192.168.10.10。另外，域控制器和 Windows 7 的客户机的网络模式都是桥接模式，二都都要在一个子网中，才能保证其连通性，所以 IP 地址为 192.168.10.20（只要是 192.168.10.0 子网就可以）。

（2）在桌面右击"计算机"图标，在弹出的快捷菜单中执行"属性"命令，打开"系统属性"对话框，单击"计算机名称、域和工作组设置"区域后的"更改设置"链接，弹出图 5-30 所示的"系统属性"对话框。

（3）在"计算机名"选项卡中单击"更改"按钮，弹出图 5-31 所示的"计算机名/域更改"对话框，选择"隶属于"区域的"域"单选按钮，并在文本框中输入要加入的域的名称，如 wfxy.com，单击"确定"按钮。

（4）系统提示需要输入具有将计算机加入域权限的账户名和密码，如图 5-32 所示。域控制器的系统管理员具有这个权限，被委派具有将计算机添加到域权限的用户也具有这个权限。

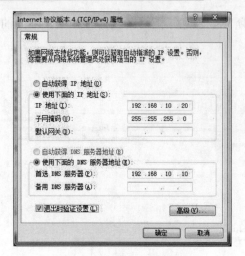

图 5-29　配置 DNS 服务器

图 5-30　"系统属性"对话框

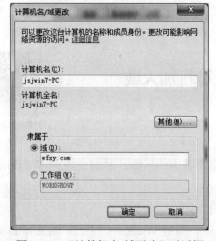

图 5-31　"计算机名/域更改"对话框

图 5-32　输入账户和密码

（5）输入用户名和密码后，单击"确定"按钮，若验证通过，则提示加入域成功，如图 5-33 所示。

图 5-33　加入域成功

（6）单击"确定"按钮，关闭"系统属性"对话框，系统提示重新启动计算机以便使用所做的改动。

（7）重启计算机后，回到域控制器上，打开"Active Directory 用户和计算机"窗口，选择控制台树中 Computers 节点，就可以看到新加入域的客户机了，如图 5-34 所示。

图 5-34　新加入域的客户机

对于其他 Windows 操作系统的客户机，添加到域的操作步骤基本上与上述步骤类似，在此不再赘述。

5.3.2　使用已加入域的计算机登录

当使用 Windows 7 的计算机加入域并重新启动后，打开图 5-35 所示的启动界面，按 Ctrl+Alt+Delete 组合键（虚拟机中按 Ctrl+Alt+Insert 组合键），弹出图 5-36 所示的登录界面，在密码框中输入密码，可进入 Windows 7 本地系统，不能登录到域。

图 5-35　启动界面　　　　　　　　　　　图 5-36　登录界面

单击"切换用户"按钮，显示图 5-37 所示的选择用户界面，单击"其他用户"按钮，打开图 5-38 所示的登录到域界面。在"用户名"文本框中分别输入欲使用的域用户账户，其格式是"用户名@域名"或"域名\用户名"，如 Administrator@wfxy.com 或 wfxy.com\Administrator，此时提示信息会显示要登录到的域。在密码框中输入相应的密码，单击"登录"按钮，或按 Enter 键即可登录到域。

图 5-37　选择用户界面　　　　　　　　　图 5-38　登录到域界面

5.3.3 使用活动目录中的资源

将 Windows 计算机加入域的目的，一方面是为了发布本机的资源到活动目录中，另一方面也方便用户在活动目录中查找资源。下面简要介绍在客户机中查询活动目录资源的方法。

（1）打开"资源管理器"窗口，单击"网络"选项，打开"网络"窗口，如图 5-39 所示。单击左上角的"搜索 Active Directory"链接，打开图 5-40 所示的"查找用户、联系人及组"对话框。

图 5-39 "网络"窗口 图 5-40 "查找用户、联系人及组"对话框

（2）在"查找"下拉列表中选择需要查询的内容，如"用户、联系人及组""计算机""打印机""共享文件夹""组织单位"等，单击"开始查找"按钮。也可以在"名称"文本框中输入查找名称，查找到符合条件的资源。图 5-41 所示是查询名字为"lixiaoming"的用户。

（3）双击该用户，便可列出该用户比较详细的信息，如图 5-42 所示。

图 5-41 查询名字为"lixiaoming"的用户 图 5-42 用户信息

5.4 管理活动目录内的组织单位和用户账户

域用户账户的
创建与管理

5.4.1 管理组织单位

组织单位是组织、管理一个域内对象的容器，它能容纳用户账户、用户组、计算机、打

印机和其他的组织单位。为了管理方便，通常可以按照公司或企业的组织结构创建组织单位，图 5-43 所示是一个公司组织单位的结构。组织单位应当设置为有意义的名称，如"财务部""生产部"等，而且不要经常改变名称。

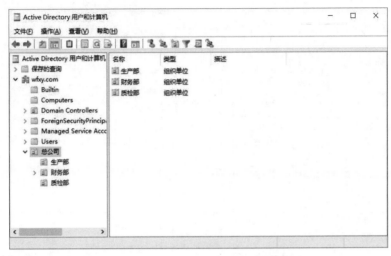

图 5-43　一个公司组织单位的结构

1. 新建组织单位

（1）打开"Active Directory 用户和计算机"窗口，在控制台目录树中展开域根节点。右击要进行创建的组织单位或容器，从弹出的快捷菜单中执行"新建"→"组织单位"命令，打开"新建对象-组织单位"对话框，如图 5-44 所示。

（2）在"新建对象-组织单位"对话框中输入组织单位的名称，单击"确定"按钮。默认情况下，"防止容器被意外删除"复选框为勾选状态，其目的是防止管理员的误操作而删除组织单位，造成组织单元内所有对象被删除。

注意："防止容器被意外删除"复选框后创建的组织单位，将来无法删除和移动，如果要删除和移动，则进行如下操作：右击欲操作的组织单位，在弹出的快捷菜单中执行"查看"→"高级功能"命令，然后右击欲操作的组织单位，在弹出的快捷菜单中执行"属性"命令，打开该组织单位的"属性"对话框，选择"对象"选项卡，取消勾选"防止容器被意外删除"复选框。之后该组织单位就可以移动和删除了。

2. 设置组织单位属性

组织单位除了有利于网络扩展外，它的另一大优点是在管理方面的方便性和安全性。但是，如果不根据组织单位的实际情况设置其属性，是很难发挥这个优点的。所以，用户在创建组织单位之后，必须根据需要设置组织单位属性。要设置组织单位的属性，可遵循如下步骤。

（1）打开"Active Directory 用户和计算机"窗口，右击要设置属性的组织单位，执行"属性"命令，打开该组织单位的"属性"对话框，如图 5-45 所示。

（2）在"常规"选项卡中，可在"描述"文本框中为组织单位输入一段描述，在"省/自治区""市/县"等文本框中输入组织单位所在的位置。

（3）切换到"管理者"选项卡，单击"更改"按钮，在"选择用户、联系人或组"对话框中选择一个用户作为管理者。更改管理者之后，单击"查看"按钮，即可打开所更改的管理者的"属性"对话框，管理员可对管理者的属性进行修改，如果要清除管理者，可单击"清除"按钮。

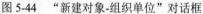

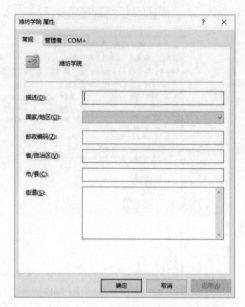

图 5-44　"新建对象-组织单位"对话框　　　图 5-45　某组织单位的"属性"对话框

（4）属性设置完毕，单击"确定"按钮，保存设置并关闭对话框。

5.4.2　域用户账户概述

登录域的用户账户是建立在域控制器上，该账户也是活动目录中的使用者账户。下面介绍域模式下的用户账户。

1.　用户登录账户

用户账户是用"用户名"和"口令"来标识的。在域控制器建好之后，每个网络用户登录域之前，都会向域申请一个用户账户。用户在计算机上登录时，应当输入在域活动目录数据库中有效的用户名和口令，通过域控制器的验证和授权后，就能以所登录的身份和权限对域和计算机资源进行访问。

用户登录名称格式有两种。

（1）电子邮件账户名，如 lixm@wfxy.com，这种名称只能在 Windows 2000 之后的 Windows 操作系统上登录域时使用。在整个域林中，这个名称必须是唯一的，不会随着账户转移而改变。

（2）wfxy\lixm 就是旧格式的用户登录账户。Windows NT、Windows 98 等 Windows 2000 之前版本的旧用户必须使用这个格式的名称来登录域。其他版本的 Windows 也可以采用这种格式来登录。在同一个域内，这个名称必须是唯一的。

2.　内置用户账户

活动目录安装完后，有两个主要的内置用户账户：Administrator 和 Guest。Administrator 账户对域具有最高级的权限和权利，是内置的管理账户，Guest 账户只有极其有限的权利和权限。表 5-1 列出了 Windows Server 2016 的域控制器上的内置用户账户。

表 5-1　Windows Server 2016 域控制器上的内置用户账户

内置用户账户	特性
Administrator	Administrator 账户具有域内最高权利和权限，系统管理员使用这个账户可以管理域或者所有计算机上的资源，以及所有的账户信息数据库。例如，创建用户账户、组账户，设置用户权限和安全策略等
Guest	Guest 账户默认状态是禁用的，如需使用要将其开启。Guest 账户是为临时登录域网络环境并使用网络中有限资源的用户提供的，它的权限非常有限

5.4.3　创建域用户账户

1. 新建域用户账户

当有新的用户需使用网络上的资源时，管理员必须在域控制器中为其添加一个相应的用户账户，否则该用户无法访问域中的资源。需要注意的是，具有新建管理域用户账户权限的账户是 Administrator，或者是 Administrators、Account Operators、Domain Admins、Power Users 组的成员账户。建立和管理域用户的具体步骤操作如下。

（1）打开"Active Directory 用户和计算机"窗口，右击要添加用户的组织单位或容器，在弹出的快捷菜单中执行"新建"→"用户"命令，打开"新建对象-用户"对话框。

（2）在"姓"和"名"文本框中分别输入姓和名，在"用户登录名"文本框中输入用户登录时使用的名字，单击"下一步"按钮，如图 5-46 所示。

（3）在"密码"和"确认密码"文本框中输入用户密码。密码最多为 128 个字符，大小写是不同的，并且还要符合密码复杂度的策略。如果希望用户下次登录时更改密码，可勾选"用户下次登录时须更改密码"复选框；勾选"用户不能更改密码"复选框的作用是确定用户能否自行修改自己的密码；如果希望密码永远不过期，可勾选"密码永不过期"复选框；如果暂停该用户账户，可勾选"账户已禁用"复选框。设置完成后，单击"下一步"按钮，如图 5-47 所示。

图 5-46　"新建对象-用户"对话框（1）

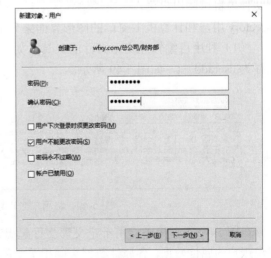

图 5-47　"新建对象-用户"对话框（2）

（4）在"新建对象-用户"对话框中显示账户设置摘要，如果需要对账户信息进行修改，单击"上一步"按钮返回。确认无误后，单击"完成"按钮，完成新建域用户账户任务，如图 5-48 所示。

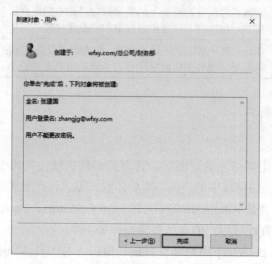

图 5-48　"新建对象-用户"对话框（3）

2. 用户账户的复制和修改

如果企业组织内拥有许多属性相同的账户，可以先建立一个典型代表用户账户，然后使用"复制"功能建立这些用户账户。具体操作步骤是：选中已经建立好的用户账户并右击，在弹出快捷菜单中执行"复制"命令，然后操作类似新建用户的步骤，就可快速建立多个相同性质的用户账户。

3. 批量创建域用户账户

如果需要建立大量的用户账户（或其他类型的对象），可以先利用文字编辑程序将这些用户账户属性编写到纯文本文件内，然后利用 Windows Server 2016 所提供的工具，从这个纯文本文件内将这些用户账户一次性输入活动目录数据库中。这样做的好处是不需要利用"Active Directory 用户和计算机"窗口的图形界面来分别建立这些账户，可以提高工作效率。

（1）利用可编辑纯文本文件的工具（如记事本），将用户账户数据输入文件内，将文件保存为 useradd.txt，如图 5-49 所示。

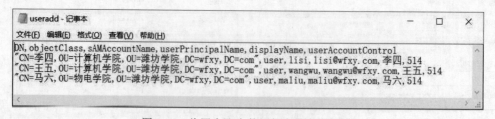

图 5-49　将用户账户数据保存为文本文件

在图 5-49 中，第 1 行用于定义第 2 行起相对应的每一个属性，从第 2 行开始都是建立的用户账户的属性数据，各属性数据之间用英文的逗号隔开。例如，第 1 行的第 1 个字段 DN 表示第 2 行开始每行的第 1 字段代表对象的存储路径；第 1 行的第 2 个字段 object Class 表示第

2 行开始每行的第 2 字段代表对象的对象类型。表 5-2 是图 5-49 的详细属性说明。

表 5-2　图 5-49 的详细属性说明

属性	说明与值
DN	对象的存储路径，如 CN=李四，OU=计算机学院，OU=潍坊学院，DC=wfxy，DC=com
objectClass	对象类型，如 user 表示用户，organizationalUnit 表示组织单位，group 表示组
sAMAccountName	用户登录名称（Windows 2000 以前版本），如 lisi
userPrincipalName	用户登录名称（UPN），如 lisi@xyz.com
displayName	显示名称，如李四
userAccountControl	用户账户控制，如 514 表示禁用此账户，512 表示启用此账户

（2）打开命令行窗口，输入"csvde -i -f useradd.txt"并确认，如图 5-50 所示。

（3）此时，在"潍坊学院"\"计算机学院"组织单位内新创建了两个用户账户，在"潍坊学院"\"物电学院"组织单位内新创建了一个用户账户，如图 5-51 所示。

图 5-50　输入命令并确认

图 5-51　批量创建域用户账户

注意：本例的前提条件是，在 wfxy.com 域中已经创建了名为"潍坊学院"的组织单位，在该组织单位中，已经创建了名为"计算机学院"和"物电学院"的组织单位。

5.4.4　管理域用户账户

管理域用户账户的常用任务包括修改域用户账户属性、禁用和启用用户账户、删除用户账户、重新设置用户账户密码、解除被锁定的账户、移动账户等。

1. 修改域用户账户属性

（1）打开"Active Directory 用户和计算机"窗口，右击需要修改的用户账户，在弹出的快捷菜单中执行"属性"命令，打开用户的"属性"对话框，如图 5-52 所示。

（2）在用户"属性"对话框中，可以选择并修改该账户的各项内容。例如，在"账户"选项卡中修改用户的登录时间，可以设定该用户许可的登录时间段，单击"确定"按钮，即可完成该属性的修改任务，如图 5-53 所示。

（3）如果需要对多个相同性质用户账户进行某项相同属性参数的修改，也可以使用多用户账户的修改方法。在"Active Directory 用户和计算机"窗口的容器中选择多个用户账户并右击，在弹出的快捷菜单中执行"属性"命令，在"多个项目属性"对话框中便可以进行相应的修改，从而达到批量修改多用户账户属性的目的。

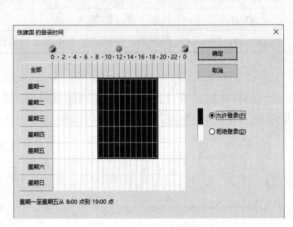

图 5-52　用户的"属性"对话框　　　　　　　图 5-53　设定登录时间

2. 禁用和启用用户账户

管理员可禁用暂时不用的用户账户。要禁用某用户账户，可打开"Active Directory 用户和计算机"窗口，右击要禁用的用户账户，执行"禁用账户"命令，如图 5-54 所示，出现提示信息后随即禁用该账户。禁用后的用户或计算机账户上会显示一个向下图标，如图 5-55 所示。

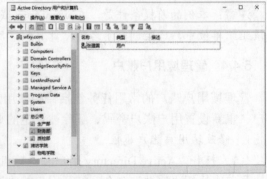

图 5-54　禁用账户　　　　　　　　　　　　图 5-55　禁用账户状态

如果要重新启用已禁用的用户或计算机账户，可右击该账户，在弹出的快捷菜单中执行"启用账户"命令，即可重新启用该账户。

3. 删除用户账户

当系统中的某一个用户账户不再被使用，或者管理员不希望某个用户账户存在于安全域中，则可删除该用户账户，以便更新系统的用户信息。要删除某个用户或计算机账户，可以打开"Active Directory 用户和计算机"窗口，右击要删除的用户账户，执行"删除"命令，系统提示是否要删除，单击"是"按钮，即可删除该用户或者计算机账户。

4．重新设置用户账户密码

密码是用户在进行网络登录时所采用的最重要的安全措施，当用户忘记密码、密码使用期限到期，或者密码被泄露时，系统管理员可以重新替用户设置一个新密码。重新设置用户密码步骤如下。

（1）打开"Active Directory 用户和计算机"窗口，右击要重新设置密码的用户账户，在弹出的快捷菜单中执行"重置密码"命令，打开"重置密码"对话框。

（2）在"新密码"和"确认密码"文本框中输入要设置的新密码，单击"确定"按钮保存设置，系统会提示确认信息，单击"确定"按钮，完成设置。

5．解除被锁定的账户

如果域管理员在账户策略内设定了用户锁定策略，当一个用户输入密码失败多次，系统将自动锁定该账户登录。用户账户被锁定后，系统管理员可以使用如下步骤来解除被锁定的账户。

（1）打开"Active Directory 用户和计算机"窗口，从容器中选择需要解除被锁定的账户并右击，在弹出的快捷菜单中执行"属性"命令，在打开对话框中切换到"账户"选项卡，如图 5-56 所示。

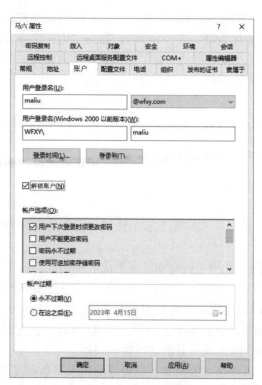

图 5-56　"账户"选项卡

（2）勾选"解锁账户"复选框，单击"确定"按钮，即可解除该账户的锁定。

6. 移动账户

在大型网络，特别是企业网络中，为了便于管理，管理员经常需要将用户账户或计算机账户移到新的组织单位或容器中。例如，公司某职员从财务部到生产部，则应将其账户从财务部的组织单位中移动到生产部的组织单位中。账户被移动之后，用户或计算机仍可使用它进行网络登录，不需要重新创建，但用户或计算机账户的管理人和组策略将随着组织单位的改变而改变。

要移动用户或计算机账户，可打开"Active Directory 用户和计算机"窗口，右击要移动的用户账户，在弹出的快捷菜单中执行"移动"命令，打开"移动"对话框，在"将对象移到容器"列表框中选择目标组织单位，单击"确定"按钮，即可完成移动。当然了，管理员也可以像在"资源管理器"窗口中移动文件一样，使用拖曳的方法，在"Active Directory 用户和计算机"窗口中移动用户或计算机账户。

5.5　管理活动目录中的组账户

域组账户的
创建与管理

5.5.1　域模式的组账户概述

1. 域模式下组账户的作用

Windows Server 2016 作为多任务、多用户的操作系统，是从安全和高效的角度来管理系统资源、信息。使用组可同时为多个账户指派一组公共的权限和权利，而不用单独为每个账户指派权限和权利，这样可简化管理。在 Windows Server 2016 的活动目录中，组是驻留在域控制器中的对象。活动目录在安装时自动安装了系列默认的内置组，它也允许以后根据实际需要创建组。管理员还可以灵活地控制域中的组和成员。通过对活动目录中的组进行管理，可以实现如下功能。

（1）资源权限的管理，即为组而不是个别用户账户指派资源权限，这样可将相同的资源访问权限指派给该组的所有成员。

（2）用户集中的管理，可以创建一个应用组，指定组成员的操作权限，然后向该组中添加需要拥有与该组相同权限的成员。

2. 组类型

在 Windows Server 2016 中，按照组的安全性质，可将其划分为安全组和分布式组（通信组）两种类型。

（1）安全组。安全组主要用于控制和管理资源的安全性。如果某个组是安全组，则可以在共享资源的"属性"窗口中切换到"共享"选项卡，并为该组的成员分配访问控制权限。

（2）分布式组，又叫通信组，通常使用该组来管理与安全性质无关的任务。例如，可以将信使所发送的信息发送给某个分布式组。但是，不能为其设置资源权限，即不能在某个文件夹的"共享"选项卡中为该组的成员分配访问控制权限。

需要说明的一点是，用户建立的组和系统内置的组大多数都是安全组。

3. 组作用域

组都有一个作用域，用来确定在域树或域林中该组的应用范围。组作用域可分为三种：全局组、本地域组和通用组。

（1）全局组。全局组主要是用来组织用户。全局组面向域用户，即全局组中只包含所属域的域用户账户。为了管理方便，系统管理员通常将多个具有相同权限的用户账户加入一个全局组中。全局组之所以被称为全局组，是因为全局组不仅能够在创建它的计算机上使用，而且还能在域中的任何一台计算机上使用。只有在 Windows Server 2016 域控制器上才能创建全局组。

（2）本地域组。本地域组主要是用来管理域的资源。通过本地域组，可以快速地为本地域和其他信任域的用户账户和全局组的成员指定访问本地资源的权限。本地域组由该组所属域的用户账户、通用组和全局组组成，它不能包含非本域的本地域组。为了管理方便，管理员通常在本域内建立本地域组，并根据资源访问的需要，将适合的全局组和通用组加入该组，最后为该组分配本地资源的访问控制权限。本地域组的成员仅限于本域的资源，而无法访问其他域内的资源。

（3）通用组。通用组可以用来管理所有域内的资源。通用组可以包含任何一个域内的用户账户、通用组和全局组，但不能包含本地域组。在大型企业应用环境中，管理员一般先建立通用组，并为该组的成员分配在各域内的访问控制权限。通用组的成员可以使用所有域的资源。

4．活动目录域内置组

Windows Server 2016 创建活动目录域时，自动生成了一些默认的内置组。使用这些预定义的组，可以方便管理员控制对共享资源的访问，并委托特定域范围的管理角色。例如，Backup Operators 组的成员有权对域中的所有域控制器执行备份操作，当管理员将用户添加到该组中时，用户将接受指派给该组的所有用户权限以及共享资源的所有权限。

5.5.2　组的创建与管理

1．创建组

虽然系统提供了许多内置组用于权限和安全设置，但是它们不能满足特殊安全和灵活性的需要。所以，用户要想更好地管理用户或计算机账户，必须根据网络情况创建一些新组。新组创建之后，就可以像使用内置组一样使用它们，例如赋予权限和进行组成员的添加。创建新组的步骤如下。

（1）打开"Active Directory 用户和计算机"窗口，在控制台目录树中展开域根节点。右击要进行组创建的组织单位或容器，从弹出的快捷菜单中执行"新建"→"组"命令，打开"新建对象-组"对话框，如图 5-57 所示。

（2）在"组名"文本框中输入要创建的组的名称，在"组作用域"区域选择组的作用范围，在"组类型"区域选择组类型，单击"确定"按钮，完成组的创建。

2．设置组属性

一个新组被用户创建好之后，系统并没有设置该组的常规属性和权限，也没有为其指定组成员和管理人，该组几乎不发挥任何作用。如果要充分发挥组对用户账户和计算机账户的管理作用，管理员必须为该组设置属性和权限。设置组属性可遵循如下步骤。

（1）打开"Active Directory 用户和计算机"窗口，右击要添加成员的组，执行"属性"命令，打开该组的"属性"对话框，如图 5-58 所示。

图 5-57 "新建对象-组"对话框

（2）为了便于管理，在"描述"文本框和"注释"列表框中输入有关该组的注释信息。为了便于组管理员同组成员交换信息，在"电子邮件"文本框中输入组管理员的电子邮件地址。还可以修改组的作用域和组的类型。

（3）切换到"成员"选项卡，如图 5-59 所示。要添加成员，可单击"添加"按钮，打开"选择用户、联系人或计算机"对话框，选择要添加的成员。要删除组成员，可在"成员"列表框中选择要删除的组成员，然后单击"删除"按钮。

图 5-58 某组的"属性"对话框

图 5-59 "成员"选项卡

（4）用户主要是通过向新组添加内置组来设置权限，所以要设置组权限。切换到"隶属于"选项卡，单击"添加"按钮，打开"选择组"对话框，为创建的组选择内置组。如要删除某个组权限，可在"隶属于"列表框中选择该组，单击"删除"按钮。

（5）切换到"管理者"选项卡，要更改组管理者，可单击"更改"按钮，打开"选择用户或联系人"对话框为该组选择管理者。要查看管理者的属性，可单击"查看"按钮。要清除管理者对组的管理，可单击"清除"按钮。

（6）属性设置完毕后，单击"确定"按钮，保存设置并关闭该对话框。

3．删除组

活动目录中的组和组织单位如果太多，影响了对用户和计算机账户的管理，管理员可对其进行清理。例如，当目录中有长期不使用的组或者不符合网络安全的组，可将其删除。要删除组和组织单位，可遵循如下步骤。

（1）打开"Active Directory 用户和计算机"窗口，在控制台目录树中展开域节点。单击要删除的组或组织单位所在的组织单位，检查窗格中列出该组织单位的内容。

（2）右击要删除的组或组织单位，从弹出的快捷菜单中执行"删除"命令，这时系统会提示是否要删除，单击"确定"按钮，完成组或组织单位的删除。

注意：管理员只能删除用户创建的组和组织单位，而不能删除由系统提供的内置组和组织单位。

5.6　拓展阅读　中国国家顶级域名 CN

1994 年 5 月 21 日，在钱天白教授和德国卡尔斯鲁厄大学教授的协助下，中国科学院计算机网络信息中心完成了中国国家顶级域名（CN）服务器的设置，改变了我国的顶级域名服务器一直放在国外的历史。

本 章 小 结

本章主要介绍了活动目录域的创建条件和安装与配置方法，将 Windows 计算机加入和登录域的方法和使用活动目录中资源的方法，活动目录内的组织单位创建和管理方法，用户账户创建管理方法，域内组账户的类型和作用域，以及活动目录内的组账户的创建和管理方法。

习题与实训

一、习题

（一）填空题

1．活动目录服务是 Windows Server 2016 中的一种目录服务，可以存储、管理网络中各种资源对象，如＿＿＿＿＿＿、组、计算机和共享资源等相关信息。

2．活动目录服务的集成性主要体现在三个方面：＿＿＿＿＿＿、基于目录的网络服务和网络应用管理。

3．活动目录可以实现一个域或多个域，多个域可合并为域树，多个域树又可合称为＿＿＿＿＿＿。

4．在域环境中，计算机的主要角色有_____、成员服务器和工作站等计算机。

5．活动目录中的站点是一个或多个_____的计算机集合，往往用来描述域环境网络的物理结构或拓扑。

6．活动目录对象只能够针对_____和_____设置权限，而无法针对组织单位来设置。

7．添加域成员计算机，在获得相应的权限的情况下，首先要设置客户机的_____。

（二）选择题

1．以下（   ）不是域的工作特点。

     A．集中管理   B．便捷的网络资源访问

     C．一个账户只能登录到一台计算机   D．可扩展性

2．下面关于工作组的说法中错误的是（   ）。

     A．每台计算机的地位是平等的   B．网络模型管理分散

     C．安全性高   D．适用于小型的网络环境

3．从活动目录的组成结构来看，域是活动目录中的（   ）。

     A．物理结构   B．拓扑结构   C．逻辑结构   D．系统架构

4．活动目录的物理结构包括（   ）。

     A．域   B．组织单位   C．站点   D．域控制器

5．活动目录是由组织单位、域、（   ）和域林构成的层次结构。

     A．超域   B．域树   C．域控制器   D．团体

6．下面关于域、域控制器和活动目录说法中不正确的是（   ）。

     A．活动目录是一个数据库，域控制器是一台计算机，它们没有关系

     B．域是活动目录中逻辑结构的核心单元

     C．要实现域的管理必须要一个计算机安装活动目录

     D．安装了活动目录的计算机叫域控制器

7．组织单位是活动目录服务的一个称为（   ）管理对象。

     A．容器   B．用户账户   C．组账户   D．计算机

8．下面（   ）不是安装活动目录时的必要条件。

     A．安装者必须具有本地管理员权限

     B．操作系统版本必须满足条件

     C．计算机上每个分区必须为 NTFS 格式的分区

     D．有相应的 DNS 服务器的支持

9．某公司有一个 Windows Server 2016 域 Benet.com，管理员小明想要将一台计算机加入该域，加入时出现"无法找到该域"的错误提示，小明使用 ping 命令可以 ping 通 DC 的 IP 地址，该计算机无法加入域的原因可能是（   ）。

     A．网络出现物理故障

     B．加入域时所使用的用户没有权限

     C．客户机没有配置正确的 DNS 地址

     D．客户机使用了与 DC 不同网段的 IP 地址

10. 向域中批量添加用户的命令是（　　　）。

A. csvde　-i　-p　users1.txt　　　　B. csvde　-i　-f　users1.txt

C. net user　/add　-I -f users1.txt　　D. net group　/add　-i -a　users1.txt

11. 在域中创建组时，可以设置的组的类型包括（　　　）。（选两项）

A. 安全组　　　　　B. 全局组　　　　C. 分布式组　　　　D. 通用组

12.（　　　）是专门用来发送电子邮件的。

A. 本地组　　　　　B. 全局组　　　　C. 通信组　　　　D. 安全组

13. 在设置域账户属性时，（　　　）项目不能被设置。

A. 账户登录时间　　　　　　　B. 账户的个人信息

C. 账户的权限　　　　　　　　D. 指定账户登录域的计算机

二、实训内容

1. 活动目录域控制器的安装与配置。

2. 将 Windows 计算机加入和登录域中，使用活动目录中的资源。

3. 创建和管理组织单位。

4. 创建和管理域用户账户。

5. 创建和管理域组账户。

第6章 NTFS配置与管理

学习目标

本章主要介绍FAT、FAT32、NTFS这三种文件系统，NTFS权限及设置方法，磁盘及文件压缩和加密文件系统。

通过本章的学习，应该达到如下目标：

● 明确FAT、FAT32、NTFS这三种文件系统的概念及区别。

● 掌握NTFS的权限设置方法。

● 掌握NTFS的压缩和加密文件的方法。

6.1 FAT、FAT32和NTFS

文件系统是操作系统在存储设备上按照一定原则组织、管理数据所用的结构和机制。文件系统规定了计算机对文件和文件夹进行操作的各种标准和机制，用户对于所有的文件和文件夹的操作都是通过文件系统来完成的。

磁盘或分区和操作系统所包括的文件系统是不同的，在所有的计算机系统中，都存在一个相应的文件系统。FAT、FAT32格式的文件系统是随着计算机各种软、硬件的发展而成长的文件系统，它们所能管理的磁盘簇大小、文件的最大尺寸，以及磁盘空间总量都有一定的局限性。从Windows NT开始，采用了一种新的文件系统格式——NTFS，它比FAT、FAT32的功能更加强大，在文件大小、磁盘空间、安全可靠等方面都有了较大的进步。在日常工作中，我们常会听到"我的硬盘是FAT格式的""C盘是NTFS格式的"等说法，这是不恰当的，NTFS或是FAT并不是格式，而是管理文件的系统类型。刚出厂的硬盘一般是没有任何类型文件系统的，在使用之前，必须先利用相应的磁盘分区工具对其进行分区，并进一步格式化后，才会有一定类型的文件系统，才可正常使用。由此可见，无论硬盘有一个分区，还是有多个分区，文件系统都是对应分区的，而不是对应硬盘的。Windows Server 2016的磁盘分区支持以上三种类型的文件系统。

用户在安装Windows Server 2016之前，应该先决定使用哪种文件系统。下面对这三种文件系统进行简单介绍。

6.1.1 FAT

FAT（File Allocation Table，文件分配表），是用来记录文件所在位置的表格。FAT文件系统最初用于小型磁盘和使用简单文件结构的简单文件系统。FAT文件系统得名于它的组织方法——放置在分区起始位置的文件分配表。为确保正确装卸启动系统必需的文件，文件分配表和根文件夹必须存放在磁盘分区的固定位置。文件分配表对于硬盘的使用是非常重要的，如果丢

失文件分配表，硬盘上的数据就会因为无法定位而不能使用。

　　FAT 文件系统通常使用 16 位的空间来表示每个扇区（Sector）配置文件的情形，FAT 文件系统由于受到先天的限制，因此每超过一定容量的分区之后，它所使用的簇（Cluster）大小就必须扩增，以适应更大的磁盘空间。所谓簇，就是磁盘空间的配置单位，就像图书馆内一格一格的书架一样。每个要存到磁盘的文件都必须配置足够数量的簇，才能存放到磁盘中。通过使用命令提示符下的 Format 命令，用户可以指定簇的大小。一个簇存放一个文件后，其剩余的空间不能再被其他文件利用。因此在使用磁盘时，无形中都会或多或少损失一些磁盘空间。

　　在运行 DOS、OS/2、Windows 98 以前的版本的计算机上，FAT 文件系统是最佳的选择。不过，需要注意的是，在不考虑簇大小的情况下，使用 FAT 文件系统的分区不能大于 2GB，因此 FAT 文件系统最好用在较小分区上。由于 FAT 文件系统额外开销的原因，在大于 512MB 的分区内不推荐使用 FAT 文件系统。

6.1.2　FAT32

　　FAT32 文件系统使用了 32 位的空间来表示每个扇区配置文件的情形。利用 FAT32 文件系统所能使用的单个分区最大可达到 2TB（2048GB），而且各种大小的分区所能用到的簇的大小也更恰如其分，这些优点使使用 FAT32 文件系统的操作系统在硬盘使用上有更高的效率。例如，两个分区容量都为 2GB，一个分区采用了 FAT 文件系统，另一个分区采用了 FAT32 文件系统。采用 FAT 文件系统分区的簇大小为 32KB，而 FAT32 文件系统分区的簇只有 4KB，那么后者就比前者的存储效率要高很多，通常情况下可以提高 15%。

　　FAT32 文件系统可以重新定位根目录，另外，FAT32 文件系统后者分区的启动记录包含在一个含有关键数据的结构中，减小了计算机系统崩溃的可能性。

6.1.3　NTFS

　　NTFS（New Technology File System）是 Windows Server 2016 推荐使用的高性能的文件系统，支持许多新的文件安全、存储和容错功能，这些功能正是 FAT 和 FAT32 文件系统所缺少的，它支持文件系统大容量的存储媒体、长文件名。NTFS 的设计目标就是在很大的硬盘上实现很快地执行，如读写、搜索文件等标准操作。NTFS 还支持文件系统恢复这样的高级操作。

　　NTFS 是以卷为基础的，卷建立在磁盘分区之上。分区是磁盘的基本组成部分，是一个能够被格式化和单独使用的逻辑单元。当以 NTFS 来格式化磁盘分区时，就创建了 NTFS 卷。一个磁盘可以有多个卷，一个卷也可以由多个磁盘组成。Windows Server 2003 以后 Windows Server 系统、Windows 2000 和 Windows XP 常使用 FAT 分区和 NTFS 卷。需要注意的是，当用户从 NTFS 卷移动或复制文件到 FAT 分区时，NTFS 文件系统权限和其他特有属性将会丢失。

　　Windows Server 2016 采用的是新版本的 NTFS。NTFS 使用户不但可以方便、快捷地操作和管理计算机，同时也享有较高的系统安全性。NTFS 的特点主要体现在以下五个方面。

　　（1）NTFS 是一个日志文件系统，这意味着除了向磁盘中写入信息，该文件系统还会为所发生的所有改变保留一份日志。这一功能让 NTFS 在发生错误的时候（如系统崩溃或电源供应中断）更容易恢复，也让系统更加强壮。在 NTFS 卷上，用户很少需要运行磁盘修复程序，NTFS 通过使用标准的事务处理日志和恢复技术来保证卷的一致性。当发生系统失败事件时，NTFS 使用日志文件和检查点信息自动恢复文件系统的一致性。

（2）良好的安全性是 NTFS 另一个引人注目的特点，也是 NTFS 成为 Windows 操作系统常用文件系统的主要原因。NTFS 的安全系统非常强大，可以对文件系统的对象访问权限（允许或禁止）做非常精细的设置。在 NTFS 分区上，可以为共享资源、文件夹以及文件设置访问许可权限。许可权限的设置包括两方面的内容：一是允许哪些组或用户对文件夹、文件和共享资源进行访问；二是获得访问许可的组或用户可以进行什么级别的访问。访问许可权限的设置不但适用于本地计算机的用户，同样也适用于通过网络的共享文件夹对文件进行访问的网络用户。与 FAT32 文件系统下对文件夹或文件进行的访问相比，其安全性要高得多。另外，在采用 NTFS 的 Windows Server 2016 中，用审核策略可以对文件夹、文件以及活动目录对象进行审核，审核结果记录在安全日志中。通过安全日志，就可以查看组或用户对文件夹、文件或活动目录对象进行了什么级别的操作，从而发现系统可能面临的非法访问。通过采取相应的措施，可以将这种安全隐患降到最低。这些功能在 FAT32 文件系统下是不能实现的。

（3）NTFS 支持对卷、文件夹和文件的压缩。任何基于 Windows 操作系统的应用程序对 NTFS 卷上的压缩文件进行读写时，不需要事先由其他程序进行解压缩，当对文件进行读取时，文件将自动进行解压缩，文件关闭或保存时，会自动对文件进行压缩。

（4）在 NTFS 下，可以进行磁盘配额管理。磁盘配额就是管理员为用户所能使用的磁盘空间进行配额限制，每一用户只能使用最大配额范围内的磁盘空间。设置磁盘配额后，可以对每一用户的磁盘使用情况进行跟踪和控制。通过监测，可以标识出超过配额报警阈值和配额限制的用户，从而采取相应的措施。磁盘配额管理功能的提供，使管理员可以方便、合理地为用户分配存储资源，避免由于磁盘空间使用的失控造成的系统崩溃，提高了系统的安全性。

（5）对大容量的驱动器有良好的扩展性。在磁盘空间使用方面，NTFS 的效率非常高。NTFS 采用了更小的簇，可以更有效率地管理磁盘空间。相比之下，使用 NTFS 可以比使用 FAT32 更有效地管理磁盘空间，最大限度地避免了磁盘空间的浪费。NTFS 中最大驱动器的尺寸远远大于 FAT 中的，而且 NTFS 的性能和存储效率并不像 FAT 那样随着驱动器尺寸的增大而降低。

6.1.4　将 FAT32 转换为 NTFS

使用 Windows Server 2016 中提供的系统工具，可以很轻松地把分区转化为新版本的 NTFS 格式。用户可以在安装 Windows Server 2016 时在安装向导的帮助下完成所有操作，安装程序会检测现有的文件系统格式，如果是旧版本 NTFS，则自动转换为新版本；如果是 FAT 或 FAT32，会提示安装者是否转换为 NTFS。用户也可以在安装完毕之后使用 convert.exe 来把 FAT 或 FAT32 分区转化为 NTFS 分区。无论是在运行安装程序中还是在运行安装程序之后，这种转换都不会使用户的文件受到损害。

例如，某台 Windows Server 2016 服务器的 E 卷是 FAT32 分区，需要转换成 NTFS 分区，操作步骤如下：打开命令行窗口，输入 "convert e:/fs:ntfs" 并确认，如果要转换的 FAT32 分区设置有卷标，则需要输入卷标，如图 6-1 所示。

注意：若转换的卷是系统卷，或卷内有虚拟内存文件，则需要重新启动计算机，系统在重新启动时转换。另外，这种转换是单向的，用户不能把 NTFS 转换成 FAT32。

图 6-1　文件系统转换

6.2　NTFS　权　限

Windows Server 2016 在 NTFS 格式的卷上提供了 NTFS 权限，允许为每个用户或者组指定 NTFS 权限，以保护文件和文件夹资源的安全。通过允许、禁止或限制访问某些文件和文件夹，NTFS 权限提供了对资源的保护。不论用户是访问本地计算机上的文件、文件夹资源，还是通过网络来访问，NTFS 权限都是有效的。

6.2.1　NTFS 权限简介

NTFS 权限可以实现高度的本地安全性，通过对用户赋予 NTFS 权限，可以有效地控制用户对文件和文件夹的访问。NTFS 卷上的每一个文件和文件夹都有一个列表，称为访问控制列表（Access Control List，ACL），该列表记录了每一用户和组对该资源的访问权限。当用户要访问某一文件资源时，ACL 必须包含该用户账户或组的入口，只有当入口所允许的访问类型和所请求的访问类型一致时，才允许用户访问该文件资源。如果在 ACL 中没有一个合适的入口，那么用户就无法访问该项文件资源。

NTFS 权限包括普通权限和特殊权限。

1. NTFS 普通权限

NTFS 普通权限有读取、列出文件夹内容、写入、读取且执行、修改、完全控制等。

（1）读取：允许用户查看文件或文件夹所有权、权限和属性，可以读取文件内容，但不能修改文件内容。

（2）列出文件夹内容：仅文件夹有此权限，允许用户查看文件夹下子文件和文件夹属性和权限，读文件夹下子文件内容。

（3）写入：允许授权用户对一个文件进行写操作。

（4）读取且执行：用户可以运行可执行文件，包括脚本。

（5）修改：用户可以查看并修改文件或者文件属性，包括在文件夹中增加或删除文件，以及修改文件属性。

（6）完全控制：用户可以修改、增加、移动或删除文件，以及修改所有文件和文件夹的权限。

2. NTFS 特殊权限

NTFS 普通权限都由更小的特殊权限元素组成。管理员可以根据需要，利用 NTFS 特殊权限进一步控制用户对 NTFS 文件或文件夹的访问。

（1）遍历文件夹/执行文件：对于文件夹，"遍历文件夹"权限允许或拒绝通过文件夹移动，以到达其他文件或文件夹；对于文件，"执行文件"权限允许或拒绝运行程序文件。设置文件夹的"遍历文件夹"权限不会自动设置该文件夹中所有文件的"运行文件"权限。

（2）列出文件夹/读取数据：允许或拒绝用户查看文件夹内容列表或数据文件。

（3）读取属性：允许或拒绝用户查看文件或文件夹的属性，如只读或者隐藏，属性由 NTFS 定义。

（4）读取扩展属性：允许或拒绝用户查看文件或文件夹的扩展属性。扩展属性由程序定义，可能因程序而变化。

（5）创建文件/写入数据："创建文件"权限允许或拒绝用户在文件夹内创建文件（仅适用于文件夹）。"写入数据"权限允许或拒绝用户修改文件（仅适用于文件）。

（6）创建文件夹/附加数据："创建文件夹"权限允许或拒绝用户在文件夹内创建文件夹（仅适用于文件夹）。"附加数据"权限允许或拒绝用户在文件的末尾进行修改，但是不允许用户修改、删除或者改写现有的内容（仅适用于文件）。

（7）写入属性：允许或拒绝用户修改文件或者文件夹的属性，如只读或者是隐藏，属性由 NTFS 定义。"写入属性"权限不表示可以创建或删除文件或文件夹，它只包括更改文件或文件夹属性的权限。要允许（或者拒绝）创建或删除操作，请参阅"创建文件/写入数据""创建文件夹/附加数据""删除子文件夹及文件""删除"。

（8）写入扩展属性：允许或拒绝用户修改文件或文件夹的扩展属性。扩展属性由程序定义，可能因程序而变化。"写入扩展属性"权限不表示可以创建或删除文件或文件夹，它只包括更改文件或文件夹属性的权限。

（9）删除子文件夹及文件：允许或拒绝用户删除子文件夹和文件。

（10）删除：允许或拒绝用户删除子文件夹和文件。如果用户对于某个文件或文件夹没有删除权限，但是拥有删除子文件夹和文件权限，仍然可以删除文件或文件夹。

（11）读取：允许或拒绝用户对文件或文件夹的读权限，如完全控制、读或写权限。

（12）更改：允许或拒绝用户修改该文件或文件夹的权限分配，如完全控制、读或写权限。

（13）取得所有权：允许或拒绝用户获得对该文件或文件夹的所有权。无论当前文件或文件夹的权限分配状况如何，文件或文件夹的拥有者总是可以改变它的权限。

（14）完全控制：同标准权限。

上述权限设置中，比较重要的是"更改"权限和"取得所有权"权限，通常情况下，这两个特殊权限要慎重使用，一旦赋予了某个用户"更改"权限，该用户就可以改变相应文件或者文件夹的权限设置。同样，一旦赋予了某个用户"取得所有权"权限，该用户就可以作为文件的所有者对文件做出查阅并更改。

6.2.2 设置标准权限

只有 Administrators 组内的成员、文件和文件夹的所有者、具备完全控制

设置 NTFS 标准权限

权限的用户，才有权更改这个文件或文件夹的 NTFS 权限。下面以文件夹对象为例，说明设置标准权限的操作方法，对于文件对象，操作方法大致相同，只不过权限种类要少一些。

1. 添加/删除用户组

要控制某个用户或用户组对一个文件夹（或文件）的访问权限，首先要把这个用户或用户组加入文件夹（或文件）的 ACL 中，或者是从 ACL 中删除。

（1）打开"资源管理器"或"我的电脑"窗口，找到一个 NTFS 卷上要设置 NTFS 权限的文件夹或文件并右击，在弹出的快捷菜单中执行"属性"命令。

（2）在文件夹或文件的"属性"对话框中，切换到"安全"选项卡，如图 6-2 所示，在该选项卡中显示各用户/用户组对该文件夹或文件的 NTFS 权限，若要修改、删除或更改 NTFS 权限，可单击"编辑"按钮。

（3）进行 NTFS 权限设置实际上就是设置"谁"有"什么"权限。图 6-3 所示为文件夹或文件权限编辑对话框，对话框的上端的列表框和按钮用于选取用户和组账户，解决"谁"的问题，对话框下端的列表框用于为上面列表框中选中的用户或组设置相应的权限，解决"什么"的问题。

图 6-2　"安全"选项卡

图 6-3　设置权限

（4）添加权限用户。单击"添加"按钮，打开"选择用户或组"对话框，如图 6-4 所示。在这个对话框中可以直接在文本框中输入账户名称或用户组名称，再单击"检查名称"按钮对该名称进行核实。如果输入错误，检查时系统将提示找不到对象，如果没有错误，名称会改变为"本地计算机名称\账户名"或"本地计算机名称\组名称"。若管理员不记得用户或组名称，可以单击"高级"按钮进行查找。

（5）在展开后的"选择用户或组"对话框中，单击"立即查找"按钮，在"搜索结果"列表框中列出所有用户和用户组账户。选取需要的用户或组账户，选取时按住 Shift 键可以连续选取，按住 Ctrl 键可以间隔选取，选取完成后单击"确定"按钮，如图 6-5 所示。返回后，再次单击"确定"按钮，完成账户选取操作。

（6）此时，"组或用户名"列表框中已经可以看到新添加的用户和组，如图 6-6 所示。若要删除权限用户，在"组或用户名"列表框中选择这个用户，单击"删除"按钮即可。

图 6-4　"选择用户或组"对话框

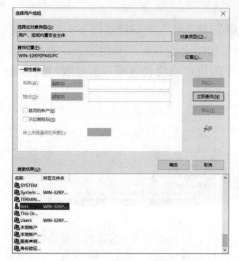

图 6-5　选择用户或组

图 6-6　新添加的用户和组

2. 为用户和组设置权限

若要设置一个账户的 NTFS 权限，可以在图 6-6 所示的对话框上端列表框中选取相应账户，在下端的列表框中对其设置相应的 NTFS 权限。在此对话框中看到的都是 NTFS 标准权限，对于每一种标准权限，都可以根据实际情况勾选"允许"或"拒绝"两种访问权限，设置完毕后，单击"确定"按钮。

另外，如果有的权限前已经用灰色的对钩选中，说明这种默认的权限设置是从父对象继承的，即选项继承了该用户或组对该文件或文件夹所在上一级文件夹的 NTFS 权限。

6.2.3　设置特殊权限

如果需要设置特殊权限，可以在"属性"对话框的"安全"选项卡中，单击"高级"按钮，打开文件夹或文件的高级安全设置对话框，如图 6-7 所示。

设置 NTFS 特殊权限

在高级安全设置对话框中，详细地列出了所有用户或用户组对该资源对象的权限、权限来源以及应用范围，对于从上级文件夹继承的权限，默认情况下只能查看，而对于非继承的权限，可单击"编辑"按钮，打开文件夹或文件的权限项目对话框进行设置，如图 6-8 所示。在该对话框中，可单击"显示高级权限"链接，打开图 6-9 所示的文件夹或文件的高级权限项目对话框进行设置。

图 6-7　高级安全设置　　　　　　　　　图 6-8　权限项目设置

1．添加/删除用户组

用户可以向 ACL 中添加、删除用户或用户组账户，其方法与设置标准权限时完全一样，在此不再赘述。

2．为用户和组设置特殊权限

在图 6-7 所示的对话框中，选择需要设置特殊权限的用户或用户组，单击"编辑"按钮，打开图 6-9 所示的对话框。在这个对话框中可以看到所有 NTFS 特殊权限，它比图 6-3 所示标准权限的种类要多得多。根据实际情况勾选相应的复选框，设置完毕后，单击"确定"按钮。

图 6-9　高级权限项目设置

3．阻止应用继承权限

在图 6-7 所示的对话框中，我们发现许多权限不是用户设置的，而是从上级文件夹中继承过来的。如果要阻止应用继承权限，可以单击"禁用继承"按钮，打开"阻止继承"对话框，如图 6-10 所示。

在"阻止继承"对话框中，若单击"将已继续的权限转换为此对象的显式权限"按钮，将会保留所有继承的权限，用户可以编辑这些权限，若单击"从此对象中删除所有已继承的权限"按钮，将删除所有继承的权限，此时就需要添加用户或用户组并重新设置权限。

4．重置文件夹的安全性

若某文件夹内的文件或子文件夹的继承权限被修改，不能满足用户的需求，管理员还以可以重置其内部的文件和子文件夹的安全设置。在图 6-7 所示的对话框中，勾选"使用可从此对象继承的权限项目替换所有子对象的权限项目"复选框，单击"应用"按钮，打开"Windows安全"对话框，单击"是"按钮，即可重置安全设置，如图 6-11 所示。

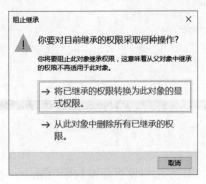

图 6-10 "阻止继承"对话框

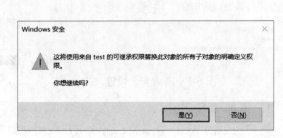

图 6-11 重置安全设置

6.2.4 有效权限

1. 有效权限简介

管理员可以根据需要赋予用户访问 NTFS 文件或文件夹的权限，管理员也可以赋予用户所属组访问 NTFS 文件或文件夹的权限。用户访问 NTFS 文件或文件夹时，其有效权限必须通过相应的应用原则来确定。应用 NTFS 权限时，应遵循以下几个原则。

（1）NTFS 权限是累积的。用户对某个 NTFS 文件或文件夹的有效权限，是用户对该文件或文件夹的 NTFS 权限和用户所属组对该文件或文件夹的 NTFS 权限的组合。如果一个用户同时属于两个组或者多个组，而各个组对同一个文件资源有不同的权限，这个用户会得到各个组的累加权限。假设有一个用户 Henry，同时属于 A 和 B 两个组，A 组对某文件有读取权限，B 组对此文件有写入权限。Henry 自己对此文件有修改权限，那么 Henry 对此文件的最终权限为"读取+写入+修改"。

（2）文件权限超越文件夹权限。当一个用户对某个文件及其父文件夹都拥有 NTFS 权限时，如果用户对其父文件夹的权限小于文件的权限，那么该用户对该文件的有效权限是以文件权限为准。例如，folder 文件夹包含 file 文件，用户 Henry 对 folder 文件夹有列出文件夹内容权限，对 file 有写的权限，那么 Henry 访问 file 时的有效权限则为写入。

（3）拒绝权限优先于其他权限。管理员可以根据需要，拒绝指定用户访问指定文件或文件夹，当系统拒绝用户访问某文件或文件夹时，不管用户所属组对该文件或文件夹拥有什么权限，用户都无法访问文件。假设用户 Henry 属于 A 组，管理员赋予 Henry 对一文件的拒绝写的权限，赋予 A 组对该文件完全控制的权限，那么 Henry 访问该文件时，其有效权限则为读。

再比如 Henry 属于 A 和 B 两个组，假设 Henry 对文件有写入权限、A 组对此文件有读取权限，但是 B 组对此文件为拒绝读取权限，那么 Henry 对此文件只有写入权限。如果 Henry 对此文件只有写入权限，没有读取权限，此时 Henry 写入权限有效吗？答案很明显，Henry 对此文件的写入权限无效，因为无法读取是不可能写入的。

（4）文件权限的继承。当用户对文件夹设置权限后，在该文件夹中创建的新文件和子文件夹将自动默认继承这些权限。从上一级继承下来的权限是不能直接修改的，只能在此基础上添加其他权限。也就是说，不能把权限上的钩去掉，只能添加新的钩。灰色的框为继承的权限，是不能直接修改的，白色的框是可以添加的权限。

如果不希望它们继承权限，在为父文件夹、子文件夹或文件设置权限时，可以设置为不继承父文件夹的权限，这样子文件夹或文件的权限将改为用户直接设置的权限。

（5）复制或移动文件或文件夹时权限的变化。文件和文件夹资源的移动、复制操作对权限继承是有些影响的，主要体现在以下方面。

1）在同一个卷内移动文件或文件夹时，此文件和文件夹会保留原位置的一切 NTFS 权限。在不同的 NTFS 卷之间移动文件或文件夹时，文件或文件夹会继承目的文件夹的权限。

2）当复制文件或文件夹时，无论是复制到同一卷内还是不同卷内，都将继承目的文件夹的权限。

3）当从 NTFS 卷向 FAT 或 FAT32 分区中复制或移动文件和文件夹时，都将导致文件和文件夹的权限丢失。

2．查看有效访问权限

要查看某个对象的有效访问权限，步骤如下。

（1）打开"资源管理器"窗口，找到要修改 NTFS 权限的文件或文件夹。

（2）右击文件或文件夹，执行"属性"命令，然后切换到"安全"选项卡。

（3）单击"高级"按钮，打开文件或文件夹的高级安全设置对话框，切换到"有效访问"选项卡。

（4）单击"选择用户"按钮，在打开的"选择用户或组"对话框中选择要查询的用户或用户组，选中相应的用户或组之后，单击"查看有效访问"按钮，将在"有效访问"列表框中显示该用户或用户组的有效权限，每一行前面有对钩的均表示有这个权限，如图 6-12 所示。

图 6-12　查看有效权限

6.3 NTFS 的 压 缩

压缩文件或文件夹

6.3.1 NTFS 压缩简介

优化磁盘的一种方法是使用压缩，压缩文件、文件夹和程序可以减少其大小，同时减少它们在驱动器或可移动存储设备上所占用的空间。Windows Server 2016 的数据压缩功能是 NTFS 的内置功能，该功能可以对单个文件、整个目录或卷上的整个目录树进行压缩。

NTFS 压缩只能在用户数据文件上执行，不能在文件系统元数据上执行。NTFS 的压缩过程和解压缩过程对于用户而言是完全透明的（与第三方的压缩软件无关），用户只需要对文件数据应用压缩功能即可。当用户或应用程序使用压缩过的数据文件时，操作系统会自动在后台对数据文件进行解压缩，无须用户干预。利用这项功能，可以节省一定的硬盘使用空间。

6.3.2 压缩文件或文件夹

使用 Windows Server 2016 的 NTFS 压缩文件或文件夹的步骤如下。

（1）打开"资源管理器"窗口，找到要压缩的文件或文件夹并右击，在弹出的快捷菜单中执行"属性"命令。

（2）在属性对话框中切换到"常规"选项卡，单击"高级"按钮，弹出图 6-13 所示"高级属性"对话框。

（3）在"高级属性"对话框中勾选"压缩内容以便节省磁盘空间"复选框，单击"确定"按钮。

注意：NTFS 的压缩和下一小节介绍的加密属性是互斥的，也就是说，文件加密后就不能再压缩，压缩后就不能再加密。

（4）返回属性对话框后，单击"确定"或"应用"按钮，打开"确认属性更改"对话框，如图 6-14 所示。选择"仅将更改应用于此文件夹"单选按钮，系统将只对文件夹压缩，里面的内容并没经过压缩，但是在其中创建的文件或文件夹将被压缩。选择"将更改应用于此文件夹、子文件夹和文件"单选按钮，则文件夹内部的所有内容被压缩。

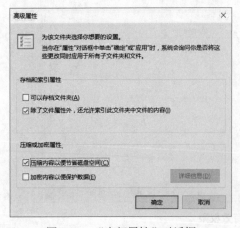

图 6-13 "高级属性"对话框

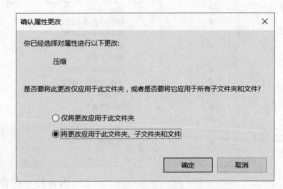

图 6-14 "确认属性更改"对话框

（5）在 Windows Server 2016 中，在默认情况下，被压缩后的文件或文件夹不使用彩色显示，但为了让压缩属性一目了然，可以在"文件夹选项"对话框中勾选"用彩色显示加密或压缩的 NTFS 文件"复选框，如图 6-15 所示，此后启用压缩属性的文件或文件夹将使用绿色字体标识，如图 6-16 所示。

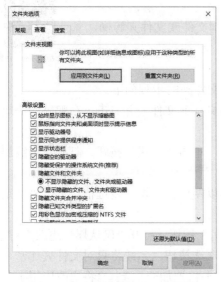

图 6-15　"文件夹选项"对话框

图 6-16　压缩后的文件或文件夹将用绿色标识

6.3.3　复制或移动压缩文件或文件夹

在 Windows Server 2016 的 NTFS 卷内或卷间复制、移动 NTFS 卷或文件夹时，文件或文件夹的 NTFS 压缩属性会发生相应的变化。

（1）不管是在 NTFS 卷内或卷间复制文件或文件夹，系统都将目标文件或文件夹作为新文件或文件夹对待，文件或文件夹将继承目标文件或文件夹的压缩属性。

（2）在同一磁盘卷内移动文件或文件夹时，文件或文件夹的压缩属性不会变化。

（3）在 NTFS 卷间移动 NTFS 文件或文件夹时，系统将目标文件或文件夹作为新文件或文件夹对待。文件或文件夹将继承目标文件或文件夹的压缩属性。

（4）任何被压缩的 NTFS 文件移动或复制到 FAT 或 FAT32 分区时，将自动解压，不再保留压缩属性。

6.4　加密文件系统

6.4.1　加密文件系统简介

加密文件系统（Encrypting File System，EFS）提供了一种核心文件加密技术，它仅用于 NTFS 卷上的文件和文件夹加密。EFS 加密对用户是完全透明的，当用户访问加密文件时，系统自动解密文件，当用户保存加密文件时，系统会自动加密该文件，不需要用户任何手动交互动作。EFS 是 Windows 2000、Windows XP Professional（Windows XP Home 不支持 EFS）之后 Windows

操作系统的 NTFS 的一个组件。EFS 采用高级的标准加密算法实现透明的文件加密和解密，任何没有密钥的个人或者程序都不能读取加密数据。即使是物理上拥有驻留加密文件的计算机，加密文件仍然受到保护，甚至有权访问计算机及其文件系统的用户也无法读取这些数据。

6.4.2　实现加密文件服务

加密文件或文件夹

用户可以使用 EFS 进行加密、解密、访问、复制文件或文件夹等操作，下面介绍如何实现文件的加密服务。

1. 加密文件或文件夹

使用 Windows Server 2016 的 NTFS 加密文件或文件夹的步骤如下。

（1）打开"资源管理器"窗口，找到要加密的文件或文件夹并右击，在弹出的快捷菜单中执行"属性"命令。

（2）在属性对话框中，切换到"常规"选项卡，单击"高级"按钮，打开"高级属性"对话框。

（3）在"高级属性"对话框中勾选"加密内容以便保护数据"复选框，单击"确定"按钮，如图 6-17 所示。

（4）返回属性对话框后，单击"确定"或"应用"按钮，打开"确认属性更改"对话框，如图 6-18 所示。选择"仅将更改应用于此文件夹"单选按钮，系统将只对文件夹加密，里面的内容并没经过加密，但是在其中创建的文件或文件夹将被加密。选择"将更改应用于此文件夹、子文件夹和文件"单选按钮，则文件夹内部的所有内容被加密。

图 6-17　"高级属性"对话框

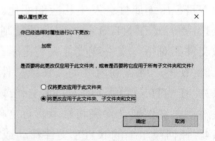

图 6-18　"确认属性更改"对话框

（5）由于前面已经在"文件夹选项"对话框里勾选了"用彩色显示加密或压缩的 NTFS 文件"复选框，因此被加密后的文件或文件夹将使用绿色字体标识，如图 6-19 所示。

2. 解密文件或文件夹

用户也可以使用和加密相似的方法对文件夹进行解密，而且一般无须解密即可打开文件进行编辑——EFS 在用户面前是透明的。如果正式解密一个文件，会使其他用户随意访问该文件。下面是解密文件或文件夹的具体步骤。

（1）打开"资源管理器"窗口，找到要压缩的文件或文件夹。右键单击文件或文件夹，然后在弹出的快捷菜单中选择"属性"命令。

（2）在属性对话框中，切换到"常规"选项卡，单击"高级"按钮。

图 6-19　加密后的文件或文件夹将用绿色标识

（3）在"高级属性"对话框中，取消勾选"加密内容以便保护数据"复选框，单击"确定"按钮。

（4）返回属性对话框后，单击"确定"或"应用"按钮，打开"确认属性更改"对话框。选择是对文件夹及其所有内容进行解密，还是只解密文件夹本身。默认情况下是对文件夹进行解密。选择后单击"确定"按钮。

3. 使用加密文件或文件夹

对于加密文件的用户，不需要解密就可以使用它，EFS 会在后台透明地为用户执行任务。用户可正常地打开、编辑、复制和重命名。然而，如果用户不是加密文件的创建者或不具备一定的访问权限，则在试图访问文件时，将会看到一条访问被拒绝的消息。

对于一个加密文件夹而言，如果在它加密前访问过它，仍可以打开它。如果一个文件夹的属性设置为"加密"，它只是指出文件夹中所有文件会在创建时进行加密。另外，子文件夹在创建时也会被标记为"加密"。

4. 复制或移动加密文件或文件夹

和文件的压缩属性相似，在 Windows Server 2016 的同一磁盘分区内移动文件或文件夹时，文件或文件夹的加密属性不会发生任何变化。在 NTFS 分区间移动 NTFS 文件或文件夹时，系统将目标文件作为新文件对待，文件将继承目的文件夹的加密属性。另外，将任何已经加密的 NTFS 文件移动或复制到 FAT 或 FAT32 分区时，文件将会丢失加密属性。

5. 应注意的问题

用户在使用 EFS 加密文件或文件夹时，需要注意以下几点。

（1）加密功能主要用于个人文件夹，不要加密系统文件夹和临时目录，否则会影响系统的正常运行。

（2）使用 EFS 加密后，应尽量避免重新安装系统，重新安装前应先将文件解密。为了防止因突发事件造成系统崩溃，重装系统后无法打开 EFS 文件的事故，需要及时备份 EFS 证书。备份可通过 IE 属性来完成，也可以通过"控制面板"→"用户账户"→"管理您的文件加密证书"来完成，限于篇幅，这里就不再详细介绍了。

（3）加密只能在文件系统中进行，文件在传输过程中是不加密的。

6.5 拓展阅读 中国密码破译专家王小云

王小云多年从事密码理论及相关数学问题研究。她提出了密码哈希函数的碰撞攻击理论，即模差分比特分析法，破解了包括 MD5、SHA-1 在内的 5 个国际通用哈希函数算法；将比特分析法进一步应用于带密钥的密码算法，包括消息认证码、对称加密算法、认证加密算法的分析，给出了一系列重要算法（如 HMAC-MD5、MD5-MAC、SIMON、Keccak-MAC 等）的分析结果；在高维格理论与格密码研究领域，给出了格最短向量求解的启发式算法"二重筛法"，以及带 Gap 格的反转定理等成果；设计了我国哈希函数标准 SM3，在金融、交通、国家电网等重要经济领域广泛使用，并于 2018 年 10 月正式成为 ISO/IEC 国际标准。王小云承担并完成了国家自然基金重点项目、杰出青年基金项目、国家 863 项目等。

本 章 小 结

本章主要介绍了 FAT、FAT32、NTFS 这三种文件系统及其区别，介绍了 NTFS 权限及设置方法，介绍了在 NTFS 中对文件夹或文件进行压缩的方法，介绍了加密文件系统的概念及在 NTFS 中对文件夹或文件进行加密的方法。

习题与实训

一、习题

（一）填空题

1. _____是文件系统分配磁盘的基本单元。

2. FAT 是_____的缩写，FAT 文件系统的分区不能超过_____。

3. Windows Server 2016 支持_____、_____和_____等文件系统，Windows Server 2016 的文件夹权限设置、EFS 等功能都是基于_____的。

4. 将 FAT 或 FAT32 分区转换为 NTFS 分区可以使用_____命令。

5. NTFS 权限有六个基本的权限，即完全控制、_____、_____、列出文件夹目录、_____和_____。

（二）选择题

1. 在不丢失磁盘上原有文件夹的前提下，将 NTFS 转换成 FAT 文件系统的命令为（　　）。

    A．convert   B．format

    C．fdisk   D．没有命令可以完成该功能

2. 在 Windows Server 2016 中，下列（　　）功能不是 NTFS 特有的。

    A．文件加密   B．文件压缩   C．设置共享权限   D．磁盘配额

3. 下面不是 NTFS 的标准权限的是（　　）。

    A．读取   B．写入   C．删除   D．完全控制

4. 关于 NTFS 权限应用遵循的原则，下列描述中错误的是（　　　）。

　　A．文件夹的权限超越文件权限

　　B．拒绝权限优先于其他权限

　　C．属于不同组的同一个用户会得到各个组对文件的累加权限

　　D．文件权限是继承的

5. 在下列（　　　）情况下，文件或文件夹的 NTFS 权限会保留下来。

　　A．复制到同分区的不同目录中　　　　B．移动到同分区的不同目录中

　　C．复制到不同分区的目录中　　　　　D．移动到不同分区的目录中

6. 下列说法中正确的是（　　　）。

　　A．移动文件或文件夹不会影响其 NTFS 权限

　　B．在同一个卷内移动文件或文件夹时，此文件和文件夹会保留原来的 NTFS 权限

　　C．只有从 NTFS 卷向 FAT 分区移动文件或文件夹才会对其 NTFS 权限造成影响

　　D．在不同的卷间移动文件或文件夹时，此文件和文件夹会保留原来的 NTFS 权限

7. 下列关于权限继承的描述不正确的是（　　　）。

　　A．所有的新建文件夹都继承上级的权限

　　B．父文件夹可以强制子文件夹继承它的权限

　　C．子文件夹可以取消继承的权限

　　D．如果用户对子文件夹没有任何权限，也能够强制其继承父文件夹的权限

8. 下列说法中正确的是（　　　）。

　　A．可以同时压缩和加密一个文件

　　B．移动文件或文件夹不会影响其压缩属性

　　C．如果将非加密文件移动到加密文件夹中，则这些文件将在新文件夹中自动加密

　　D．移动文件或文件夹不会影响其加密属性

9. 下列不是 Windows Server 2016 的 EFS 具有的特征的是（　　　）。

　　A．只能加密 NTFS 卷上的文件或文件夹

　　B．如果将加密文件移动到非加密文件夹中，则这些文件将在新文件夹中自动解密

　　C．无法加密标记为"系统"属性的文件

　　D．在允许进行远程加密的远程计算机上可以加密或解密文件及文件夹

10. 要启用磁盘配额管理，Windows Server 2016 驱动器必须使用（　　　）文件系统。

　　A．FAT16 或 FAT32　　　　　　　　B．只使用 NTFS

　　C．NTFS 或 FAT32　　　　　　　　　D．只使用 FAT32

二、实训

1. 熟练掌握 NTFS 权限设置方法。

2. 掌握文件及文件夹的压缩与加密方法。

第7章 磁盘管理

本章主要介绍 Windows Server 2016 磁盘管理方面的内容。

通过本章的学习，应该达到如下目标：

- 了解基本磁盘与动态磁盘、MBR 磁盘与 GPT 磁盘。
- 掌握基本磁盘的分区管理方法。
- 掌握动态磁盘的卷的管理方法。
- 了解磁盘的检查和整理方法。
- 掌握磁盘配额及磁盘挂接的方法。
- 了解常用磁盘命令的功能。

7.1 磁盘管理概述

7.1.1 什么是磁盘管理

用户可以使用 Windows 系列操作系统中的磁盘管理来执行与磁盘相关的任务，如创建和格式化分区和卷、分配驱动器号。当用户在计算机中安装一块新磁盘时，Windows Server 2016 将这块磁盘作为一块基本磁盘来进行配置。基本磁盘在 Windows Server 2016 中是默认的存储介质。

磁盘管理程序是用于管理硬盘、卷或它们所包含的分区的系统实用工具。利用磁盘管理，可以初始化磁盘、创建卷、使用 FAT、FAT32 或 NTFS 格式化卷以及创建容错磁盘系统。磁盘管理可以在不需要重新启动系统或中断用户的情况下，执行多数与磁盘相关的任务，大多数配置更改将立即生效。

在 Windows Server 2016 中，磁盘管理具备以下几个新特点。

（1）基本磁盘和动态磁盘存储。基本磁盘包含基本卷，如主磁盘分区和扩展分区中的逻辑驱动器。动态磁盘包含动态卷，动态卷提供的功能要比基本卷多。

（2）本地和远程磁盘管理。使用磁盘管理可以管理运行 Windows 2000、Vista 或 Windows Server 系列操作系统的任何远程计算机。

（3）装入的驱动器。使用磁盘管理可以在本地 NTFS 卷的任何空文件夹中连接或装入本地驱动器。装入的驱动器使用数据更容易访问，并赋予用户基于工作环境和系统使用情况管理数据存储的灵活性。

（4）支持 MBR（Master Boot Record，主启动记录）和 GPT（Guid Partition Table，全局唯一标识分区表）磁盘。磁盘管理在基于 x86 的计算机上提供对主启动记录（MBR）磁盘的支持，以及在基于 Itaninum 的计算机中提供对 MBR 和 GPT 磁盘的支持。

（5）支持存储区域网络（Storage Area Network，SAN）。为了在不同版本 Windows Server 操作系统之间的存储区域网络有良好的互操作性，新磁盘上的卷加入系统时，不默认自动装入和分配驱动器符。

用户可以用磁盘管理来配置和管理计算机的存储空间和执行所有的磁盘管理任务，也可以使用磁盘管理来转换磁盘的存储类型，创建和扩展卷以及其他的磁盘管理工作，如管理驱动器盘符和路径。

7.1.2　磁盘类型

1. 基本磁盘

基本磁盘是一种可由 DOS 和所有基于 Windows 的操作系统访问的物理磁盘，是以分区方式组织和管理的磁盘空间。基本磁盘最多只能包含四个磁盘分区，可包含多达四个主磁盘分区，或三个主磁盘分区加一个具有多个逻辑驱动器的扩展磁盘分区。

在使用基本磁盘之前，必须使用 FDISK、PQMAGIC 等工具对磁盘分区。基本磁盘上的分区类型可以有主磁盘分区和扩展磁盘分区两种。

（1）主磁盘分区。主磁盘分区就是通常用来启动操作系统的分区。磁盘上最多可以有四个主磁盘分区。如果基本磁盘上包含两个以上的主磁盘分区时，可以在不同的分区里安装不同操作系统，系统将默认由第一个主磁盘分区作为启动分区。

（2）扩展磁盘分区。扩展磁盘分区是基本磁盘中除主磁盘分区之外剩余的硬盘空间。不能用来启动操作系统。一个硬盘中只能存在一个扩展磁盘分区。也就是说，一个基本磁盘中最多可以有三个主磁盘分区一个扩展磁盘分区。系统管理员可根据实际需要，在扩展磁盘分区上创建多个逻辑驱动器。

注意：对于基本磁盘分区个数的限制是针对 MBR 硬盘格式，对于 GPT 硬盘格式，支持最多 128 个分区。

2. 动态磁盘

动态磁盘是 Windows 2000 之后的 Windows 系统所支持的一种特殊的磁盘类型，这种磁盘类型不能在早期某些操作系统中使用。在动态磁盘上，不再采用基本磁盘的主磁盘分区和含有逻辑驱动器的扩展磁盘分区，而是采用卷来组织和管理磁盘空间。动态磁盘可以提供一些基本磁盘不具备的功能，如创建可跨越多个磁盘的卷（跨区卷和带区卷）和创建具有容错能力的卷（镜像卷和 RAID-5 卷），所有动态磁盘上的卷都是动态卷。

动态磁盘的卷分为以下五种卷类型。

（1）简单卷。简单卷是在单独的动态磁盘中的一个卷，它与基本磁盘的分区较相似。但是它没有空间和数量的限制。当简单卷的空间不够用时，可以将卷扩展到同一动态磁盘上连续的或非连续的空间上，不会影响原来卷中保存的数据。

（2）跨区卷。跨区卷是一个包含多块磁盘上的空间的卷（最多 32 块），向跨区卷中存储数据信息的顺序是，存满第一块磁盘再逐渐向后面的磁盘中存储。通过创建跨区卷，用户可以将多块物理磁盘中的空余的大小不等的空间分配成同一个卷，充分利用了资源。跨区卷不能提高性能和容错。

（3）带区卷。带区卷是由两个或多个磁盘中的空余空间组成的卷（最多 32 块磁盘），在向带区卷中写入数据时，数据被分割成 64KB 的数据块，然后同时向阵列中的每一块磁盘写入不同的数据块。这个过程显著提高了磁盘效率和性能，但不具备容错能力。

（4）镜像卷。镜像卷是一个带有一份完全相同的副本的简单卷，它需要两块磁盘，一块存储运行中的数据，一块存储完全一样的副本，当一块磁盘故障时，另一块磁盘可以立即使用，避免了数据丢失。镜像卷提供了容错性，但是它不提供性能的优化。

（5）RAID-5 卷。RAID-5 卷就是含有奇偶校验值的带区卷，Windows Server 2016 为卷集中的每一个磁盘添加一个奇偶校验值，这样在确保了带区卷优越性能的同时，还提供了容错性。RAID-5 卷至少包含 3 块磁盘，最多 32 块。阵列中任意一块磁盘故障时，都可以由其他磁盘中的校验信息做运算，并将故障磁盘中的数据恢复。

3. 两者的对比

动态磁盘和基本磁盘的对比如下。

（1）磁盘容量。

动态磁盘：在不重新启动计算机的情况下，可更改磁盘容量大小，而且不会丢失数据。

基本磁盘：分区一旦创建，就无法更改容量大小，除非借助特殊的磁盘工具软件，如 PQMagic 等。

（2）磁盘空间的限制。

动态磁盘：可被扩展到磁盘中，包括不连续的磁盘空间，还可以创建跨磁盘的卷集，将几个磁盘合为一个大卷集。

基本磁盘：必须是同一磁盘上的连续的空间才可分为一个区，分区最大的容量也就是磁盘的容量。

（3）卷或分区个数。

动态磁盘：在一个磁盘上可创建的卷个数没有限制。

基本磁盘：最多只能建立四个磁盘分区。

4. MBR 磁盘和 GPT 磁盘

磁盘存在的分区形式分为 MBR 磁盘和 GPT 磁盘。

MBR 磁盘是标准的传统形式，其磁盘分区表存储在 MBR 上，MBR 位于磁盘的最前端，计算机启动时，主板上的 BIOS 会先读取 MBR，将控制权交给 MBR 内的程序，由程序来完成后续的启动工作。

GPT 磁盘是基于 Itanium 计算机中的可扩展固件接口（Extensible Firmware Interface，EFI）使用的磁盘分区架构，磁盘分区表存储在 GPT 内，也位于磁盘最前端，它有主分区表和备份磁盘分区表，可提供故障转移功能。GPT 通过 EFI 作为硬件与操作系统之间的桥梁，EFI 所承担的角色相当于 MBR 磁盘的 BIOS。

在磁盘没有创建分区或卷之前，可以在磁盘管理中将 MBR 磁盘转换为 GPT 磁盘，也可以将 GPT 磁盘转换为 MBR 磁盘。另外，利用 DOS 命令 convert gpt 或其他磁盘管理工具，也可以在不清除磁盘数据的情况下将 MBR 磁盘转换为 GPT 磁盘。

7.2 基本磁盘管理

基本磁盘管理

基本磁盘管理的主要内容是浏览基本磁盘的分区情况，并根据实际需要添加、删除、格式化分区，修改分区信息。下面介绍利用磁盘管理器对基本磁盘进行管理的方法。

执行"开始"菜单中"管理工具"中的"计算机管理"命令，打开"计算机管理"窗口，选择左侧窗格中的"磁盘管理"选项，在中间窗格中显示计算机的磁盘信息，如图 7-1 所示。

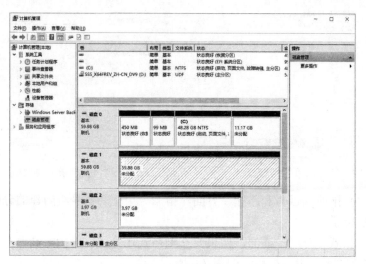

图 7-1　磁盘信息

7.2.1　添加分区

1. 新建主磁盘分区

（1）在中间窗格中右击磁盘 0 的未指派区域，在快捷菜单中执行"新建简单卷"命令，如图 7-2 所示。（在 Windows Server 2016 中，在基本磁盘上创建简单卷等同于早期版本的分区。）

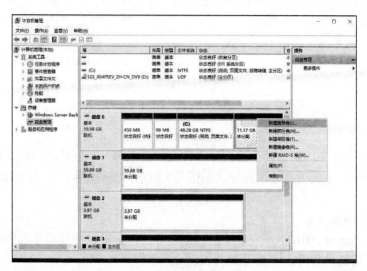

图 7-2　新建简单卷

（2）打开新建简单卷向导，如图 7-3 所示，单击"下一步"按钮。

（3）打开"指定卷的大小"界面，输入新建简单卷的容量，单击"下一步"按钮，如图 7-4 所示。

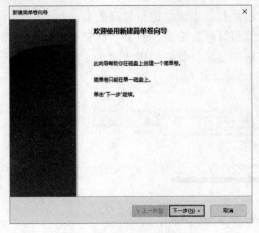
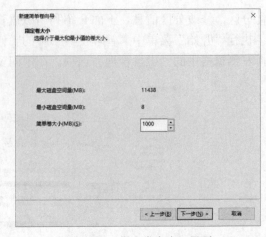

图 7-3　新建简单卷向导　　　　　　　图 7-4　"指定卷大小"界面

（4）打开"分配驱动器号和路径"界面，指派一个驱动器号给新建的分区，单击"下一步"按钮，如图 7-5 所示。

（5）打开"格式化分区"界面，如果要立刻格式化分区，可指定文件系统、分配单位、卷标等信息，单击"下一步"按钮，如图 7-6 所示。

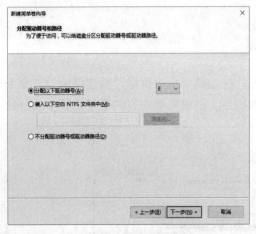
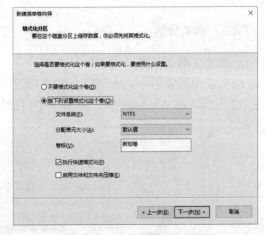

图 7-5　"分配驱动器号和路径"界面　　　图 7-6　"格式化分区"界面

（6）打开"正在完成新建简单卷向导"界面，系统将显示创建的分区（简单卷）信息，单击"完成"按钮，完成磁盘分区向导，如图 7-7 所示。"新加卷 E："为新建的主磁盘分区，如图 7-8 所示。

2. 创建扩展磁盘分区

在 Windows Server 2016 中，为基本磁盘创建分区，只能以创建简单卷的形式创建主磁盘分区，要创建扩展磁盘分区，需要借助于 diskpart 命令，步骤如下。

（1）在命令提示符窗口中输入"diskpart"并确认。

（2）运行 list disk 命令，浏览当前的磁盘状态。

（3）运行 sel disk n 命令，如 sel disk 1，则选择磁盘 1。

（4）运行 create partition extend 命令，在所选的磁盘上创建扩展磁盘分区。

图 7-7　"正在完成新建简单卷向导"界面

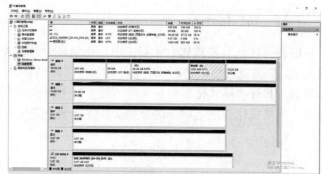

图 7-8　新建的主磁盘分区

（5）运行 exit 命令，退出 diskpart 命令，过程如图 7-9 所示。

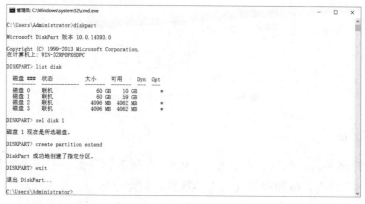

图 7-9　运行 diskpart 命令创建扩展磁盘分区

操作系统不能直接使用扩展磁盘分区，必须在其中创建逻辑驱动器才能使用。

3．创建逻辑驱动器

在磁盘管理器中右击要创建逻辑驱动器的扩展磁盘分区，在快捷菜单中执行"新建简单卷"命令，用和上述创建主磁盘分区相同的步骤创建一个逻辑驱动器，如图 7-10 所示。"新加卷 F:"是新建的逻辑驱动器，在一个扩展磁盘分区上可以创建一个或者一个以上逻辑驱动器。

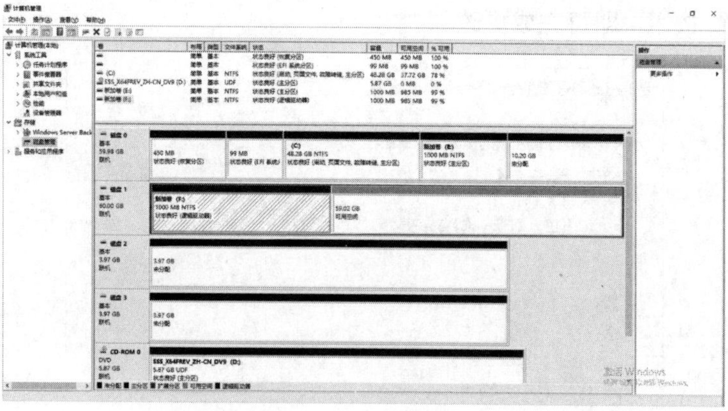

图 7-10　新建的逻辑驱动器

7.2.2 格式化分区

磁盘分区只有格式化后才能使用，在创建分区时就可以选择要使用的文件系统，创建完成之后，立刻就会格式化。用户也可以在任何时候对分区进行格式化，只需右击需要格式化的驱动器，执行"格式化"命令即可。图 7-11 所示为"格式化 F:"对话框，选择要使用的文件系统，当格式化完成之后，这个驱动器将是一个完全"空白"的可用空间。

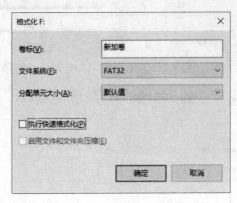

图 7-11   "格式化 F:"对话框

7.2.3 删除分区

如果某一个分区不再使用时，可以将其删除。在磁盘管理器中右击需要删除的分区，执行"删除磁盘分区"命令，按照向导提示完成操作，删除分区后，原来在这个分区上的数据将全部丢失并且不能恢复。如果要删除的分区是扩展磁盘分区，要先把扩展磁盘分区上的逻辑驱动器删除，才能删除分区。删除逻辑驱动器的方法与删除分区的基本相同，此处不再介绍。

7.2.4 修改分区信息

要更改驱动器号和路径，只需在磁盘管理器中右击要更改驱动器号和路径的分区名称，在快捷菜单中执行"更改驱动器号和路径"命令，弹出"更改驱动器号和路径"对话框，单击"更改"按钮，弹出"更改驱动器号和路径"对话框，如图 7-12 所示。选择要指派的驱动器号，单击"确定"按钮，即可完成更改。

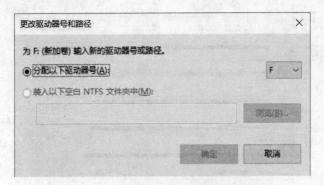

图 7-12   "更改驱动器号和路径"对话框

7.3　动态磁盘管理

使用 Windows Server 2016 提供的动态磁盘管理功能，可以实现一些基本磁盘不具备的功能，可以更有效的利用磁盘空间和提高磁盘性能。

7.3.1　磁盘类型转换

1. 将基本磁盘转换为动态磁盘

Windows Server 2016 安装完成后，默认的磁盘类型是基本磁盘，在使用这些功能之前，先要把基本磁盘转换为动态磁盘，操作步骤如下。

（1）打开图 7-1 所示的"计算机管理"窗口。

（2）在磁盘管理器中右击要转换的基本磁盘，在快捷菜单中执行"转换到动态磁盘"命令，弹出"转换为动态磁盘"对话框，如图 7-13 所示。选择要转换为动态磁盘的磁盘号，单击"确定"按钮。

（3）弹出"要转换的磁盘"对话框，显示要转换的磁盘信息，如图 7-14 所示。单击"转换"按钮，完成转换。

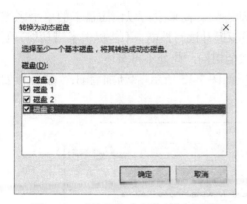

图 7-13　"转换为动态磁盘"对话框

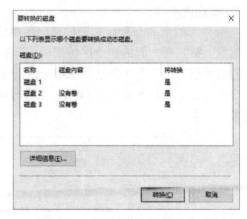

图 7-14　"要转换的磁盘"对话框

如果要转换的基本磁盘上有分区存在，并安装有其他可启动的操作系统，转换前系统会给出警告提示"转换后，其他操作系统将不能再启动，原分区的文件系统也要被卸下"。

无论是主磁盘分区，还是扩展磁盘分区上的逻辑驱动器，都将被转换为简单卷，而且数据并不丢失。

表 7-1 给出了基本磁盘与动态磁盘转换前后的对应关系。

表 7-1　基本磁盘与动态磁盘转换对应关系表

基本磁盘	动态磁盘
分区	卷
系统和启动分区	系统和启动卷
活动分区	活动卷

续表

基本磁盘	动态磁盘
扩展磁盘分区	卷和未分配空间
逻辑驱动器	简单卷
卷标设置	跨区卷
带设置	带区卷
镜像设置	镜像卷

2. 将动态磁盘转换为基本磁盘

在将动态磁盘转换为基本磁盘时，如果不删除动态磁盘上所有的卷，转换操作不能执行，因此，首先要进行删除卷的操作。在磁盘管理器中右击要转换成基本磁盘的动态磁盘上的每个卷，分别执行"删除卷"命令。

各个卷被删除后，右击该磁盘，在快捷菜单中执行"转化为基本磁盘"命令。根据向导提示完成操作，动态磁盘转换为基本磁盘后，原磁盘上的数据将全部丢失并且不能恢复。

7.3.2 创建和扩展简单卷

1. 创建简单卷

简单卷由单个动态磁盘的磁盘空间所组成的动态卷。简单卷可以由磁盘上的单个区域或同一磁盘上链接在一起的多个区域组成。简单卷不能提升读写性能，不能提供容错功能。创建简单卷的步骤与上一节中创建主磁盘分区的步骤完全相同，此处不再赘述。

在磁盘 2 上新建一新加卷 G:后，磁盘分区情况如图 7-15 所示，"新加卷 G:"就是新创建的简单卷。

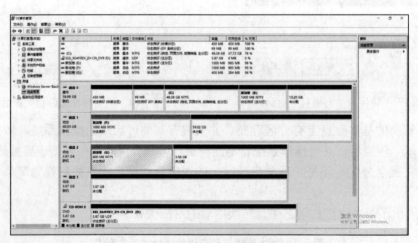

图 7-15　新创建的简单卷"新加卷 G:"

2. 扩展简单卷

扩展简单卷要满足以下条件：首先这个简单卷不是由基本磁盘中的分区转换而来，而是在磁盘管理器中新建的；其次这个简单卷一定采用了 NTFS 格式， FAT 和 FAT32 格式的简单卷不能被扩展。具体扩展步骤如下。

（1）在磁盘管理器中右击要扩展的简单卷，在快捷菜单中执行"扩展卷"命令，打开扩展卷向导，单击"下一步"按钮，如图 7-16 所示。

（2）打开"选择磁盘"界面，选择与简单卷在同一动态磁盘上的空间，确定需扩展的空间量，单击"下一步"按钮，如图 7-17 所示。

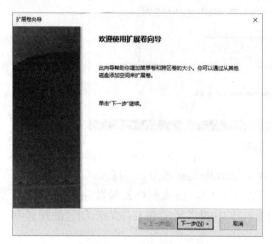

图 7-16　扩展卷向导

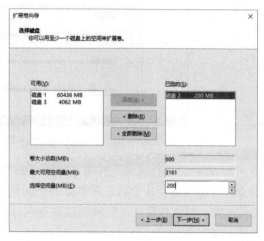

图 7-17　"选择磁盘"界面

（3）完成扩展卷向导，扩展后的简单卷如图 7-18 所示，"新加卷 G："就是扩展后的简单卷。

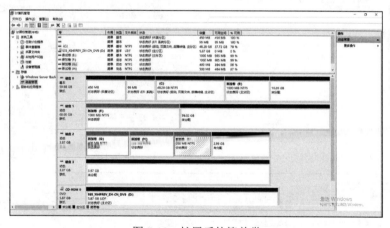

图 7-18　扩展后的简单卷

7.3.3　创建跨区卷

跨区卷是由多个物理磁盘上的磁盘空间组成的卷。可以通过向其他动态磁盘扩展来增加跨区卷的容量。只能在动态磁盘上创建跨区卷。跨区卷不能容错也不能被镜像。建立跨区卷的首要条件是要有两个及以上的动态磁盘。

要建立跨区卷，可以按照以下步骤进行。

（1）在磁盘管理器中右击要创建跨区卷的某个动态磁盘中的未分配空间，执行"新建跨区卷"命令，如图 7-19 所示，打开新建跨区卷向导，单击"下一步"按钮，如图 7-20 所示。

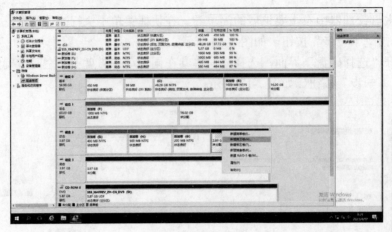

图 7-19　新建跨区卷

（2）打开"选择磁盘"界面，如图 7-21 所示。选择创建跨区卷的动态磁盘，并指定动态磁盘上的卷空间量，各个动态磁盘上的空间量可以是不同的。指派驱动器号和路径并为卷区选择文件系统，格式化卷区，完成创建新卷向导。图 7-22 中的"新加卷 I:"为新创建的跨区卷。

图 7-20　新建跨区卷向导

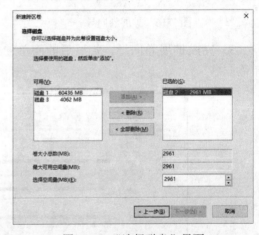

图 7-21　"选择磁盘"界面

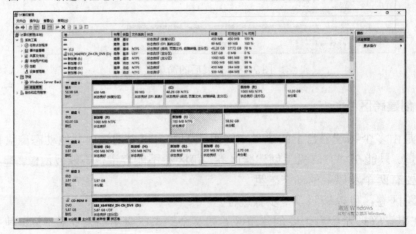

图 7-22　新创建的跨区卷

如果在扩展简单卷时，在扩展卷向导中选择与简单卷不在同一动态磁盘上的空间，并确定扩展卷的空间量，那么扩展卷完成后，原来的简单卷将成为一个新的跨区卷。

用户也可以利用扩展简单卷的方法扩展跨区卷的空间容量。

7.3.4 创建带区卷

带区卷是通过将两个或更多磁盘上的可用空间区域合并到一个逻辑卷而创建的，可以在多个磁盘上分布数据。带区卷不能被扩展或镜像，也不提供容错。如果包含带区卷的其中一个磁盘出现故障，则整个卷无法工作。当创建带区卷时，最好使用相同大小、型号和制造商的磁盘。

利用带区卷，可以将数据分块，并按一定的顺序在阵列中的所有磁盘上分布数据，这一点与跨区卷类似。带区卷可以同时对所有磁盘进行写数据操作，从而可以以相同的速率向所有磁盘写数据。

尽管不具备容错能力，但带区卷在所有 Windows 磁盘管理策略中的性能最好，它通过在多个磁盘上分配输入/输出请求，提高了输入/输出性能。

下面的例子选择在三个动态磁盘上创建带区卷，每个磁盘上使用的空间量相同。具体步骤如下。

（1）在磁盘管理器中，右击需要创建带区卷的动态磁盘的未分配空间，在快捷菜单中执行"新建带区卷"命令，如图 7-23 所示，打开新建带区卷向导，单击"下一步"按钮，如图 7-24 所示。

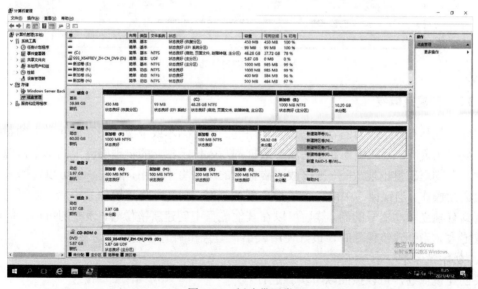

图 7-23　新建带区卷

（2）打开"选择磁盘"界面，如图 7-25 所示。选择创建带区卷的动态磁盘，并指定动态磁盘上的卷空间量，然后按照向导提示操作，完成新建带区卷操作。图 7-26 中的"新加卷 J："即为新创建的带区卷。

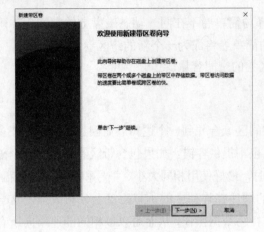

图 7-24　新建带区卷向导

图 7-25　"选择磁盘"界面

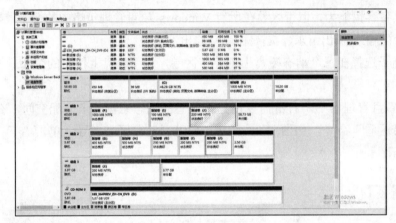

图 7-26　新创建的带区卷

7.3.5　创建镜像卷

镜像卷是具有容错能力的卷，它通过使用卷的两个副本或镜像复制存储在卷上的数据，从而提供数据冗余性。写入镜像卷上的所有数据都写入位于独立的物理磁盘上的两个镜像中，如果其中一个物理磁盘出现故障，则该故障磁盘上的数据将不可用，但是系统可以使用未受影响的磁盘继续操作。当镜像卷中的一个镜像出现故障时，则必须将该镜像卷中断，使得另一个镜像成为具有独立驱动器号的卷。然后可以在其他磁盘中创建新镜像卷，该卷的可用空间应与之相同或更大。当创建镜像卷时，最好使用大小、型号和制造商都相同的磁盘。

1. 创建镜像卷

要创建镜像卷，可以按照以下步骤进行。

（1）在磁盘管理器中右击要创建镜像卷的某个动态磁盘上的未分配空间，执行"新建镜像卷"命令，打开新建镜像卷向导，单击"下一步"按钮。

（2）打开"选择磁盘"界面，如图 7-27 所示，添加镜像卷所在的磁盘，选择空间量，单击"下一步"按钮。以后的步骤与创建其他类型卷类似，按照向导提示进行操作，完成创建镜像卷操作。图 7-28 中的"新加卷 K："即为新创建的镜像卷。

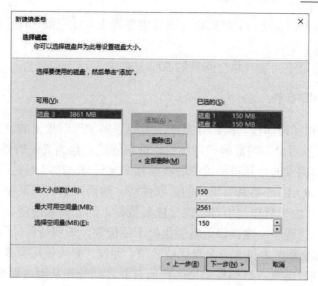

图 7-27　"选择磁盘"界面

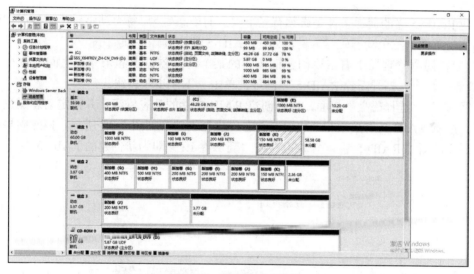

图 7-28　新创建的镜像卷

2. 为简单卷添加镜像

镜像卷是一个带有一份完全相同的副本的简单卷，所以可以为一个简单卷添加一个镜像，使之变为镜像卷。为简单卷添加镜像的操作步骤如下：在磁盘管理器中右击一个简单卷，执行"添加镜像"命令，在"添加镜像"界面中为其镜像选择一个动态磁盘，单击"添加镜像"按钮，就可以为简单卷创建一个镜像，简单卷也就变为镜像卷。

3. 中断镜像

在磁盘管理器中右击镜像卷，执行"中断镜像卷"命令，确认后，原来的镜像卷变成了两个简单卷，而且两个简单卷中保留了原来卷中的数据。

4. 删除镜像

在磁盘管理器中右击镜像卷，执行"删除镜像"命令，按照向导提示完成操作后，已删除镜像中的所有数据都将被删除，被删除的镜像也变为未分配空间，而且剩余镜像变成不再具备容错能力的简单卷。

镜像卷的实际可用空间是卷总空间量的 50%左右。

7.3.6　创建 RAID-5 卷

RAID-5 卷是数据和奇偶校验间断分布在三个或更多物理磁盘上的容错卷。如果物理磁盘的某一部分失败，可以用余下的数据和奇偶校验重新创建磁盘上失败的那一部分的数据。对于多数活动由读取数据构成的计算机环境中的数据冗余来说，RAID-5 卷是一种很好的解决方案。

与镜像卷相比，RAID-5 卷具有更好的读取性能。然而，当其中某个成员丢失时（如当某个磁盘出现故障时），由于需要使用奇偶信息恢复数据，因此读取性能会降低。对于需要冗余和主要用于读取操作的程序，建议该策略要优先于镜像卷。奇偶校验计算会降低写性能。

RAID-5 卷的每个带区中包含一个奇偶校验块。因此，必须使用至少三个磁盘，而不是两个磁盘来存储奇偶校验信息。奇偶校验带区在所有卷之间分布从而可以平衡输入/输出负载，重新生成 RAID-5 卷时，将使用正常磁盘上的数据的奇偶校验信息来重新创建出现故障的磁盘上的数据。

创建 RAID-5 卷的前提条件是必须有三个以上的动态磁盘，每个动态磁盘上使用相同大小的空间量。下面以三个动态磁盘为例，创建 RAID-5 卷，具体步骤如下。

（1）在磁盘管理器中右击要创建镜像卷的某个动态磁盘上的未分配空间，执行"新建 RAID-5 卷"命令，打开新建 RAID-5 卷向导，单击"下一步"按钮。

（2）打开"选择磁盘"界面，选择创建 RAID-5 卷的动态磁盘，并指定动态磁盘上的卷空间量，注意 RAID-5 卷必须在三块以上动态磁盘上创建，如图 7-29 所示。按照向导提示操作，最后完成新建 RAID-5 卷。图 7-30 中的"新加卷 L:"即为新创建的 RAID-5 卷。

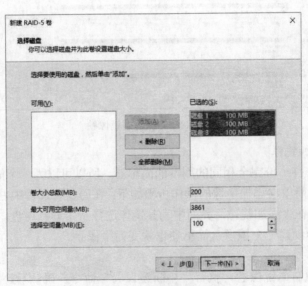

图 7-29　"选择磁盘"界面

RAID-5 卷提供容错能力，需要为该卷额外增加一个磁盘用于奇偶校验。所以一个 RAID-5 卷的可利用空间是"$(n-1) \times$ 每个磁盘上使用的空间"（其中，n 代表磁盘的数量）。

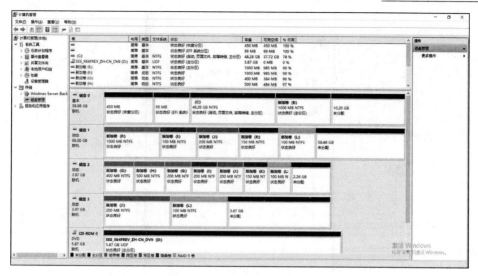

图 7-30　新创建的 RAID-5 卷

7.3.7　删除卷

删除卷的方法如下：在磁盘管理器中右击要删除的卷，在快捷菜单中执行"删除卷"命令，系统弹出对话框，提示用户确认删除操作，然后按照向导提示完成操作。删除简单卷、跨区卷、带区卷、镜像卷或 RAID-5 卷的同时，也将删除这些卷上的所有数据，已删除的卷不能恢复。

7.3.8　压缩卷

如果卷的空间太大，可以对其进行压缩，方法如下：在磁盘管理器中右击要压缩的卷，在快捷菜单中执行"压缩卷"命令。在弹出的窗口中输入压缩空间量，单击"压缩"按钮。压缩完成后，除了卷的容量相应减少外，对卷及其中的数据没有任何其他方面的影响。

要注意的是，不是所有类型的卷都能压缩，只有简单卷、跨区卷可以进行压缩操作，而带区卷、镜像卷和 RAID-5 卷都不能进行压缩操作。

7.4　磁盘检查与整理

磁盘检查与整理

Windows Server 2016 与早期的操作系统一样，总是企图为每一个文件分配连续的磁盘存储空间，如果不能提供连续空间供文件使用，势必造成文件碎片过多，降低读写的效率，使系统性能下降。进行磁盘的检查和整理可以发现并修复文件系统的错误，减少磁盘的碎片，提高读写的效率。

要对磁盘进行检查与整理，可以利用以下方法：在"资源管理器"窗口或磁盘管理器中右击需要检查与整理的磁盘，在快捷菜单中执行"属性"命令，弹出该磁盘的属性对话框，选择"工具"选项卡，如图 7-31 所示。利用"检查"和"优化"两种工具，可以实现对磁盘的检查与整理。这两种工具的使用方法与 Windows Server 2016 之前的操作系统中的使用方法完全相同，在这里就不再做详细的讲解了。

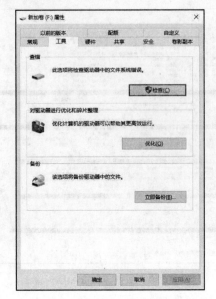

图 7-31   "工具"选项卡

7.5   高级磁盘管理

磁盘配额

7.5.1   磁盘配额

Windows Server 2016 可以对不同用户使用的磁盘空间进行容量限制，这就是磁盘配额。磁盘配额对于网络系统管理员来说至关重要，管理员可以通过磁盘配额为各用户分配磁盘空间。当用户使用的空间超过了配额的允许后，会收到系统的警报，并且不能再使用更多的磁盘空间。磁盘配额监视个人用户对卷的使用情况，因此每个用户对磁盘空间的利用都不会影响同一卷上的其他用户的磁盘配额。

在启用磁盘配额时，可设置两个值：磁盘配额限制和磁盘配额警告级别。系统管理员可以这样配置 Windows：当用户超过了指定的磁盘空间限制（也就是允许用户使用的磁盘空间量）时，防止其进一步使用磁盘空间并记录事件；当用户超过了指定的磁盘空间警告级别（也就是用户接近其配额限制的点）时记录事件。

系统管理员还可以指定用户能超过其配额限度。如果不想拒绝用户对卷的访问，但想跟踪每个用户的磁盘空间使用情况，可以启用配额而且不限制磁盘空间的使用，也可指定不管用户超过配额警告级别还是超过配额限制时是否要记录事件。

启用卷的磁盘配额后，系统自动跟踪所有用户对卷的使用。要为用户分配磁盘配额，可以按照以下步骤进行。

（1）在"资源管理器"窗口或磁盘管理器中右击磁盘，在快捷菜单中执行"属性"命令，弹出该磁盘的属性对话框，选择"配额"选项卡，如图 7-32 所示。勾选"启用配额管理"复选框后，可以设置配额其他的选项，如将磁盘空间限制为 1KB。勾选"用户超过警告等级时记录事件"复选框。

（2）单击"配额项"按钮，弹出该磁盘的配额项窗口，如图 7-33 所示。

图 7-32　"配额"选项卡

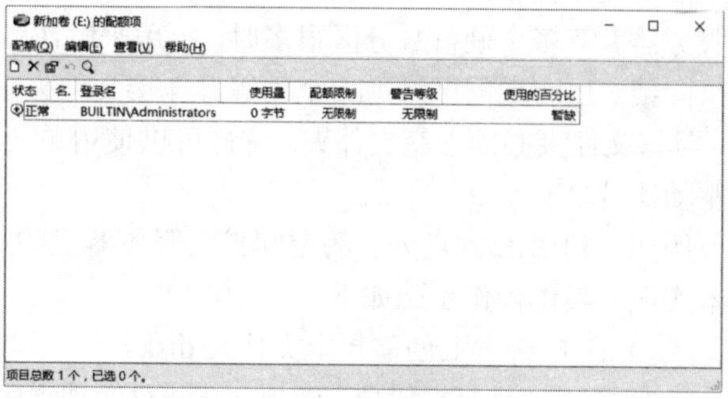

图 7-33　该磁盘的配额项窗口

（3）执行"配额"→"新建配额"命令，弹出"选择用户"对话框，如图 7-34 所示，选择要限制配额的用户。在输入对象名称时，一定要确定为本机的合法用户名。单击"确定"按钮，打开"添加新配额项"对话框，为用户添加新配额，如将磁盘空间限制为 20MB、将警告等级设为 19MB，如图 7-35 所示，单击"确定"，完成磁盘配额。

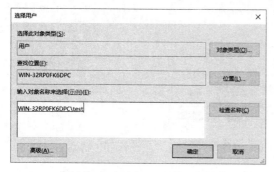

图 7-34　"选择用户"对话框

图 7-35　"添加新配额项"对话框

（4）创建完毕的配额项，可以在该磁盘的配额项窗口查看，以监控用户使用空间的情况，如图 7-36 所示。

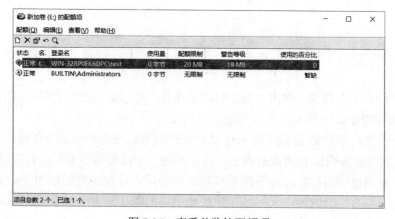

图 7-36　查看并监控配额项

磁盘挂接

7.5.2　磁盘挂接

磁盘挂接技术是 Windows Server 2000 之后的操作系统具有的新功能，当服务器上有多个硬盘且分区很多时，可用来解决盘符不够用的问题，也可用来向某一已有数据区域追加空间等。挂接文件夹必须放在使用 NTFS 的磁盘分区或动态卷上，且该文件夹必须为空文件夹。这样可以使用单一的目录结构访问所有的分区，而且可以节省驱动器号。

例如，利用 E 磁盘分区的空间扩大服务器上的 C 磁盘分区的空间，就可以采用磁盘挂接技术实现。具体操作步骤如下。

（1）在 C 磁盘上创建一个文件夹 disk。

（2）打开"计算机管理"窗口，在磁盘管理器中右击 E 磁盘，在快捷菜单中执行"更改驱动器名或路径"命令，弹出"更改 E:（新加卷）的驱动器号和路径"对话框，如图 7-37 所示。

（3）单击"添加"按钮，弹出"添加驱动器号或路径"对话框，如图 7-38 所示，选择"装入以下空白 NTFS 文件夹中"单选按钮。

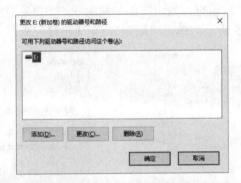

图 7-37　"更改 E:（新加卷）的驱动器号和路径"对话框

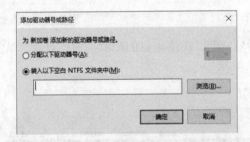

图 7-38　"添加驱动器号或路径"对话框

（4）单击"浏览"按钮，弹出"浏览驱动器路径"对话框。在对话框中列出了所有 NTFS 卷，选择 C 磁盘的 disk 文件夹，单击"确定"按钮。

通过以上设置，原来 C 磁盘下的 test 文件夹的图标就变为驱动器的图标。通过文件夹的挂接，C 磁盘就可以使用原 E 磁盘的内容。即使利用"更改驱动器名和路径"，把 E 磁盘的驱动器名删除，原磁盘仍然存在，并不妨碍 C 磁盘的使用，这在实质上增加了 C 磁盘的容量。

以后再访问原来卷的内容，就可以打开 C 磁盘，如图 7-39 所示，原来的 disk 文件夹变成了磁盘图标，双击该图标，即可访问原来 E 磁盘的内容。

图 7-39 访问磁盘挂接卷

7.6 常用磁盘管理命令

Windows Server 2016 提供了丰富的命令行工具来管理磁盘，管理员通过执行这些命令也能够实现使用磁盘管理器可以实现的功能。常用命令如下。

1．Chkdsk

创建和显示磁盘的状态报告。如果不带任何参数，Chkdsk 将只显示当前驱动器中磁盘的状态，而不会修复任何错误。要修复错误，必须带/f 参数。

2．Diskpart

通过使用脚本或从命令提示符直接输入来管理磁盘、分区、卷，使用 Diskpart 命令行工具完全可以实现对以上对象的创建、删除等操作。

3．Convert

将 FAT 或 FAT32 格式的分区或卷转化为 NTFS 格式的分区或卷。

4．Fsutil

完成对采用 NTFS 格式的磁盘分区和卷的管理。

5．Mountvol

创建、删除或列出卷的装入点，管理磁盘挂接功能。

6．Format

利用指定的文件系统格式化磁盘分区或卷。

以上为常用的磁盘管理命令，具体每一个命令的参数及使用方法，读者可以在命令提示符窗口中输入命令时后面加/？，或者输入 HELP，操作系统会显示详细的说明。例如，显示 Chkdsk 命令的参数及使用方法如图 7-40 所示。使用 chkdsk/?与 help chksk 的执行结果是一样的。

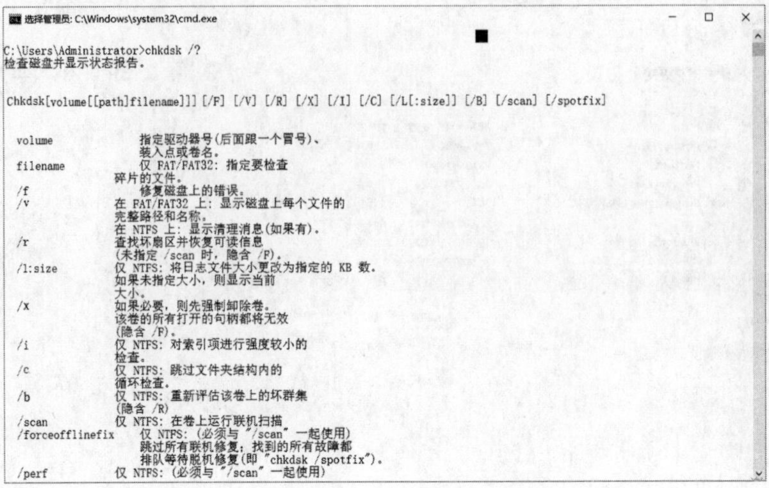

图 7-40　显示 Chkdsk 命令参数与使用方法

7.7　拓展阅读 国产存储设备介绍

对于传统主要外部存储设备的机械硬盘，主要是希捷、西部数据和东芝三个外国品牌。但对于内存和近几年发展起来的固态磁盘（Solid State Disk，SSD）等存储设备，国内有很多成熟的品牌，如金泰克（Kimdigo）、影驰（GALAXY）、联想（Lenovo）、朗科（Netac）、阿斯加特（Asgard）、致钛、铭瑄等国产存储品牌。

本 章 小 结

本章主要介绍了 Windows Server 2016 磁盘管理工具的功能和磁盘类型，基本磁盘分区的建立、删除等管理方法，动态磁盘卷的类型，卷的创建等管理功能，在 Windows Server 2016 中管理磁盘配额的方法，以及磁盘挂接和常用磁盘管理命令。

习题与实训

一、习题

（一）填空题

1．在 Windows Server 2016 中，磁盘分为_____和_____两大类。

2．基本磁盘以_____方式组织和管理磁盘空间。基本磁盘可包含多达_____个主磁盘分区，或_____个主磁盘分区加_____个具有多个逻辑驱动器的扩展磁盘分区。

3．动态磁盘不再采用基本磁盘的主磁盘分区和含有逻辑驱动器的扩展磁盘分区，而是采用_____来组织和管理磁盘空间。

4．动态磁盘支持五种类型的卷，分别是简单卷、_____、_____、_____、RAID-5 卷。

5．磁盘存在的分区形式分为 MBR 磁盘和_____磁盘。

6．在 Windows Server 2016"磁盘管理器"窗口中，为基本磁盘创建分区，只能以创建简单卷的形式创建主分区，要创建扩展分区，需要借助_____命令。

7．跨区卷最多可以跨越_____块物理磁盘。

8．创建 RAID-5 卷至少使用_____块物理磁盘。

9．如果发现卷的空间有点大，可以采用_____的方法调小卷的空间。

10．当服务器上有多个硬盘且分区很多时，可用来解决盘符不够用的问题的方法是_____。

（二）选择题

1．对于基本磁盘，以下说法正确的是（ ）。

    A．基本磁盘上的分区类型可以有主磁盘分区、扩展磁盘分区和逻辑磁盘分区三种

    B．基本磁盘可包含多达四个主磁盘分区，或三个主磁盘分区加一个具有多个逻辑驱动器的扩展磁盘分区

    C．基本磁盘没有分区个数的限制

    D．基本磁盘支持最多 128 个分区

2．动态磁盘中可以包含五种类型的卷，可以提高性能但不能提供容错能力的卷是（ ）。

    A．跨区卷   B．带区卷   C．镜像卷   D．RAID-5 卷

3．动态磁盘中可以包含五种类型的卷，既不能提高性能也不能提供容错能力的卷是（ ）。

    A．跨区卷   B．带区卷   C．镜像卷   D．RAID-5 卷

4．动态磁盘中可以包含五种类型的卷，能提供容错能力的卷是（ ）。

    A．跨区卷   B．带区卷   C．镜像卷   D．简单卷

5．以下磁盘命令中，用于将 FAT 或 FAT32 格式的分区或卷转化为 NTFS 格式的分区或卷的命令是（ ）。

    A．Chkdsk   B．Diskpart   C．Convert   D．Format

三、实训

为 Windows Server 2016 虚拟机安装 3～4 块虚拟硬盘，然后利用磁盘管理工具完成如下实训任务。

1．基本磁盘的分区管理。

2．将基本磁盘转换为动态磁盘。

3．创建并扩展简单卷。

4．创建跨区卷、带区卷。

5．创建镜像卷、RAID-5 卷，并对其容错能力进行验证。

6．练习磁盘配额功能。

第 8 章 文件服务器的配置

本章主要介绍文件夹共享权限及其设置方法，共享文件夹的管理与访问方法，文件服务服务器的安装与管理方法，以及分布式文件系统及其管理方法。

通过本章的学习，应该达到如下目标：

- 明确共享文件夹的方式及选择，掌握共享权限的设置方法。
- 掌握共享文件夹的管理与访问方法。
- 掌握文件服务器的安装与管理方法。
- 掌握分布式文件系统的安装配置方法。

8.1 共享文件夹概述

共享可以使资源被其他用户使用。共享资源是指可由多个程序或其他设备使用的任何设备、数据或程序。对于 Windows 操作系统而言，共享资源可以指网络用户可以使用的任何资源，如文件夹和文件等，也可以指服务器上网络用户可用的资源。共享文件夹可帮助用户在网络中集中管理文件资源，使用户能够通过网络远程访问需要的文件。通过计算机网络，用户不仅可以访问局域网络中的资源，还可以访问广域网络中的资源。

8.1.1 共享方式及选择

Windows 操作系统提供了两种共享文件夹的方法：一种是通过公用文件夹共享，另一种是通过计算机上的任何文件夹共享。使用哪种方法取决于要保存共享文件夹的位置，要与哪些用户共享，以及对文件的控制程度。使用这两种方法均可与同一网络中其他用户共享文件或文件夹。

1. 共享方式

（1）通过公用文件夹共享文件。通过这种方法，可将文件复制或移动到公用文件夹中，并通过该公用文件夹共享文件。如果将公用文件夹进行了文件共享，那么网络中的所有人，无论是否具有相应的用户账户和密码，都可以看到公用文件夹和其子文件夹中的所有文件。虽然不能限制用户只能查看公用文件夹中的某些文件，但是可以设置权限以完全限制用户访问公用文件夹，或限制用户更改文件和建新文件。

如果计算机启用了密码保护，那么只有具有计算机用户账户和密码的用户才有公用文件夹的网络访问权限。在默认情况下将关闭对公用文件夹的网络访问，除非启用它。

（2）通过文件夹共享文件。通过这种方法，可以决定哪些人可以访问共享文件，以及具备什么样的访问权限。可以通过设置共享权限进行操作。可以将共享权限授予同一网络中的单个用户或一组用户。例如，可以允许某些人只能查看共享文件，而允许其他人既可查看文件又能更改文件。共享用户将只能看到共享的那些文件。

当使用其他计算机时，还可以使用此方法来访问共享文件，因为用户也可以通过其他计算机查看与其他人共享的任何文件。

2．共享方式的选择

在决定通过任何文件夹共享文件或通过公用文件夹共享文件时，有几个因素需要考虑。

（1）以下情况可考虑通过文件夹共享文件。

1）倾向于直接从文件的保存位置（一般是 Documents、Pictures 或 Music 文件夹）共享文件夹，且不希望将其保存到公用文件夹中。

2）希望能够为网络中的某些用户而不是所有人设置共享权限。

3）需要共享大量数字图片、音乐或其他大文件，而将这些文件复制到单独的文件夹很麻烦。不希望这些文件在计算机上的两个不同位置占用空间。

4）经常创建新文件或更新文件进行共享，将其复制到公用文件夹很麻烦。

（2）以下情况可考虑通过公用文件夹共享。

1）更喜欢通过计算机的单个位置共享文件和文件夹所带来的方便。

2）希望只通过查看公用文件夹即可快速查看与其他人共享的所有文件。

3）希望将共享的文件与自己的 Documents、Music 和 Pictures 文件夹分开。

4）希望为网络上所有人设置共享权限，而不必专门为某些用户设置共享权限。

注意： Windows Server 2016 只允许共享文件夹，不能共享单个的文件。也就是说，工作组或成员在使用共享文件之前，必须将包含这些文件的文件夹共享，这样才可以使别人访问此文件夹中的文件。

8.1.2　共享文件夹的权限和 NFTS 权限

1．共享权限

共享权限有三种：读取、更改和完全控制。

（1）读取权限。读取权限主要包括查看文件名和子文件夹名、查看文件中的数据、运行程序文件。

（2）更改权限。更改权限除允许所有的读取权限外，还增加了以下权限：添加文件和子文件夹、更改文件中的数据、删除子文件夹和文件，但是不能删除其他用户添加的数据。

（3）完全控制权限。完全控制权限除允许全部读取权限外，还具有更改权限。

在早期的 Windows 版本中，设置共享权限时只能设置上述三种权限。从 Windows Vista 开始，为了便于使用者理解，可以根据使用共享文件夹用户的身份的不同决定其访问共享文件夹的权限，并且设置了四个权限级别，分别是读者、参与者、所有者和共有者。

第一，读者。读者拥有读取权限，只能查看共享文件的内容，如查看文件名和子文件夹名、查看文件中的数据和运行程序文件。

第二，参与者。参与者拥有更改权限，可以查看文件，添加文件，以及删除他们自己添加的文件，但是不能删除其他用户添加的数据。

第三，所有者。所有者拥有完全控制权限，通常指派给本机上的 Administrators 组。

第四，共有者。共有者拥有完全控制权限，可以查看、更改、添加和删除所有的共享文件，具备对文件资源的最高访问权限。默认情况下，指派给具有该文件夹的所有权的用户或用户组。

2．NTFS 权限与共享权限的组合权限

NTFS 权限与共享权限都会影响用户访问共享文件夹的能力。共享权限只对共享文件夹的安全性进行控制，只对通过网络访问的用户有效，不但适合 NTFS，也适合 FAT 和 FAT32 文件系统。NTFS 权限则对所有文件和文件夹进行安全控制，无论访问来自本地还是网络，它都只适用于 NTFS。

当用户通过本地计算机直接访问文件夹的时候，不受共享权限的约束，只受 NTFS 权限的约束。当用户通过网络访问一个存储在 NTFS 上的共享文件夹时，会受到两种权限的约束，而有效权限是最严格的权限（也就是两种权限的交集）。同样，这里也要考虑到两个权限的冲突问题。例如，共享权限为读取，NTFS 权限是写入，那么最终权限是拒绝，这是因为这两个权限的组合权限是个空集。

共享权限有时需要和 NTFS 权限配合（如果分区是 FAT 或 FAT32 文件系统，则不需要考虑）才能严格控制用户的访问。当一个共享文件夹被设置了共享权限和 NTFS 权限，就要受到两种权限的控制。例如，我们希望用户能够完全控制共享文件夹，首先要在共享权限中添加此用户（组），并设置完全控制的权限，然后在 NTFS 权限设置中添加此用户（组），并设置完全控制的权限。只有两个地方都设置了完全控制权限，用户才能最终拥有完全控制权限。

8.2　新建与管理共享文件夹

新建共享文件夹

8.2.1　新建共享文件夹

如果希望服务器上的程序和数据能够被网络上的其他用户所使用，必须创建共享文件夹。创建共享文件夹的方法有多种，以下将分别介绍创建共享文件夹的几种常用的方法。

1．在资源管理器中创建共享文件夹

在资源管理器中右击要设置为共享的文件夹，在弹出的快捷菜单中执行"属性"命令，打开该文件夹的属性对话框，切换到"共享"选项卡，如图 8-1 所示。

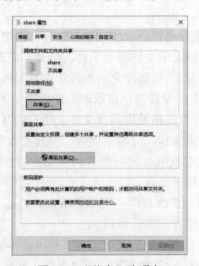

图 8-1　"共享"选项卡

用户可以单击"共享"或"高级共享"按钮进行设置，前者只能简单地设置共享，后者可设置较多参数（如描述、用户数限制、自定义权限等），还可以设置多个共享。二者的权限设置方法也不同，前者使用读者、参与者、共有者和所有者四个权限级别设置，后者使用读取、更改和完全控制三个权限来设置。下面分别进行介绍。

（1）简单共享。

1）在"共享"选项卡中单击"共享"按钮。

2）在"选择要与其共享的用户"界面中，从下拉列表中选择用户，单击"添加"按钮将其加入下面的列表框中，并设置权限级别。设置完成后，单击"共享"按钮，如图 8-2 所示。

3）"你的文件夹已共享"界面中显示了文件夹的共享名和访问方法，单击"完成"按钮即可完成共享设置，如图 8-3 所示。

图 8-2　"选择要与其共享的用户"界面　　　　图 8-3　"你的文件夹已共享。"界面

（2）高级共享。

1）在"共享"选项卡中单击"高级共享"按钮。

2）在"高级共享"对话框中勾选"共享此文件夹"复选框后，其他设置选项将由灰色转为可编辑状态，同时该文件夹名作为默认的共享名称自动填写到"共享名"下拉列表框中，如图 8-4 所示。

3）在"高级共享"对话框中设置共享名、注释和用户数限制。"共享名"可以设置为希望的共享名称；"注释"可为该共享文件夹进行简单的描述。默认状态下，并不限制通过网络同时访问共享文件夹的用户数量，因此它是一个非常大的数字，可根据需要设置一个比较小的值加以限制。

4）在默认情况下，一个文件夹设置共享属性后，Everyone 组中的用户（即所有用户）都具有读取权限，用户可根据情况设置共享权限。在"高级共享"对话框中单击"权限"按钮，打开共享文件夹的权限对话框，如图 8-5 所示。在这里，用户可以根据需要设置共享权限。如果要赋予其他用户权限，则单击"添加"按钮，打开"用户和组"对话框，选择允许有权限的用户。如果要删除某用户的共享权限，则选择相应的用户，单击"删除"按钮。如果要修改用户权限，则选择相应的用户，然后设置其共享权限。

5）设置完毕后，单击"确定"按钮。

（3）为一个文件夹创建多个共享。当一个文件夹需要以多个共享文件夹的形式出现在网络中时，可以为共享文件夹添加多个共享。操作步骤如下。

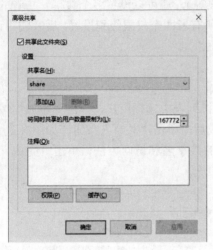

图 8-4　"高级共享"对话框

图 8-5　共享文件夹的权限对话框

1）在"高级共享"对话框中单击"添加"按钮。

2）在"新建共享"对话框中设置新共享的共享名、描述和用户数限制，如图 8-6 所示。也可单击"权限"按钮，为新建的共享设置用户访问权限。

3）设置完毕后，单击"确定"按钮。

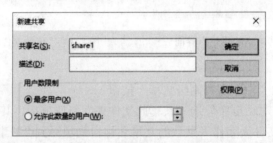

图 8-6　"新建共享"对话框

2. 利用计算机管理控制台创建共享文件夹

（1）打开"计算机管理"窗口，在左边窗格中选择"共享文件夹"下的"共享"选项，在窗口的右边显示出了计算机中所有共享文件夹的信息，如图 8-7 所示。

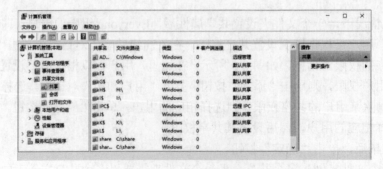

图 8-7　"计算机管理"窗口

（2）如果要创建新的共享文件夹，可执行"操作"→"新建共享"命令，或者右击"共享"选项，在弹出的快捷菜单中执行"新建共享"命令，打开创建共享文件夹向导，单击"下一步"按钮。

（3）在"文件夹路径"界面中输入或通过"浏览"按钮选择要共享的文件夹路径，单击"下一步"按钮，如图 8-8 所示。

（4）在"名称、描述和设置"界面中输入共享名称和共享描述等。在"描述"文本框中输入对该资源的描述性信息，以方便用户了解其内容。设置完毕后，单击"下一步"按钮，如图 8-9 所示。

图 8-8　"文件夹路径"界面　　　　　　图 8-9　"名称、描述和设置"界面

（5）在"共享文件夹的权限"界面中设置该共享文件夹的共享权限，管理员可以选定预定义的权限，也可以自定义权限。若要自定义权限，则选择"自定义权限"单选按钮，并单击"自定义"按钮，打开"权限"对话框进行设置。设置完毕后，单击"完成"按钮，如图 8-10所示。

（6）在"共享成功"界面中单击"完成"按钮，即可完成共享文件夹的设置，如图 8-11所示。

图 8-10　"共享文件夹的权限"界面　　　　图 8-11　"共享成功"界面

3．利用服务器管理器创建共享文件夹

如果一台服务器专门用于文件共享，那么可以在服务器中安装文件服务器角色，这样可以更有效地管理和控制共享文件。可以在"服务器管理器"窗口中选择"文件和存储服务"下的"共享"选项，在打开的对话框中创建共享文件夹，下一节中将详细介绍文件服务器角色的安装与配置过程。

8.2.2　在客户机上访问共享文件夹

创建共享文件夹后，当用户知道计算机网络中的某台计算机上有需要的共享信息时，就可在本地计算机上像使用本地资源一样使用这些共享资源。连接 Windows Server 2016 共享文件夹有多种方法，如查看工作组计算机、搜索计算机、运行窗口、资源管理器、映射网络驱动器和创建网络资源的快捷方式等，用户可以根据实际需要进行选择。下面以客户机使用Windows 7 为例进行介绍。

1．查看工作组计算机

在定位需要访问的网络资源时，如果用户计算机和有共享文件夹的计算机在同一工作组中，那么可以使用查看工作组计算机的方式来找到共享文件夹。操作步骤如下。

（1）双击桌面上的"网络"图标，打开图 8-12 所示的网络计算机窗口，该窗口中显示的是与本机处于同一工作组中的计算机。

（2）双击网络计算机窗口中的计算机，即可看到该计算机中的所有共享文件夹，如图 8-13所示。双击需要的共享文件夹，即可看到共享文件夹下的文件和子文件夹（前提条件是本机具有访问网络计算机的权限）。

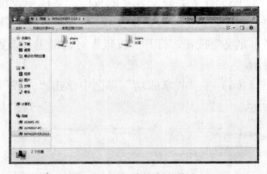

图 8-12　查看同一工作组中的计算机　　　　图 8-13　查看共享文件夹

2．使用 UNC 路径访问共享文件夹

如果用户知道共享文件夹所在服务器的计算机名（或 IP 地址）和文件夹共享名称，可以用如下两种方法访问共享文件夹。

（1）打开"资源管理器"窗口，在地址栏中输入要访问的共享文件夹的 UNC（Universal Naming Convention，通用命令规则）路径，如图 8-14 所示。

（2）打开"运行"对话框，输入 UNC 路径（"\\<计算机名或 IP 地址>\共享名"），这样也可以访问共享文件夹，如图 8-15 所示。使用这种方法的优点是速度快，而且可以访问特殊共享和隐藏的共享文件夹。

3. 映射和断开网络驱动器

共享文件夹可以被映射为一个驱动器（如 Z:），映射之后，访问驱动就是访问相应的共享文件夹。网络驱动器中的内容与共享文件夹的内容是完全一致的，并和其他驱动器一样，可以进行文件的剪切、复制、粘贴和删除。由于映射的网络驱动器可以设置为在每次用户登录时自动进行连接，因此速度比较快。映射网络驱动器的操作步骤如下。

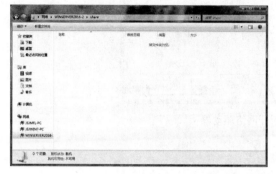

图 8-14　在地址栏中输入 UNC 路径访问共享文件夹　　图 8-15　使用"运行"对话框访问共享文件夹

（1）在桌面右击"计算机"或"网络"图标，在弹出的快捷菜单中执行"映射网络驱动器"命令，打开"映射网络驱动器"对话框。

（2）在"驱动器"下拉列表中选择一个要映射到共享资源的驱动器，在"文件夹"下拉列表中输入共享文件夹的路径，其格式是"\\共享文件夹的计算机名\要共享的文件夹名"，如 \\winserver2016-2\share，如图 8-16 所示。

（3）如果每次登录时都要映射网络驱动器，则勾选"登录时重新连接"复选框。

（4）单击"完成"按钮，即可在资源管理器中看到这个驱动器。

（5）在"资源管理器"窗口中双击代表共享文件夹的网络驱动器（如 Z:）的图标，即可直接访问该驱动器下的文件和文件夹，如图 8-17 所示。

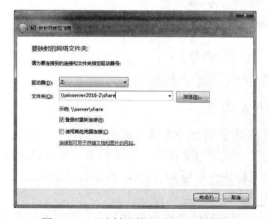

图 8-16　"映射网络驱动器"对话框　　　　　　图 8-17　访问网络驱动器

需要断开网络驱动器时，可以桌面右击"计算机"或"网络"图标，在弹出的快捷菜单中执行"断开网络驱动器"命令，选取要断开连接的网络驱动器，单击"确定"按钮，如图 8-18 所示。或者在"资源管理器"窗口中右击网络驱动器图标，在弹出的快捷菜单中执行"断开"命令。

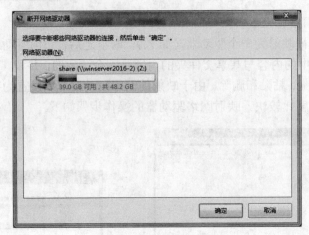

图 8-18　断开网络驱动器

8.2.3　特殊共享和隐藏的共享文件夹

根据计算机配置的不同，系统将自动创建特殊共享资源，以便于管理和系统本身使用。在"资源管理器"窗口里，这些共享资源是不可见的，但可以通过"共享文件夹"查看它们。事实上，Windows Server 2016 内有许多自动创建的隐藏共享文件夹，例如每个磁盘分区都被默认设置为隐藏共享文件夹，这些隐藏共享文件夹是 Windows Server 2016 出于管理目的而设置的，不会对系统和文件的安全造成影响，如图 8-19 所示。

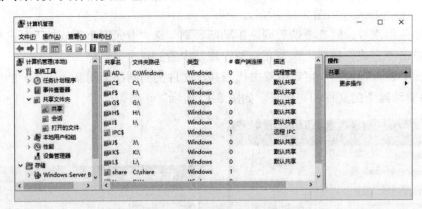

图 8-19　隐藏共享文件夹

有时，需要将一个文件夹在网络中共享，但是出于安全因素等方面的考虑，又不希望这个文件夹被人们从网络中看到，这时就需要以隐藏方式共享文件夹。若要隐藏其他共享资源，可在共享名的最后一位字符输入$（$也成为资源名称的一部分）。同样，这些共享资源在"资源管理器"窗口里是不可见的，但通过使用"共享文件夹"可以查看它们。

特殊共享和隐藏的共享文件夹只能在"运行"对话框或"资源管理器"窗口的地址栏中通过 UNC 路径访问，通过搜索功能是看不到这些文件夹的。

8.2.4　管理和监视共享文件夹

在"计算机管理"窗口的共享文件夹窗格中不但可以创建共享文件夹，修改共享文件夹的共享属性，还能监视共享文件夹的使用情况。

1. 查看和管理共享资源

（1）打开"计算机管理"窗口。在左边窗格中选择"共享文件夹"下的"共享"选项，在中间窗格中显示了计算机中所有共享文件夹的信息，不但包括管理设置的普通共享文件夹，也包括特殊共享和隐藏的共享文件夹。

（2）若要修改一个共享文件夹的属性或权限，可双击该共享文件夹，打开其属性对话框，如图 8-20 所示。在"常规"选项卡中可修改描述、用户限制、脱机设置等。在"共享权限"选项卡中可设置共享文件夹的访问权限。若共享文件夹在 NTFS 分区中，还可以通过"安全"选项卡来设置文件夹的 NTFS 权限。

图 8-20　共享文件夹的属性对话框

（3）若要停止对文件夹的共享，可右击该文件夹，在弹出的快捷菜单中执行"停止共享"命令并确认。

2. 查看和关闭连接会话

（1）在"计算机管理"窗口中选择"共享文件夹"下的"会话"选项，可以查看哪些用户正在访问该计算机的共享文件夹，以及打开的文件数、连接时间、空闲时间等共享会话信息，如图 8-21 所示。

图 8-21　查看共享会话信息

（2）若要断开某用户的访问，可右击该用户，在弹出的快捷菜单中执行"关闭会话"命令并确认。

3．查看和关闭打开的共享文件

（1）在"计算机管理"窗口中选择"共享文件夹"下的"打开文件"选项，可以查看哪些文件被打开、被谁打开、是否锁定以及打开方式等信息，如图 8-22 所示。

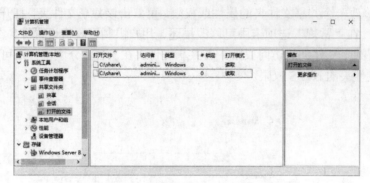

图 8-22　查看打开的共享文件信息

（2）若要强制关闭其他用户对文件的访问，可右击该文件，在弹出的快捷菜单中执行"将打开的文件关闭"命令并确认。

8.3　文件服务器的安装与管理

如果一台服务器专门用于文件共享，那么可以在服务器中安装文件服务器角色，这样不仅可以通过"服务器管理器"窗口对共享文件夹实施更有效的管理和控制，还可以将其发布到基于域的分布式文件系统（Distributed file System，DFS）中。

8.3.1　安装文件服务器角色

在 Windows Server 2016 中，文件服务器的安装主要是通过添加服务器角色和功能向导的方式来完成的。在安装过程中，用户可以完成服务器的一些基本设置，并选择安装所需的组件，不必要的组件可以不安装，这在很大程度上减小了服务器的安全隐患，从而保证了服务器的安全。

说明：文件服务器角色一般不需要单独安装，只要在服务器上配置过共享文件夹，文件服务器角色会自动安装。

文件服务器的安装步骤如下。

（1）打开"服务器管理器"窗口，执行"管理"→"添加角色和功能"命令，启动添加角色和功能向导。

（2）"开始之前"界面中提示了此向导可以完成的工作，以及操作之前应注意的相关事项，单击"下一步"按钮。

（3）在"选择安装类型"界面中，选择"基于角色或基于功能的安装"单选按钮，单击"下一步"按钮。

（4）在"选择目标服务器"界面中，选择"从服务器池中选择服务器"单选按键，并从服务器池中选择目标服务器，单击"下一步"按钮。

（5）在"选择服务器角色"界面中显示了所有可以安装的服务器角色。如果角色前面的复选框没有被勾选，则表示该网络服务尚未安装，如果已勾选，则说明该服务已经安装。依次展开"文件和存储服务"下的"文件和 iSCSI 服务" 复选框，会看到"文件服务器"复选框，勾选该复选框，单击"下一步"按钮，如图 8-23 所示。

（6）在"选择功能"界面中，选择与本服务器角色有关的功能，单击"下一步"按钮，如图 8-24 所示。

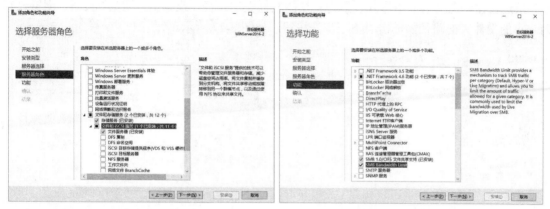

图 8-23　"选择服务器角色"界面　　　　　图 8-24　"选择功能"界面

（7）在"确认安装选择"界面中，要求用户确认要安装的角色服务。如果选择错误，可以单击"上一步"按钮返回，这里单击"安装"按钮，开始安装文件服务器角色。

（8）"安装进度"界面中显示了安装文件服务器角色的进度，安装完成，单击"关闭"按钮。

在文件服务器中
设置共享资源

8.3.2　在文件服务器中设置共享资源

文件服务器角色安装完成后，就可以在文件服务器中设置共享资源了。管理员可以通过"服务器管理器"窗口来管理文件服务器，下面说明设置共享资源的操作过程。

（1）在"服务器管理器"窗口中选择"文件和存储服务"选项，然后单击"共享"链接，打开"共享"窗格，如图 8-25 所示。

图 8-25　"共享"窗格

（2）在右上角的"任务"下拉列表中选择"新建共享"选项，启动新建共享向导。在"为此共享选择配置文件"界面中，选择默认的"SMB 共享-快速"选项，单击"下一步"按钮，如图 8-26 所示。

这里涉及两个共享协议及其子选项。SMB 共享适用于 Windows 操作系统，NFS 共享适用于 UNIX 和 Linux 操作系统。两种协议都提供"快速""高级"子选项，后者比前者多一个配额配置。SMB 共享还有"应用程序"子选项，主要用于虚拟环境的设置。

（3）在"共享位置"界面中选择共享文件夹的位置，此处选择最下边的"键入自定义路径"单选按钮，在文本框中输入设置为共享的文件夹的路径，或单击"浏览"按钮，浏览设置为共享的文件夹的路径，单击"下一步"按钮，如图 8-27 所示。

图 8-26　"为此共享选择配置文件"界面

图 8-27　"选择服务器和此共享的路径"界面

（4）在"指定共享名称"界面中输入共享名称和共享描述，此处选择默认共享名称（与文件夹名相同），单击"下一步"按钮，如图 8-28 所示。

（5）在"配置共享设置"界面中，勾选默认的"允许共享缓存"复选框，单击"下一步"按钮，如图 8-29 所示。

图 8-28　"指定共享名称"界面

图 8-29　"配置共享设置"界面

（6）在图 8-30 所示的"指定控制访问的权限"界面中，指定控制访问的权限，包括共享权限和 NTFS 权限，可以根据需要修改权限。单击"自定义权限"按钮，弹出相应的界面，即可定制 NTFS 权限和共享权限。

（7）在"确认选择"界面中单击"创建"按钮，创建完成后，显示"查看结果"界面，单击"关闭"按钮，完成共享文件夹的创建。新创建的共享资源将出现在"共享"窗格中，如图 8-31 所示。

图 8-30　"指定控制访问的权限"界面

图 8-31　查看共享资源

8.3.3　在文件服务器中管理共享资源

共享创建好之后，可以进一步管理它。在"共享"窗格中右击要配置的共享资源，在快捷菜单中执行相应的命令，如图 8-32 所示。执行"停止共享"命令，将取消共享；执行"打开共享"命令，将打开相应的共享文件夹；执行"属性"命令，将打开该共享资源的属性对话框，如图 8-33 所示，其中提供了"常规""权限""设置"选项卡，可以对该共享资源进行精细的配置。

使用服务器管理器，可以非常方便地管理其他服务器上的共享资源，只需将其他服务器加入"所有服务器"组或其他服务器组即可，前提是要拥有远程管理权限。

图 8-32　管理共享资源

图 8-33　设置共享资源属性

8.4　分布式文件系统简介

分布式文件系统
安装与管理

DFS 是 Windows Server 2016 为用户更好地共享网络资源而提供的一个功能强大的工具，通过 DFS 可以使分布在多个服务器上的文件如同位于网络上的同一位置一样显示在用户面前，用户在访问文件时，无须知道文件的实际物理位置。

例如，XYZ 公司有许多共享资源（如技术资料、销售资料和原材料采购资料等）供用户使用，这些资源分布在不同的服务器中，由不同部门来维护。为了避免用户为查找它们需要的信息而访问网络上的多个位置，公司决定使用 DFS 为整个企业网络上的共享资源提供一个逻辑树结构，用户只需要从一个入口进入，就能找到他们需要的数据。例如，XYZ 公司的产品标准是员工经常使用的技术资料，它由技术部负责维护。技术部将最新标准及更新上传到技术部服务器（Research-Server）中，并自动复制到公司的文件服务器（File-Server）中，用户访问时都是通过"\\xyz.com\技术资料\标准"这一路径来访问，如图 8-34 所示。这样做的好处有两点：一是实现了负载均衡，当多个用户同时访问时，系统可均匀地定位到这两台服务器上；二是容错，当一台服务器出现故障时，并不影响用户使用。

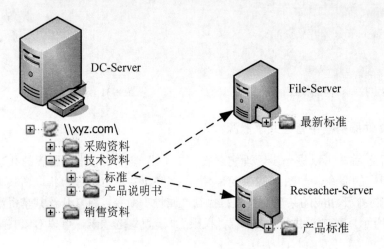

图 8-34　XYZ 公司共享资源

8.4.1　分布式文件系统概述

DFS 是一种全新的文件系统，使用它可以让用户访问和管理物理上跨网络分布的文件，可以集中管理分散的共享资源。用户可以抛开文件的实际物理位置，仅通过一定的逻辑关系来查找和访问网络中的共享资源，用户能够像访问本地文件一样访问分布在网络上的多个服务器上的文件。

1. DFS 的特性

DFS 主要有以下三方面的特性。

（1）访问文件更加容易。DFS 使用户可以更容易地访问文件。共享文件可能在物理上跨越多个服务器，但用户只需要转到网络上的一个位置，即可访问文件。当更改共享文件夹的物理位置时，不会影响用户访问文件夹。因为文件的位置看起来仍然相同，所以用户仍然可以相同的方式访问文件夹，而不再需要多个驱动器映射。文件服务器的维护、软件升级和其他任务（一般 RXJ 需要服务器脱机的任务）可以在不中断用户访问的情况下完成，这对 Web 服务器特别有用。通过选择 Web 站点的根目录作为 DFS 命名空间，可以在 DFS 中移动资源，而不会断开任何 HTML 链接。

（2）可用性。基于域的 DFS 以两种方法确保用户对文件的访问：一是 Windows Server 2016 自动将 DFS 拓扑发布到活动目录中，这样便确保了 DFS 拓扑对域中所有服务器上的用户总是可见的；二是用户可以复制 DFS 命名空间和 DFS 共享文件夹。复制意味着域中的多个服务器上可以存在 DFS 命名空间和 DFS 共享文件夹，即使这些文件驻留的一个物理服务器不可用，用户将仍然可以访问此文件。

（3）服务器负载平衡。DFS 命名空间支持物理上分布在网络中的多个 DFS 共享文件夹。例如，当用户将频繁访问某一文件时，并非所有的用户都在单个服务器上物理地访问此文件，这将增加服务器的负担，DFS 确保了访问文件的用户分布于多个服务器上。然而，在用户看来，文件驻留在网络上的位置相同。

2．DFS 命名空间

DFS 命名空间是组织内共享文件夹的一种虚拟视图，如图 8-35 所示。命名空间的路径与共享文件夹的 UNC 路径类似，如\\Server1\Public\Software\Tools。在本例中，共享文件夹 Public 及其子文件夹 Software 和 Tools 均位于 Server1 上。

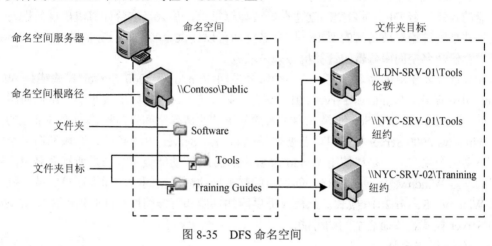

图 8-35　DFS 命名空间

如果希望为用户指定查找数据的单个位置，但出于可用性和性能的考虑，希望在其他服务器上承载数据，则可以部署与图 8-35 中所示的 DFS 命名空间类似的命名空间。此命名空间的元素的说明如下。

（1）命名空间服务器。命名空间服务器承载命名空间。命名空间服务器可以是成员服务器或域控制器。

（2）命名空间根路径。命名空间根路径是命名空间的起点。在图 8-35 中，根路径的名称为 Public，命名空间的路径为\\Contoso\Public。此类型命名空间是基于域的命名空间，因为它以域名开头（如 Contoso），并且其元数据存储在活动目录域服务中。尽管图 8-35 中显示了单个命名空间服务器，但是基于域的命名空间可以存放在多个命名空间服务器上，从而可以提高命名空间的可用性。

（3）文件夹。没有文件夹目标的文件夹将结构和层次结构添加到命名空间，具有文件夹目标的文件夹为用户提供实际内容。用户浏览命名空间中包含文件夹目标的文件夹时，客户机将收到透明地将客户机重定向到一个文件夹目标的引用。

（4）文件夹目标。文件夹目标是共享文件夹或与命名空间中的某个文件夹关联的另一个命名空间的 UNC 路径。文件夹目标是存储数据和内容的位置。在图 8-35 中，名为 Tools 的文件夹包含两个文件夹目标，一个位于伦敦，一个位于纽约，名为 Training Guides 的文件夹包含一个文件夹目标，位于纽约。浏览到\\Contoso\Public\Software\Tools 的用户透明地重定向到共享文件夹\\LDN-SVR-01\Tools 或\\NYC-SVR-01\Tools（取决于用户当前所处的位置）。

3. 命名空间的类型

创建命名空间时，必须选择两种命名类型之一，即独立命名空间或基于域的命名空间。此外，如果选择基于域的命名空间，必须选择命名空间模式，即 Windows 2000 Server 模式或 Windows Server 2016 模式。

（1）独立命名空间。独立命名空间的实施方法是在网络中的一台计算机上以一个共享文件夹为基础，创建一个 DFS 命名空间，通过这个命名空间将分布于网络中的许多共享资源组织起来，构成虚拟共享文件夹。如果一个组织未使用活动目录域服务，那么只能选择独立命名空间。如果希望使用故障转移群集提高命名空间的可用性，那么也可使用独立命名空间。

（2）域命名空间。域命名空间不仅可以提供 DFS 文件夹的容错，而且可以提供命名空间服务器的容错。若 DFS 命名空间创建在一台计算机上，那么当这台计算机出现问题时，则难以达到共享资源绝对被访问的要求。域命名空间可以提供命名空间服务器的同步和容错功能，但要求存储命名空间服务器的计算机必须是域成员。

如果选择基于域的命名空间，则必须选择使用 Windows 2000 Server 模式或是 Windows Server 2016 模式。Windows Server 2016 模式包括对基于访问权限的枚举的支持以及增强的可伸缩性。Windows 2000 Server 模式中引入的基于域的命名空间目前被称为"基于域的命名空间（Windows 2000 Server 模式）"。若要使用 Windows Server 2016 模式，则域和命名空间必须满足下列两个要求：一是域使用 Windows Server 2016 域功能级别；二是所有命名空间服务器运行的均是 Windows Server 2016。创建新的基于域的命名空间时，如果环境支持，则应优先选择 Windows Server 2016 模式。此模式提供附加功能和可伸缩性，同时消除需要从 Windows 2000 Server 模式迁移命名空间的可能。

4. DFS 的安全性

除了创建必要的管理员权限之外，DFS 服务不实施任何超出 Windows Server 2016 所提供的其他安全措施。指派到 DFS 命名空间或 DFS 文件夹的权限可以决定添加新 DFS 文件夹的指定用户。

共享文件的权限与 DFS 拓扑无关。例如，有一个名为 Link 的 DFS 文件夹，并且有适当的权限可以访问该链接所指定 DFS 共享文件夹。在这种情况下，用户就可以访问该 DFS 文件夹组中所有的 DFS 共享文件夹，而不考虑是否有访问其他共享文件夹的权限。然而，访问这些共享文件夹的权限决定了用户是否可以访问文件夹中的信息，此访问由标准 Windows Server 2016 安全控制台决定。

总之，当用户尝试访问 DFS 共享文件夹和它的内容时，FAT 或 FAT32 格式的文件系统提供文件上的共享级安全，而 NTFS 格式的文件系统则提供完整的 Windows Server 2016 级安全。

8.4.2　安装分布式文件系统

DFS 涉及多个服务器，包括命名空间服务器和 DFS 成员服务器，每台服务器都需要安装文件服务角色。在图 8-34 所示的例子中，命名空间服务器使用的是 XYZ 公司的域控制器（DC-Server），在该服务器中需要文件服务器、DFS 命名空间和 DFS 复制等角色服务；XYZ 公司的文件服务器（File-Server）和开发部服务器（Research-Server）都包含了 DFS 的文件夹目标，因此这两台服务器上也需要安装文件服务器和 DFS 复制等角色服务。

1. 安装命名空间服务器

DFS 命名空间服务器是文件服务器的一个角色功能，下边介绍其安装过程。

（1）打开"服务器管理器"窗口，执行"管理"→"添加角色和功能"命令，启动添加角色和功能向导，单击"下一步"按钮，直到"选择服务器角色"界面，如图 8-36 所示。

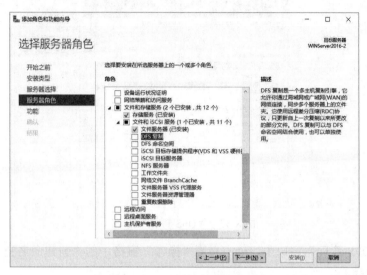

图 8-36　"选择服务器角色"界面

（2）依次展开"文件和存储服务"下的"文件和 iSCSI 服务"选项，勾选"DFS 复制"和"DFS 命名空间"复选框，在弹出的"添加所需功能"对话框中单击"添加功能"按钮，返回"选择服务器角色"界面，单击"下一步"按钮。

（3）在"选择功能"界面中，单击"下一步"按钮。

（4）在"确认安装所选内容"界面中，单击"安装"按钮。

（5）安装完成后，关闭"安装进度"界面，完成 DFS 的安装。

2. 安装 DFS 成员服务器

包含 DFS 的文件夹目标的服务器需要安装相应的角色服务才能使 DFS 正常工作。例如，XYZ 公司的文件服务器（File-Server）和开发部服务器（Research-Server）这两台服务器上，需要安装文件服务器和 DFS 复制等角色服务，而 DFS 命名空间角色服务可以不安装。安装过程非常简单，此处不再赘述。

8.4.3　管理分布式文件系统

要在 Windows Server 2016 中使用 DFS，首先需要创建 DFS 命名空间，根据 DFS 类型的不同，需要创建不同类型的命名空间。域 DFS 需创建域的命名空间，独立 DFS 需创建独立的命名空间。

1. 添加多个命名空间

在一个 DFS 中可以有多个命名空间，添加命名空间的操作步骤如下。

（1）如果文件服务器已加入了域，则以域管理员身份登录；若文件服务器是独立服务器，则以本地系统管理员身份登录。

（2）在"服务器管理器"窗口中，执行"工具"→"DFS Management"命令，打开"DFS管理"窗口，如图 8-37 所示。

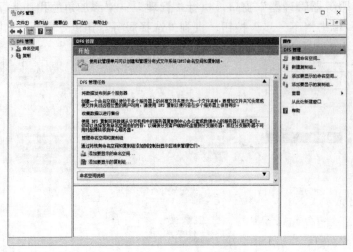

图 8-37 "DFS 管理"窗口

（3）在"DFS 管理"窗口中，单击右侧"操作"窗格中的"新建命名空间"链接，打开新建命名空间向导。

（4）在"命名空间服务器"界面中，输入承载命名空间的服务器名称，也可单击"浏览"按钮选择，操作完成后，单击"下一步"按钮，如图 8-38 所示。

（5）在"命名空间名称和设置"界面中输入命名空间的名称。这个名称将显示在命名空间路径中的服务器名或域名之后，如图 8-39 所示。

图 8-38 "命名空间服务器"界面

图 8-39 "命名空间名称和设置"界面

（6）若要设置共享文件夹的位置以及权限等，可单击"编辑设置"按钮，打开"编辑设置"对话框，在其中可以设置共享文件夹的位置以及共享文件夹的权限，设置完毕后，单击"确定"按钮，如图 8-40 所示。回到"命名空间名称和设置"界面后，单击"下一步"按钮。

（7）在"命名空间类型"界面中选择域的命名空间类型，单击"下一步"按钮，如图 8-41所示。

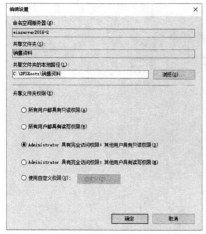

图 8-40　"编辑设置"对话框

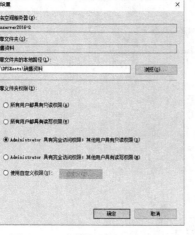

图 8-41　"命名空间类型"界面

（8）"复查设置并创建命名空间"界面中显示了前面步骤所做的设置。如果这些设置正确，则单击"创建"按钮，开始新建命名空间。若要更改设置，可单击"上一步"按钮，返回进行修改，如图 8-42 所示。

（9）"确认"界面中显示了创建过程，创建完成后，单击"关闭"按钮，如图 8-43 所示。

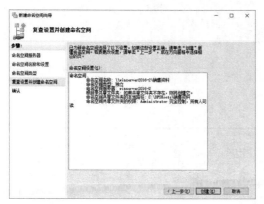

图 8-42　"复查设置并创建命名空间"界面

图 8-43　"确认"界面

2. 在命名空间中创建 DFS 文件夹

完成创建 DFS 命名空间的工作以后，可以在 DFS 命名空间中添加文件夹，其目的是使 DFS 命名空间与指定的共享文件夹之间建立联系。DFS 文件夹是从 DFS 命名空间到一个或多个 DFS 共享文件夹、其他 DFS 命名空间或者基于域的卷连接。将网络中的其他共享文件夹添加到 DFS 文件夹中，通过 DFS 文件夹，用户可以访问网络中指定的共享文件夹，这些资源可以位于网络中的任何地点。这样，用户无须知道共享资源的网络路径，通过一个 DFS 命名空间即可访问多个共享资源。

添加 DFS 文件夹的操作步骤如下。

（1）打开"DFS 管理"窗口，在左侧窗格的控制树中选中需要创建文件夹的命名空间，然后单击右侧"操作"窗格中的"新建文件夹"链接，如图 8-44 所示。

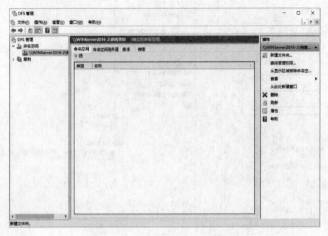

图 8-44 "DFS 管理"窗口

（2）打开"新建文件夹"对话框，在"名称"文本框中输入文件夹名称，如图 8-45 所示。

（3）单击"添加"按钮，打开"添加文件夹目标"对话框。如果已经知道共享文件夹的 UNC，可按照示例进行输入。若不清楚，可单击"浏览"按钮进行选择。这里单击"浏览"按钮，如图 8-46 所示。

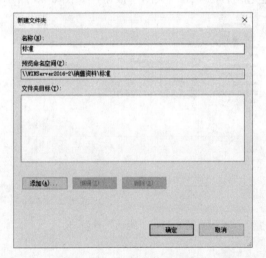

图 8-45 输入文件夹名称

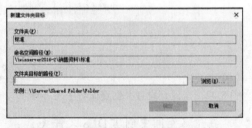

图 8-46 "添加文件夹目标"对话框

（4）打开"浏览共享文件夹"对话框，在"服务器"文本框中输入共享文件夹所在服务器的名称，或者单击"浏览"按钮选择服务器。服务器确定后，将显示这台服务器中所有的共享文件夹，选择某个共享文件夹，单击"确定"按钮，如图 8-47 所示。

（5）"添加文件夹目标"对话框中显示了添加的目标路径，单击"确定"按钮。此时目录文件夹将显示在"新建文件夹"对话框的"文件夹目标"列表框中，如图 8-48 所示。

（6）如果新建文件夹的目标在其他服务器上还有副本，可重复上述步骤，再添加多个文件夹目标，如图 8-49 所示。

（7）如果添加了多个文件夹目标，则单击"确定"按钮，此时将打开"复制"对话框，询问是否同步上述目标文件夹的内容，如图 8-50 所示。如果单击"是"按钮，将打开"复制文件夹向导"对话框。对于创建复制组的操作，后面将详细介绍。

图 8-47 "浏览共享文件夹"对话框 图 8-48 "新建文件夹"对话框

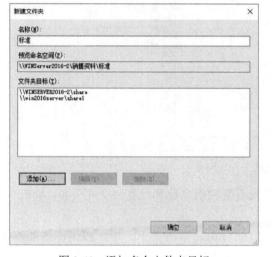

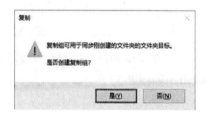

图 8-49 添加多个文件夹目标 图 8-50 是否创建复制组

8.4.4 管理分布式文件系统复制

当 DFS 目标文件夹设置不止一个目标，而且文件服务器处于域环境中时，这些目标所映射的共享文件夹中的文件应该完全相同并且保持同步，这一功能可以通过 DFS 复制来实现。DFS 复制是一种基于状态的新型多主机复制引擎，它使用了许多复杂的进程来保持多个服务器上的数据同步，在一个成员服务器上进行的任何更改，都将复制到复制组中的其他成员上。

1. 复制拓扑

DFS 文件夹的多个目标中的任何一个发生变化，都会引发其他目标的同步，这种同步的具体方式则是由复制拓扑来决定的。

（1）集散：类似于网络拓扑的星形拓扑。指定一个目标为集中器，其他目标都与之相连，但彼此不相连。同步复制在集中器与其他目标间进行，却不能在任意两个非集中器目标间直接进行。此种拓扑要求复制组中包含三个或三个以上成员。

（2）交错：类似于网络拓扑的网状拓扑。所有目标彼此相连，任意一个目标都可以直接同步复制到其他目标。

（3）自定义：手动设定各目标之间的复制方式。例如，允许从一个目标到另一目标的复制，却禁用反向的复制，以便保证以其中一个目标的修改为标准。

2. 创建 DFS 复制组

要使用 DFS 复制发布数据，首先需要创建一个复制组。

（1）如果在图 8-50 所示的对话框中单击"是"按钮，将打开复制文件夹向导。管理员也可以在"DFS 管理"窗口中间的"标准"窗格的"复制"选项卡中单击"复制文件夹向导"链接，来启动该向导，如图 8-51 所示。

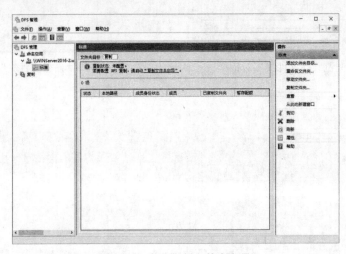

图 8-51　启动复制文件夹向导

（2）在"复制组和已复制文件夹名"界面中设置复制组名称和已复制文件夹名，单击"下一步"按钮，如图 8-52 所示。

（3）"复制合格"界面中显示了 DFS 复制组的成员，单击"下一步"按钮，如图 8-53 所示。

图 8-52　"复制组和已复制文件夹名"界面

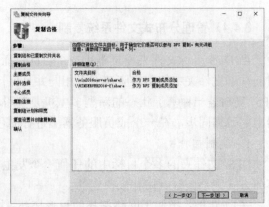

图 8-53　"复制合格"界面

（4）在"主要成员"向导页中选择初次复制时的权威服务器。例如，XYZ 公司的"标准"是由开发部维护的，它的数据是权威的，因此选择 Research-Server 服务器，本例中用 WINSERVER 2016-2 代替。操作完成后，单击"下一步"按钮，如图 8-54 所示。

（5）在"拓扑选择"界面中选择复制时的拓扑结构，单击"下一步"按钮，如图 8-55 所示。

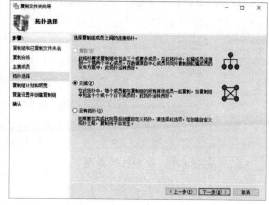

图 8-54 "主要成员"界面   图 8-55 "拓扑选择"界面

（6）在"复制组计划和带宽"界面中选择复制的时机和复制时使用的网络带宽，单击"下一步"按钮，如图 8-56 所示。

（7）"复查设置并创建复制组"界面中显示了前面步骤所做的设置。如果这些设置正确，则单击"创建"按钮开始创建。若要更改设置，可单击"上一步"按钮返回进行修改，如图 8-57 所示。

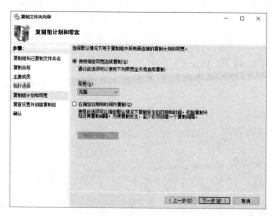
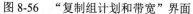
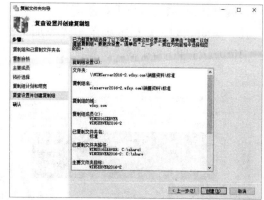

图 8-56 "复制组计划和带宽"界面   图 8-57 "复查设置并创建复制组"界面

（8）"确认"界面中显示了创建复制组的过程及结果，单击"关闭"按钮，如图 8-58 所示。图 8-59 所示为复制组创建后的界面，管理员可以根据应用情况对复制组进行修改。

3. 验证复制

DFS 复制组创建完成后，首次复制时，主要成员上的文件夹和文件具有权威性。为了验证复制组是否正常工作，可以向主要成员服务器的共享文件夹中添加一个文件，然后查看添加的文件是否复制到了其他服务器的共享文件夹中。例如，在上面的例子中，可以向开发部服务器（Research-Server）的共享文件夹中添加一些文件，然后查看文件服务器（File-Server）上是否也存有副本。

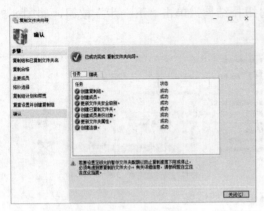

图 8-58　"确认"界面

图 8-59　复制组创建完成

4. 配置 DFS 复制计划

由于 DFS 复制可能需要占用大量的网络带宽，如果是生产性服务器，那么 DFS 复制可能会影响到正常业务的运行，因此需要配置 DFS 复制的时机和复制时使用的网络带宽，使之不影响正常业务。

DFS 复制计划可以在创建 DFS 复制组时配置，在图 8-56 的界面中选择"在指定日期和时间内复制"单选按钮，并单击"编辑计划"按钮，打开"编辑计划"对话框。对于一个已创建好的复制组而言，可以在"DFS 管理"窗口中展开"复制"节点，右击要修改的复制组，在弹出的快捷菜单中执行"编辑复制组计划"命令，打开"编辑计划"对话框。单击"详细信息"按钮，展开该对话框，如图 8-60 所示。

在"编辑计划"对话框中单击"添加"按钮，打开"添加计划"对话框。在该对话框中选择 DFS 复制的时间和网络带宽的使用率，如图 8-61 所示。

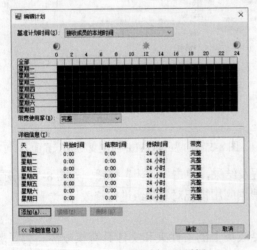

图 8-60　"编辑计划"对话框

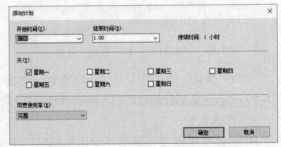

图 8-61　"添加计划"对话框

8.4.5　访问命名空间

在 Windows Server 2016 中，命名空间有独立命名空间和基于域的命名空间两种类型，它们的访问方式略有不同。

1．访问独立命名空间

访问独立命名空间中的 DFS 共享文件夹以及访问 DFS 中的文件的方法与访问普通共享文件夹的方法相同，可以通过"运行"方式来访问 DFS 命名空间，也可以通过映射网络驱动器来进行访问。使用"运行"对话框的方式来访问 DFS 命名空间时，使用的 UNC 路径为：

\\命名空间服务器的名称\命名空间\

2．访问基于域的命名空间

若要访问基于域的命名空间中的 DFS 共享文件夹，不但可以使用上述的 UNC 路径，还可以使用域名：

\\域名\命名空间

例如，用户要访问 XYZ 公司的"技术资料"命名空间，可以在"运行"对话框中输入"\\XYZ.COM\技术资料"，如图 8-62 所示。

基于域的命名空间创建后，会自动发布到活动目录中去。若使用活动目录来查找 DFS 文件夹，则更加方便，如图 8-63 所示。

图 8-62　"运行"对话框　　　　　　　　　图 8-63　使用活动目录来查找 DFS 文件夹

8.5　拓展阅读　国产服务器品牌介绍

2023 年 5 月 22 日，全球超级计算机评比组织 Top500 发布了第 61 期的超算榜单。中国在榜最高的计算机依旧为神威·太湖之光，以 93Pflop/s 位列第七。从数量上来看，中国 136 台，暂居第二位。值得关注的是，本次榜单中，中国唯一一个新入榜者为吉利星睿智算中心·智能仿真平台（Geely Wise Star-Dubhe），跻身榜单第 185 名，算力达 3.54PFlop/s。至此，吉利也成为首个进入全球算力 500 强的中国车企。

本 章 小 结

本章主要介绍了共享文件夹的方式及选择，共享文件夹的管理与访问方法，文件服务器的安装与管理方法以及 DFS 及其安装配置方法。

习题与实训

一、习题

（一）填空题

1．Windows Server 2016 默认的共享权限是 Everyone 组具有_____权限。

2．在共享文件夹的共享名后加上_____符号后，当用户通过"资源管理器"窗口浏览计算机时，共享文件夹会被隐藏。

3．分布式文件系统命名空间有两种类型，分别是_____命令空间和_____的命令空间。

4．分布式文件系统主要有_____、_____和_____三方面特性。

（二）选择题

1．共享文件夹不具备哪种权限类型（　　）。

　　A．读取　　　　　　　B．更改　　　　　　　C．完全控制　　　　　　D．列文件夹内容

2．共享文件夹完全控制权限包括（　　）。

　　A．更改权限，取得所有权　　　　　　B．修改权限

　　C．取得所有权　　　　　　　　　　　D．遍历文件夹

3．对网络访问和本地访问都有用的权限是（　　）。

　　A．共享文件夹权限　　　　　　　　　B．NTFS 权限

　　C．共享文件夹及 NTFS 权限　　　　　D．无

4．下列方式中，不能访问网络中的共享文件夹的方式是（　　）。

　　A．网上邻居　　　　　　　　　　　　B．UNC 路径

　　C．Telnet　　　　　　　　　　　　　D．映射网络驱动器

5．你是公司的网络管理员。财务部经理 lee 平时处理很多的文件，你给他设置了各个文件的 NTFS 权限。当 lee 离开公司后，新员工 Bill 来接替他的工作。为了让 Bill 访问这些文件，采用下列（　　）方法比较容易实现。

　　A．将 lee 以前拥有的所有权限为 Bill 逐项设置

　　B．让 Bill 将这些文件复制到 FAT32 分区上

　　C．将 lee 的用户名更改为 Bill，并重设密码

　　D．将 lee 用户，重建用户 Bill，重新设置权限

6．你是一台安装有 Windows Server 2016 的计算机的系统管理员，你正在设置一个 NTFS

分区上的文件夹的用户访问权限，如表 8-1 所示。

表 8-1　文件夹访问权限列表

用户	本地 NTFS 权限	共享权限
Administrators	读	完全控制
Everyone	完全控制	读

Administrator 通过网络访问该文件夹的权限是（　　　）。

　　A．读　　　　　　　B．完全控制　　　C．列出文件夹目录　D．读取和运行

　　7．你是 test king 网络的管理员，网络包括一个简单的活动目录，域名为 Test.net。所有的网络服务器运行的都是 Windows Server 2016。你的网络上包含一个名叫 TestDocs 的共享文件夹，这个文件夹是不能被在浏览名单看见的。但是，用户报告他们能看到 TestDocs 共享文件夹。要使他们不能浏览该共享文件夹，应该怎么解决这个问题？（　　　）

　　A．修改 TestDocs 的共享权限，从用户组中移除读的权限

　　B．修改 TestDocs 的 NTFS 权限，从用户组中移除读的权限

　　C．更改配额名字为 TestDocs #

　　D．更改共享名字为 TestDocs $

二、实训

1．新建并访问共享文件夹。

2．安装文件服务器。

3．使用文件服务器管理和监视共享资源。

4．创建与使用 DFS。

第9章 打印服务器的配置

本章主要介绍打印服务的相关概念，安装与设置打印服务器的方法，共享网络打印机的步骤，以及打印服务器的管理和安装与使用 Internet 打印的方法。

通过对本章的学习，应该达到如下学习目标：

- 理解打印服务的相关概念。
- 掌握安装与设置打印服务器的方法。
- 掌握共享网络打印机的方法。
- 掌握打印服务器管理内容与方法。
- 掌握安装与使用 Internet 打印的方法。

9.1 打印服务概述

9.1.1 打印系统的相关概念

打印系统是网络管理的重要组成部分，在介绍网络打印的配置和管理之前，先介绍打印系统的相关概念。这些概念主要包括打印设备（Printer Device）、打印机（Printer）、打印服务器（Printer Server）和打印驱动程序（Printer Driver），它们的关系如图 9-1 所示。

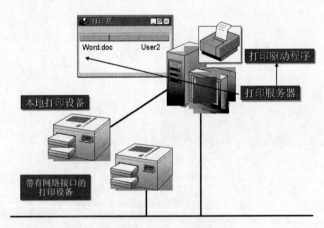

图 9-1 打印系统

1. 打印设备

打印设备就是指我们常说的打印机，它是实际执行打印的物理设备，可以分为本地打印设备和带有网络接口的打印设备。若根据使用的打印技术来分，打印设备可以分为针式打印设备、喷墨打印设备和激光打印设备。

　　2．打印机

　　在 Windows 操作系统中，所谓的"打印机"并不是指物理的打印设备，而只是一种逻辑打印机。打印机是操作系统与打印设备之间的软件接口。打印机定义了文档将从何处到达打印设备（也就是说，是到一个本地端口、一个网络连接端口还是到达一个文件），何时进行，以及如何处理打印过程的各个方面。在用户与打印机进行连接时，使用的是打印机名称，它指向一个或者多个打印设备。

　　3．打印服务器

　　打印服务器是对打印设备进行管理并为网络用户提供打印功能的计算机，负责接收客户机传输来的文档，然后将其送往打印设备进行打印。打印服务器既可以由通用计算机担任，也可以由专门的打印服务器担任。如果网络规模比较小，则可以采用普通计算机担任服务器，操作系统可以采用 Windows 2000、Windows XP、Windows Vista、Windows 7、Windows 10 等桌面操作系统。如果网络规模较大，则应当采用专门的服务器，操作系统应当采用 Windows Server 系列服务器操作系统，从而便于对打印权限和打印队列进行管理，并适应繁重的打印任务。

　　与打印服务器相对应的是打印客户机（Printer Client），它是向打印服务器提交文档、请求打印功能的计算机。

　　4．打印机驱动程序

　　打印机驱动程序由一个或多个文件组成，这些文件包含 Windows 操作系统将打印命令转换为特殊的打印机语言所需要的信息。在打印服务器接收到要打印的文件后，打印机驱动程序会负责将文件转换为打印设备所能够识别的模式，以便将文件送往打印设备打印。通常，打印机驱动程序不是跨平台兼容的，因此必须将各种驱动程序安装在打印服务器上，才能支持不同的硬件和操作系统。

9.1.2　在网络中部署共享打印机

　　在网络打印中，虽然网络的整体性能和打印机的性能直接决定着网络用户对于共享打印机的使用，但是打印服务器的性能和布局模式也是相当重要的。打印服务器是打印服务的中心，其性能的好坏直接影响用户对打印机的使用，而打印机的网络布局则直接影响着网络用户对网络打印机的选择。

　　1．网络中的共享打印机的连接模式

　　在网络中共享打印机时，主要有两种不同的连接模式，即"打印服务器+本地打印设备"模式和"打印服务器+网络打印设备"模式。

　　（1）"打印服务器+本地打印设备"模式。该模式是将一台普通打印机连接在打印服务器上，通过网络共享该打印机，供局域网中的授权用户使用。采用计算机作为打印服务器时的"打印服务器+本地打印设备"模式的网络拓扑结构如图 9-2 所示。

　　针式打印机、喷墨打印机和激光打印机都可以充当共享打印机。由于喷墨打印机和激光打印机的打印速度快，且可以批量放置纸张，因此使用较多。由于针式打印机无法自动进纸，最好选用连续纸，而且打印速度比较慢，打印精度也较差，因此除非是复写式打印，否则最好不要使用针式打印机。

　　（2）"打印服务器+网络打印设备"模式。该模式是将一台带有网卡的网络打印机接入局域网，并为它设置 IP 地址，使网络打印机成为网络上的一个不依赖于其他计算机的独立节点。在打印服务器上对该网络打印机进行管理，用户就可以使用网络打印机进行打印了。"打印服务器+网络打印设备"模式的网络拓扑结构如图 9-3 所示。

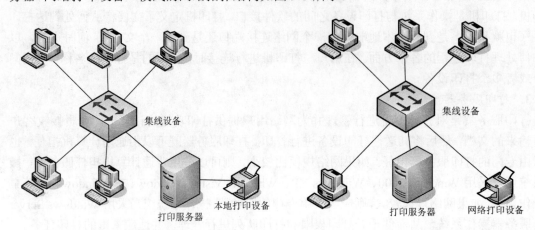

图 9-2 "打印服务器+本地打印设备"
模式的网络拓扑结构（采用计算作为打印服务器）

图 9-3 "打印服务器+网络打印设备"
模式的网络拓扑结构

由于计算机的端口有限，因此使用普通打印机时，打印服务器所能管理的打印机数量也较少。网络打印机采用以太网端口接入网络，一台打印服务器可以管理数量非常多的网络打印机，因此更适合大型网络的打印服务。

2. 设置网络打印机的准则

作为系统管理员，首先应检查打印工作量并估计需要的容量，以满足各种条件下的需求。还需建立可简化打印环境安装、使用和支持的命名约定。其次，还需确定网络所需的打印服务器的数量，以及分配给每台服务器的打印机的台数。最后，必须确定要购买的打印机、作为打印服务器的计算机、放置打印机的位置以及打印机的通信管理方式。

（1）选择合适的打印机名称和共享名称。Windows 操作系统支持使用长打印机名称。这允许用户创建包括空格和特殊字符的打印机名称。但是，如果在网络上共享打印机，某些客户机将无法识别或不能正确处理长名称，导致用户遇到打印问题，而且某些程序不能识别名称超过 32 个字符的打印机。所以，要注意以下几点。

1）如果与网络上的许多客户机共享打印机，应使用 32 个或更少的字符作为打印机名称，而且在名称中不能包括空格和特殊字符。

2）如果与 DOS 计算机共享打印机，则不要使用超过 8 个字符的打印机共享名。

3）如果打印机名的长度超过一定的字符数，一些 Windows 3.x 版本的程序将无法识别打印机。如果试图打印，将产生访问冲突或其他错误信息。如果默认打印机的名称太长，其他程序可能无法识别网络中的任何打印机，即使是具有短名称的打印机。要解决这些问题，需用短名称更改程序使用的打印机名称，并将更名后的打印机作为默认打印机。

（2）为打印机位置确定命名约定。要使用打印机位置跟踪，如在启用打印机位置跟踪中所描述的那样，需要使用下列规则来设置打印机的命名约定。

1）名称可以由除斜杠/之外的任意字符组成，名称的等级数限制为 256 级。

2）因为位置名称由最终用户使用，所以位置名称应当简单且容易识别。避免使用只有设备管理人员知道的特殊名称。为了使可读性更好，应避免在名称中使用特殊字符，最好让名称保持在 32 个字符以内，并确保整个名称字符串在用户界面中是可见的。

（3）选择打印机的数量和类型。在用户组织计划打印策略时，需要估计现在和将来所需打印机的数量和类型，这时可以参考下列策略。

1）确定如何划分和分配打印资源。高容量打印机通常功能较强，但是如果损坏，则会影响更多的用户。

2）考虑需要的打印机功能，如彩色、双面打印、信封馈送器、多柜邮箱、内置磁盘和装订器。确定需要使用这些功能的用户及其物理位置。

3）尽管成本是一个值得考虑的因素，但在通常情况下，激光打印机仍然是黑白和彩色打印的不错选择。但是，许多较便宜的激光打印机可能不支持较大页面的打印。

4）通常，如果打印量与打印机的周期负荷量相当，维护问题就比较少。

5）考虑需要的图形类型。Windows TrueType 和其他技术使得在多数打印机上打印复杂、精致的图形和字体都成为可能。

6）考虑打印速度的要求。通常，用网卡直接连接到网络的打印机比用并行总线连接的打印机能提供更高的吞吐量。但是，打印吞吐量还取决于网络流量、网卡类型和所用的协议，而不仅取决于打印机的类型。

7）要确认打印机适用于该操作系统，需要参阅支持资源中的兼容性信息。

（4）确定放置打印机的位置。需要将打印机放置在将要使用它们的用户附近。但是，还需确定打印机相对于网络中的打印服务器和用户计算机的位置。另一个目标是要使对网络环境中的打印影响减到最低。

检查网络的基础结构，尽量防止打印作业跳过多个互联网络设备。如果有一组需要较高打印量的用户，可以将其隔离，让他们只使用其所在网络段中的打印机，使其对别的用户的影响降到最低。

（5）调整和选择打印服务器。在调整和选择打印服务器时，需要考虑下列问题。

1）打印服务器可以是运行 Windows Server 系列或 Windows XP、Windows Vista、Windows 7 Professional、Windows 10 等的计算机。

2）运行桌面操作系统的打印服务器限制为最多只能有 10 个来自其他计算机的并发连接，而且不支持来自 Mac OS 和 NetWare 客户机的打印。

3）对用于文件和打印服务的 Windows Server 2016 服务器而言，其最低配置足以满足管理少数几台打印机，而且打印数据量不是很大的打印服务器的需求。要管理大量打印机或许多大的文档，就需要有更多的内存、磁盘空间以及功能更强大的计算机。

4）在同时提交了许多较大的打印文档的情况下，打印服务器必须有足够的磁盘空间以便后台打印所有文档。如果需要保存所打印文档的副本，则必须提供额外的磁盘空间。

5）如果将 Windows Server 2016 服务器同时用于文件与打印共享，则文件操作拥有较高的优先级，因此打印机将不会降低对文件访问的速度。如果将打印机直接连接到服务器上，则串行端口和并行端口通常是主要的瓶颈。

6）通过串行端口或并行端口直接连接到打印服务器上的打印机要求更多的 CPU 资源。最好使用通过网卡直接连接到网络的打印机。

7）要使打印服务器的吞吐量最大并管理多个打印机，或打印许多大文档，则应当提供一个专门用于打印的 Windows Server 2016 服务器。

8）要增大服务器的吞吐量，可更改后台打印文件夹的位置。要达到最佳效果，可将后台打印文件夹移动到在其上没有任何共享文件（包括操作系统的页面文件）的专用磁盘驱动器上。

9.2 安装与设置打印服务器

安装与设置
打印服务器

9.2.1 安装和共享本地打印设备

如果采用"打印服务器+本地打印设备"模式连接共享打印机，首先要在打印服务器上安装和共享本地打印设备，操作步骤如下。

（1）在"控制面板"窗口中单击"查看设备和打印机"图标，在打开的"设备和打印机"窗口中单击"添加打印机"按钮，启动打印机安装向导。

（2）在"添加设备"界面中选择搜索到的本地打印设备，因为本例中未安装本地打印设备，所以单击"我所需的打印机未列出"链接，单击"下一步"按钮，如图 9-4 所示。

（3）在"按其他选项查找打印机"界面中，选择"通过手动设置添加本地打印机或网络打印机"单选按钮，如图 9-5 所示。

图 9-4 "添加设备"界面   图 9-5 "添加打印机"界面

（4）在"选择打印机端口"界面中选择打印设备所在的端口，如果端口不在列表中，则可以选择"创建新端口"单选按钮，创建新端口。操作完成后，单击"下一步"按钮，如图 9-6 所示。

（5）在"安装打印机驱动程序"界面中选择打印设备生产厂家和型号。若列表中没有所使用的打印机型号，可单击"从磁盘安装"按钮，手动安装打印机驱动程序。操作完成后，单击"下一步"按钮，如图 9-7 所示。

（6）在"键入打印机名称"界面中输入打印机名，以便标识和管理。用户还可以根据自己的需要，选择是否将这台打印机设置为默认打印机。操作完成后，单击"下一步"按钮，如图 9-8 所示。

（7）打开"打印机共享"界面后，在"共享名称"文本框中输入网络中的用户可以看到的共享名，在"位置"和"注解"文本框中分别输入描述打印机位置及功能的文字，单击"下一步"按钮，如图 9-9 所示。

图 9-6 "选择打印机端口"界面

图 9-7 "安装打印机驱动程序"界面

图 9-8 "键入打印机名称"界面

图 9-9 "打印机共享"界面

（8）系统提示已成功安装打印机，单击"打印测试页"按钮，可以打印测试页来确认打印机设置是否成功。确认设置无误后，单击"完成"按钮，完成本地打印机的安装。

至此，安装和共享本地打印机的工作就完成了。如果在一个网络规模比较小的环境中，就不需要做其他工作了。在其他计算机中，通过"网络"窗口就可以找到这台共享打印机，安装相应的驱动程序后就可以使用了，具体方法将在下一节中介绍。

9.2.2 安装打印服务器角色

如果在网络规模较大，打印任务繁重，需要对打印权限和打印队列进行管理时，就需要有专门的服务器来管理打印作业，这时需要安装打印服务器角色。

在 Windows Server 2016 中，打印服务器角色的安装主要是通过添加服务器角色和功能的方式来完成的。在安装过程中，用户可以完成服务器的一些基本设置，并选择安装所需的组件。不必要的组件可以不安装，这在很大程度上减小了服务器的安全隐患。打印服务器的安装步骤如下。

（1）启动添加服务器角色和功能向导。

（2）在"选择服务器角色"界面中显示了所有可以安装的服务器角色。如果角色前面的复选框没有被勾选，表示该网络服务尚未安装，如果已勾选，说明该服务已经安装。这里勾选"打印和文件服务"复选框，单击"下一步"按钮，在弹出的"添加打印和文件服务所需的功能"界面中，单击"添加功能"按钮，返回"选择服务器角色"界面，如图 9-10 所示，单击"下一步"按钮。

（3）在"选择功能"界面中，单击"下一步"按钮。

（4）"打印和文件服务"界面中对打印服务的功能进行了简要介绍，单击"下一步"按钮。

（5）打开"选择角色服务"界面后，在"角色服务"列表框中勾选"打印服务器"复选框，只安装打印服务器角色服务，其他角色服务暂不安装，单击"下一步"按钮，如图 9-11 所示。

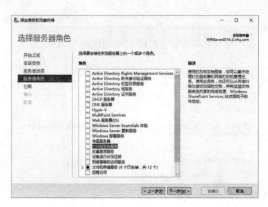

图 9-10 　"选择服务器角色"界面　　　　　图 9-11 　"选择角色服务"界面

（6）在"确认安装选择"界面中，要求确认所要安装的角色服务，如果选择错误，可以单击"上一步"按钮返回，这里单击"安装"按钮，开始安装打印服务器角色。

（7）"安装进度"界面中显示了安装打印服务器角色的进度。安装完成后，单击"关闭"按钮，完成打印与文件服务器的安装。

（8）完成打印服务器角色的安装后，在"管理工具"列表中就多了一个"打印管理"选项。选择"打印管理"选项，便可打开"打印管理"窗口。选中窗口中控制树中的"打印机"节点，就可以查看已创建的打印机了，如图 9-12 所示。

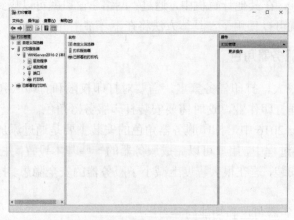

图 9-12　查看已创建的打印机

9.2.3 向打印服务器添加网络打印设备

如果采用"打印服务器+网络打印设备"模式连接共享打印机，还需要向打印服务器中添加网络打印设备，并将其设置为共享。网络打印设备的添加可以使用打印机安装向导来完成，也可以在"打印管理"窗口中完成。前者与安装本地打印设备类似，下面着重介绍在"打印管理"窗口中添加和共享网络打印设备的过程。

（1）在"打印管理"窗口中右击控制树中的"打印机"节点，在弹出的快捷菜单中执行"添加打印机"命令，启动网络打印机安装向导。

（2）在"打印机安装"界面中选择"按 IP 地址或主机名添加 TCP/IP 或 Web 服务打印机"单选按钮，单击"下一步"按钮，如图 9-13 所示。

（3）在"打印机地址"界面中设置打印设备的类型、打印机名称或 IP 地址、端口名等，单击"下一步"按钮，如图 9-14 所示。

图 9-13 "打印机安装"界面   图 9-14 "打印机地址"界面

（4）在"打印机驱动程序"界面中，因为本机上没有本打印机的驱动程序，所以需要安装，选择"安装新驱动程序"单选按钮，单击"下一步"按钮，如图 9-15 所示。

（5）在"选择打印机的制造商和型号"界面中，单击"从磁盘安装"按钮，然后选择磁盘和安装程序，安装驱动。

（6）打开"打印机名称和共享设置"界面，设置打印机名称、共享名称、位置及注解等信息，单击"下一步"按钮，如图 9-16 所示。

图 9-15 "打印机驱动程序"界面   图 9-16 "打印机名称和共享设置"界面

（7）"找到打印机"界面中显示了网络打印设备的相关信息。

（8）"正在完成网络打印机安装向导"界面中显示网络打印机安装成功，单击"完成"按钮。

9.3 共享网络打印机

共享网络打印机

打印服务器设置成功后，网络用户就可以使用网络打印服务了。在使用之前先，要安装共享打印机。共享打印机的安装与本地打印机的安装过程类似，都可以借助添加打印机向导来完成。当在打印服务器上为所有操作系统安装打印机驱动程序后，在客户机安装共享打印时，就不需要再提供打印机驱动程序了。

9.3.1 通过网络浏览安装和使用网络打印机

通过网络浏览安装和使用网络打印机，与在网络环境中使用共享文件夹的方法类似。可以使用查看工作组计算机、运行窗口和资源管理器（UNC 路径）等方式打开打印服务器，然后双击该服务器中的共享打印并确认，这样即可找到网络打印机，如图 9-17 所示。

用户也可以像安装本地打印机一样，使用添加打印机向导来连接打印服务器与共享打印机。下面以 Windows 7 为例，说明使用添加打印机向导来连接打印服务器与共享打印机的操作步骤。

（1）在"控制面板"窗口中单击"查看设备和打印机"链接，打开"打印机和传真"窗口后，单击窗口左上侧的"添加打印机"链接，打开"要安装什么类型的打印机？"界面，单击"添加网络、无线或 Bluetooth 打印机"链接，如图 9-18 所示。

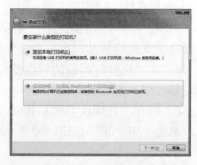

图 9-17　找到网络打印机　　　　图 9-18　"要安装什么类型的打印机？"界面

（2）在"本地或网络打印机"界面中选择网络打印机，单击"下一步"按钮。

（3）在"找不到打印机"界面中，单击下方的"我需要的打印机不在列表中"链接，打开"按名称或 TCP/IP 地址查找打印机"界面，选择"按名称选择共享打印机"单选按钮，单击文本框后的"浏览"按钮，从网络搜索共享打印机，直接输入共享打印机名称，格式是"\\服务器\打印机共享名"，设置完毕后，单击"下一步"按钮，如图 9-19 所示。

（4）在已成功添加打印机界面中单击"下一步"按钮，如图 9-20 所示。

（5）如果客户机已安装了其他打印，将打开"打印测试页"界面，可以单击"打印测试页”按钮，检查打印机是否正常工作。单击“完成”按钮，完成网络打印机的添加。

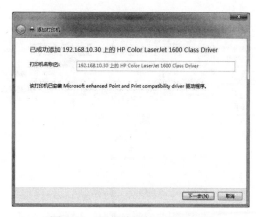

图 9-19　"按名称或 TCP/IP 地址查找打印机"界面　　　　图 9-20　已成功添加打印机界面

（6）网络打印机添加完成后，打印机图标将被添加到"打印机和传真"窗口中，如图 9-21 所示。

图 9-21　完成打印机图标的添加

9.3.2　在活动目录环境中发布和使用网络打印机

为了方便域用户查找打印机，管理员可以将打印服务器上的打印机发布到活动目录中，这样域用户就可以使用搜索功能找到活动目录中的共享打印机了。

1．在活动目录中发布打印机

（1）将打印服务器加入域中，加入方法参见 5.3 节的介绍。

（2）在打印服务器上打开"打印管理"窗口，选中控制树中的"打印机"节点，右击需要发布到活动目录中的打印机，在弹出的快捷菜单中执行"在目录中列出"命令，如图 9-22 所示。或者在域内计算机的"打印机和传真"窗口中右击网络打印机图标，在弹出的快捷菜单中执行"打印机属性"命令，切换到"共享"选项卡，勾选"列入目录"复选框，将打印机列入目录，如图 9-23 所示。

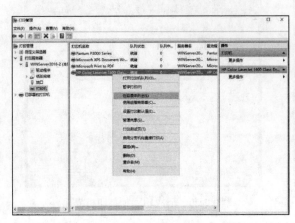

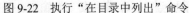

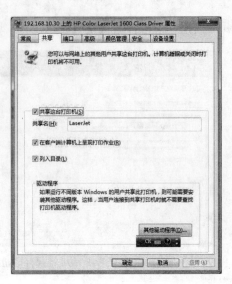

图 9-22　执行"在目录中列出"命令　　　　　图 9-23　将打印机列入目录

2. 在域内客户机中查找打印机

将共享打印机发布到活动目录中后，在域内客户机中就很容易搜索到共享打印机。以 Windows 7 客户机为例，在"网络"浏览窗口中单击"搜索 Active Directory"按钮，在"查找用户、联系人及组"对话框的"查找"下拉列表框中选择"打印机"选项，然后单击"开始查找"按钮，即可查找发布到域内的打印机，如图 9-24 所示。

图 9-24　查找发布到域内的打印机

9.4　打印服务器的管理

打印服务器的管理

用户可以在本地或通过网络来管理打印机和打印机服务器。管理任务包括管理打印队列中的文档、管理打印机服务器上的个别打印机和管理打印服务器本身。

9.4.1　设置后台打印

后台打印（Print Spooler）程序是一种软件，有时也称为假脱机服务，是用于在文档被送往打印机时完成一系列工作的，如跟踪打印机端口、分配打印优先级、向打印设备发送打印作业等。后台打印程序接收打印作业并将其保存到磁盘上，经过打印处理后，发往打印设备。

默认情况下，后台打印程序所使用的目录为%SystemRoot%\system32\spool\printers，如果该驱动器磁盘空间不足，则会严重影响打印服务。不过目录的位置是可以改变的，通过把该目录放在有更大空间的驱动器上，可以有效改善打印服务器的性能，具体操作步骤如下。

（1）打开"打印管理"窗口，右击打印服务器的计算机名，在弹出的快捷菜单中执行"属性"命令。

（2）在打开的"打印机服务器 属性"对话框中切换到"高级"选项卡，在"后台打印文件夹"文本框中输入一个新位置，单击"确定"按钮，如图 9-25 所示。

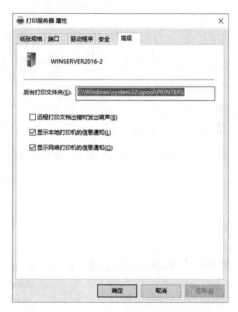

图 9-25　"打印服务器 属性"对话框

9.4.2　管理打印机驱动程序

不同的打印机在不同的硬件平台和不同的操作系统中所使用的驱动程序各不相同，为了能够满足网络中不同客户机的要求，应将所有共享打印机的不同硬件平台、不同操作系统的驱动全部安装到服务器上供用户使用。安装后，Windows Server 2016 能够识别传入的打印请求的硬件平台和操作系统版本，并自动将相应的驱动程序发送到客户机。

（1）打开"打印管理"窗口，在控制树中选中"驱动程序"节点，可以看到当前打印服务器上所安装的驱动程序。

（2）若要安装新的驱动程序，可右击"驱动程序"节点，在弹出的快捷菜单中执行"添加驱动程序"命令，打开添加打印机驱动程序向导，单击"下一步"按钮。

（3）在"处理器选择"界面中勾选相应的复选框，单击"下一步"按钮，如图 9-26 所示。

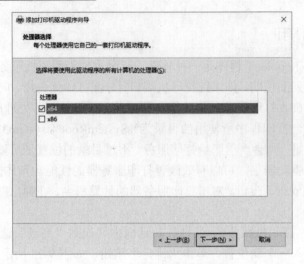

图 9-26　"处理器选择"界面

　　（4）在"打印机驱动程序选项"界面中选择厂商和打印机的型号。若列表中没有需要的厂商和打印机的型号，可单击"从磁盘安装"按钮进行安装，操作完成后，单击"下一步"按钮，如图 9-27 所示。

图 9-27　"打印机驱动程序选项"界面

　　（5）在"正在完成添加打印机驱动程序向导"界面中单击"完成"按钮，即可完成打印机驱动程序的安装。

9.4.3　管理打印机权限

　　出于安全方面的考虑，Windows Server 2016 允许管理员指定权限来控制打印机的使用和管理。通过使用打印机权限，可以控制由谁来使用打印机，还可以使用打印机权限将特殊打印机的负责权委派给非管理员用户。

　　1. 打印机权限的类别

Windows 操作系统提供了三种等级的打印安全权限，即打印、管理打印机和管理文档。

每种权限都有"允许"和"拒绝"两个选项。当应用了"拒绝"选项时，它将优先于其他任何权限。当给一组用户指派了多个权限时，将应用限制最少的权限。

（1）打印权限。允许或拒绝用户连接到打印机，并将文档发送到打印机。默认情况下，打印允许权限将指派给 Everyone 组中的所有成员。

（2）管理打印机权限。允许或拒绝用户执行与打印权限相关联的任务，并且具有对打印机的完全管理控制权。当一个用户具有管理打印机权限时，可以暂停和重新启动打印机、更改打印后台处理程序的设置、共享打印机以及调整打印机权限，还可以更改打印机属性。默认情况下，管理打印机权限将指派给 Administrators 组的成员。Administrators 组的成员拥有完全访问权限，这些用户拥有打印、管理文档以及管理打印机的权限。

（3）管理文档权限。允许或拒绝用户暂停、继续、重新开始和取消由其他所有用户提交的文档，还可以重新安排这些文档的顺序。但是，用户无法将文档发送到打印机或控制打印机状态。默认情况下，管理文档权限指派给 Administrators 组和 Creator Owner 组的成员。当被指派管理文档权限时，用户将无法访问当前等待打印的现有文档。此权限只应用于在该权限被指派给用户之后发送到打印机的文档。

注意： 默认情况下，Windows Server 2016 将打印机权限指派给六组用户。这些组包括 Administrators（管理员）、Creator Owner（创建者所有者）、Everyone（每个人）、Power Users（特权用户）、Print Operators（打印操作员）和 Server Operators（服务器操作员），每组都会被指派打印、管理文档和管理打印机这三种权限的一种组合。

2. 设置或删除打印机权限

如果要设置或删除打印机权限，可采取以下步骤。

（1）在"打印管理"窗口中选中控制树中的"打印机"节点，右击要配置成打印机池的打印机，在弹出的快捷菜单中执行"属性"命令，在打开的打印机属性对话框中切换到"安全"选项卡，如图 9-28 所示。

图 9-28　"安全"选项卡

（2）执行以下任意一种操作。

1）要更改或删除已有用户（或组）的权限，则单击组或用户的名称。

2）要设置新用户或组的权限，则单击"添加"按钮。在"选择用户"对话框中输入要为其设置权限的用户或组的名称，单击"确定"按钮，关闭对话框。

（3）若要查看或更改构成打印操作、管理打印机和管理文档的基本权限，则单击"高级"按钮。

（4）设置完毕后，单击"确定"按钮，保存设置。

9.4.4 配置打印机池

若单位中有多台打印设备可以完成打印任务，则可以将这些打印设备配置成打印机池（Printer Pool）。这样，当用户将打印作业发送到打印机上后，打印机会在打印机池中自动为文档选择一台空闲的打印设备进行打印，用户无须干预。

1. 打印机池的工作原理

打印机池是一台逻辑打印机，通过打印服务器上的多个端口与多个打印设备相连。这些打印设备可以是本地的，也可以是网络打印设备。图 9-29 所示为连接到三个打印设备的打印机池。

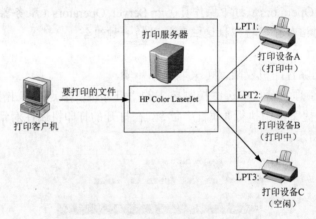

图 9-29　打印机池

创建了打印机池之后，用户在打印文档时，不需要查找哪一台打印设备目前可用，哪一台处于空闲状态的打印设备可以接收发送到逻辑打印机的下一份文档。这对于打印量很大的网络非常有帮助，可以减少用户等待文档的时间。同时，打印机池也简化了管理，可以通过打印服务器上的同一台逻辑打印机来管理多台打印设备。

在设置打印机池之前，应考虑以下两点。

（1）打印机池中的所有打印设备必须使用同样的驱动程序。

（2）由于用户不知道发出的文档由打印机池中的哪一台打印设备打印，因此应将打印机池中的所有打印设备放置在同一地点。

2. 配置打印机池

配置打印机池需要先在打印服务器上添加一台打印设备，然后向打印服务器添加其他的打印设备，以组成打印机池，配置步骤如下。

（1）为打印服务器添加一台打印机，并安装相应的打印驱动程序。

（2）将其他打印设备与该打印服务器的其他可用端口连接。

（3）在"打印管理"窗口中选中控制树中的"打印机"节点，右击要配置成打印机池的打印机，在弹出的快捷菜单中执行"属性"命令，在打开的打印机属性对话框中切换到"端口"选项卡。

（4）在"端口"选项卡中勾选"启用打印机池"复选框，在列表框中勾选打印服务器中连接各台打印设备的端口，单击"确定"按钮，如图 9-30 所示。

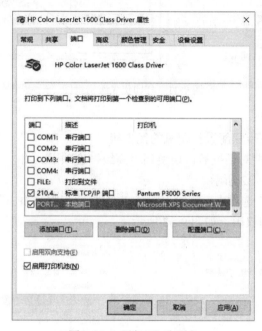

图 9-30　"端口"选项卡

注意：添加打印设备时，首先添加连接到快速打印设备的端口，这样可以保证发送到打印机的文档在被分配给打印机池中的慢速打印机前，以最快的速度打印。

9.4.5　设置打印机优先级

在公司打印设备不多的情况下，高层主管跟基层员工经常需要使用同样的打印设备。大部分情况下，高层主管都希望自己的打印任务优先。怎样才能按实际的需求来编排打印优先级呢？

1．打印机优先级的实现原理

要在打印机之间设置优先级，需要将两个或者多个打印机指向同一个打印设备，即同一个端口。这个端口可以是打印服务器上的物理端口，也可以是指向网络打印设备的端口。为每一个与打印设备连接的打印机设置不同的优先级（1～99，数字越大，优先级越高），然后将不同的用户分配给不同的打印机，或者让用户将不同的文档发送给不同的打印机，打印优先级示意图如图 9-31 所示。

如果设置了打印机之间的优先级，则在将几组文档都发送到同一个打印设备时，可以区分它们的优先级。指向同一个打印设备的多个打印机，允许用户将重要的文档发送给高优先级的打印机，而不重要的文档则发送给低优先级的打印机。

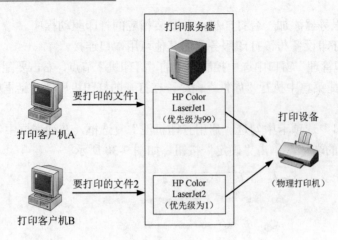

图 9-31　打印优先级示意图

2. 配置打印机优先级

管理员可以通过以下步骤配置打印机的优先级。

（1）打开打印机属性对话框后，切换到"高级"选项卡，将"优先级"设置为一个非常大的数值，如 99，如图 9-32 所示。

（2）切换到"安全"选项卡，删除 Everyone 的打印权限，添加需要使用高优先级的用户或用户组，并赋予其打印权限，如图 9-33 所示。

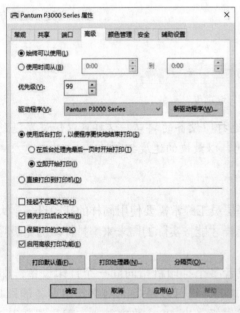

图 9-32　设置打印优先级

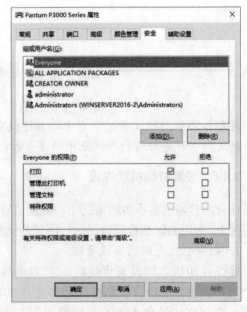

图 9-33　赋予用户打印权限

9.4.6　管理打印文档

打印队列是存放等待打印的文档的地方。当应用程序执行了"打印"命令后，Windows 操作系统就会创建一个打印工作且开始处理。若打印机这时正在打印另一项打印作业，则在后台打印文件夹中形成一个打印队列，保存所有等待打印的文件。

1. 管理打印作业

在管理打印作业时，用户可以进行如下操作，查看打印队列中的文档、暂停和继续打印一个文档、暂停和重新启动打印机打印作业、清除打印文档、调整打印文档的顺序。

管理打印作业的方法与使用本地打印机的方法基本相同，下面简要地介绍管理方法。

（1）打开"打印管理"窗口，在控制树中选中"打印机"节点，在中间窗格中右击相关打印机，在弹出的快捷菜单中执行"打开打印机队列"命令，打开打印作业管理器窗口。该窗口中列出了打印队列中的所有文档以及它们的状态，如图 9-34 所示。

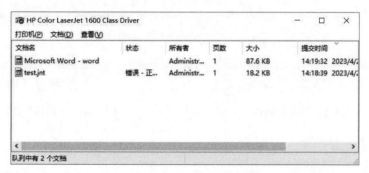

图 9-34　打印作业管理窗口

（2）若要暂停或继续打印文档、重新开始打印文档、删除文档，可右击相应的文档，在弹出的快捷菜单中执行相应的命令即可。

（3）若要查看并更改文档的各种设置（如文档优先级和文档打印时间），可双击该文档，在打开的文档的属性对话框中进行修改，如图 9-35 所示。

2. 转移文档到其他打印机

当一份文档在打印的时候，打印机突然出现故障而停止打印时，如果没有设置打印机池，这时需要管理员手动地将打印队列中的文档转移到其他的打印机上，操作步骤如下。

（1）打开"打印管理"窗口，在控制树中选中"打印机"节点，在中间窗格中右击出现故障的打印机，在弹出的快捷菜单中执行"属性"命令，在打开的打印机的属性对话框中切换到"端口"选项卡，单击"添加端口"按钮，如图 9-36 所示。

（2）在"打印机端口"对话框中选择将打印设备连接在本地端口或网络端口，单击"新端口"按钮，如图 9-37 所示。

（3）在打开的"端口名"对话框中，若选择的是本地端口，则需要输入本地端口的端口号，如图 9-38 所示。

3. 利用分隔页分隔打印文档

在多个用户同时打印文档时，打印设备上会出现多份打印出来的文档，需要用户手动去分开每个人打印的文档，比较麻烦。不过，打印机的设计者已经考虑到了这个问题。用户可以通过设置分隔页来分隔每份文档。分隔页工作的过程是，在打印每份文档之前，先打印该分隔页的内容，分隔页的内容可以包含该文档的用户名、打印日期和打印时间等。设置分隔页的过程如下。

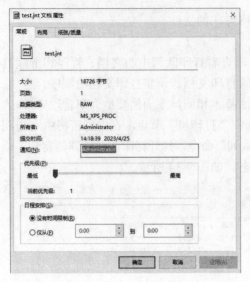

图 9-35　修改打印文档属性

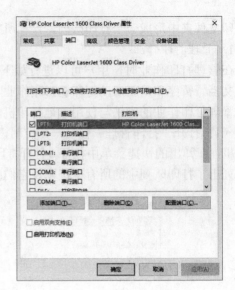

图 9-36　"端口"选项卡

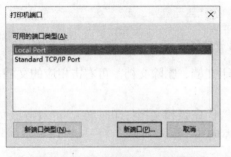

图 9-37　"打印机端口"对话框

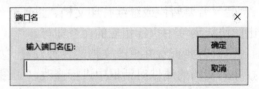

图 9-38　"端口名"对话框

（1）创建分隔页。用户可以通过记事本编辑分隔页文档。Windows Server 2016 也带了几个标准的分隔页文档，它们位于%Systemroot%\System32 文件夹内，如 sysprint.sep（适用于与 PostScript 兼容的打印机）和 pcl.sep（适用于与 PCL 兼容的打印机）。图 9-39 所示为 pcl.sep 分隔页文档的内容。

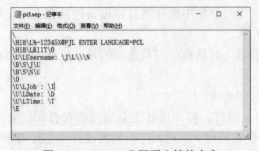

图 9-39　pcl.sep 分隔页文档的内容

（2）选择分隔页。打开"打印管理"窗口，在控制树中选中"打印机"节点，在中间窗格中右击需要设置分隔页的打印机，在弹出的快捷菜单中执行"属性"命令，在打开的打印机的属性对话框中切换到"高级"选项卡，单击"分隔页"按钮，如图 9-40 所示。

（3）在"分隔页"对话框中输入分隔页文档，或单击"浏览"按钮选择分隔页文档，如图 9-41 所示。

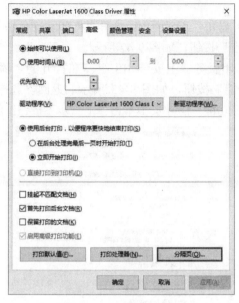

图 9-40　"高级"选项卡　　　　　　　　图 9-41　"分隔页"对话框

9.5　安装与使用 Internet 打印

安装与使用
Internet 打印

　　Internet 打印指的是通过 Web 浏览器在 Internet 或 Intranet 网上使用打印机打印。用户只要具备打印机的 URL 和适当的权限，就可以使用 Internet 打印，并把打印作业提交到 Internet 上的任何打印机。

9.5.1　安装 Internet 打印服务

1．Internet 打印的条件

使用 Internet 打印时，必须具备以下条件。

（1）要使运行 Windows 操作系统的计算机处理包含 URL 的打印作业，计算机必须运行 Microsoft Internet 信息服务（IIS）。

（2）Internet 打印使用 Internet 打印协议（Internet Printing Protocol，IPP）"作为底层协议，该协议封装在用作传输载体的 HTTP 内部。当通过浏览器访问打印机时，系统首先试图使用 RPC（Remote Procedure Call，远程过程调用）在 Intranet 和 LAN 上进行连接，因为 RPC 快速而且有效。

（3）打印服务器的安全由 IIS 保证。要支持所有的浏览器以及所有的 Internet 客户，管理员必须选择基本身份验证。作为可选项，管理员也可以使用 Microsoft 质询/响应或 Kerberos 身份验证，这两者都被 Internet Explorer 所支持。

（4）可以管理来自任何浏览器的打印机，但是必须使用 Internet Explorer 4.0 或更高版本的浏览器才能使用浏览器连接打印机。

2. 安装 Internet 打印角色服务

"Internet 打印"是服务器角色"打印和文件服务"的一个角色服务。下面说明安装该角色服务的步骤。

（1）启动添加角色和功能向导，在"选择服务器角色"界面中，展开"打印和文件服务"节点，勾选"Internet 打印"复选框，单击"下一步"按钮，如图 9-42 所示。

（2）如果要安装 Internet 打印，则需要在打印服务器上安装 IIS 组。在打开的"添加Internet 打印所需的功能？"界面中单击"添加功能"按钮，如图 9-43 所示。返回"选择服务器角色"界面后，单击"下一步"按钮。在"选择功能"向导页中单击"下一步"按钮继续。

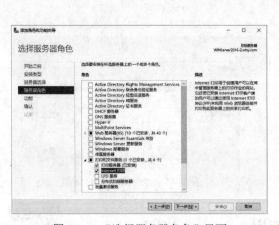

图 9-42　"选择服务器角色"界面

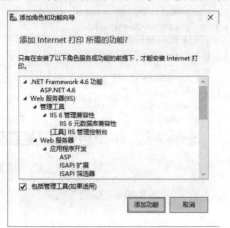

图 9-43　添加所需的功能

（3）"Web 服务器简介（IIS）"界面中对 IIS 作了简要的介绍，单击"下一步"按钮。

（4）"选择角色服务"界面中默认勾选中 Internet 打印必需的组件，用户还可以根据需要添加其他组件。操作完成后，单击"下一步"按钮，如图 9-44 所示。

（5）在"确认安装所选内容"界面中，列表框中显示了所选择的角色。若设置不正确，则单击"上一步"按钮返回修改，单击"安装"按钮，即可开始安装所显示的角色服务，如图 9-45 所示。

图 9-44　添加需要的组件

图 9-45　确认选择

（6）"安装进度"界面中显示安装进度，安装完成后，会提示必须重新启动目标服务器才能完成安装，单击"关闭"按钮，重启服务器。

Internet 打印角色服务和 IIS 安装成功后，系统会在默认的 Web 网站中创建一个 Printers 虚拟目录，如图 9-46 所示。Printers 虚拟目录指向文件夹%systemroot%\web\printers，它的设置属性包括虚拟目录、文档、目录安全性、HTTP 头、自定义错误和 BITS 服务扩展等。Printers 虚拟目录属性的设置和 Web 网站属性的设置基本相同，具体设置方法可参见第 10 章的相关内容。

图 9-46　创建 Printers 虚拟目录

9.5.2　使用 Web 浏览器连接打印服务器与共享打印机

如果知道打印机的 URL，而且拥有适当的权限，就可以通过 Internet 或 Intranet 使用打印机进行打印。要使用 Web 浏览器连接打印服务器，可以执行以下步骤。

（1）在 IE 浏览器的地址栏中输入"http://< 打印机服务器域名或 IP 地址> /printers"，按 Enter 键，打开用户认证对话框。输入具有访问权限的用户账户和密码，单击"确定"按钮，如图 9-47 所示。

图 9-47　用户认证

（2）认证通过后，在浏览器中显示打印服务器上可用的打印机，如图 9-48 所示。

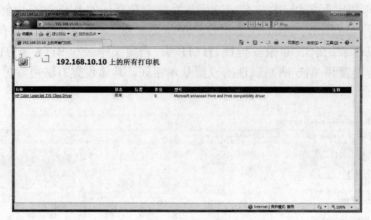

图 9-48　打印服务器上可用的打印机

（3）单击要连接的打印机，打开图 9-49 所示的显示打印机状态网页，若用户有打印机的管理权限，便可对打印机文档和打印作业进行管理。

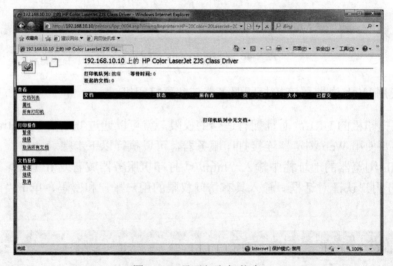

图 9-49　显示打印机状态

9.6　拓展阅读　华为–高斯数据库

目前国产最强的三大数据库分别为华为、阿里、中兴旗下的产品。正是由于这些科技公司的不断研发、进步，才能够让越来越多的中国本土企业用上自己的数据库，为信息技术安全提供了强有力的保障。

GaussDB（for openGauss）是华为公司倾力打造的自研企业级分布式关系型数据库。该产品具备企业级复杂事务混合负载能力，同时支持优异的分布式事务，同城跨 AZ 部署，数据 0 丢失，支持 1000+扩展能力，PB 级海量存储等企业级数据库特性。拥有云上高可用，高可靠，高安全，弹性伸缩，一键部署，快速备份恢复，监控告警等关键能力，能为企业提供功能全面，稳定可靠，扩展性强，性能优越的企业级数据库服务。同时华为开源 openGauss 单机主备社区版本，鼓励更多伙伴、开发者共同繁荣中国数据库生态。GaussDB（for openGauss）是华为云基于 openGauss 开源内核打造的一款分布式数据库，重点对公有云和分布式能力进行增强，以华为云和华为云 Stack 形式服务于金融政企客户和华为的自有业务。自 2020 年首次入选，华为云 GaussDB 已经连续两年入选 Gartner 云数据库管理系统魔力象限。华为云 GaussDB 在行业实力、亚太市场影响力、云产品组合和生态广度方面十分具有优势，从技术到服务都充分满足了客户业务场景需求。

本 章 小 结

　　本章主要介绍了打印设备、打印机、打印服务器和打印驱动程序等打印系统的相关概念，网络共享打印机的连接方式和部署准则，本地打印设备的安装和共享方法、打印服务器角色的安装过程、向打印服务器添加网络打印设备的操作过程，在工作组和域模式下使用共享打印的方法，后台打印、打印机驱动程序、打印机权限和所有权、打印文档的管理方法，打印机池和打印优先级的用途和实际原理，打印机池和打印优先级的配置方法，以及 Internet 打印的安装与使用过程。

习题与实训

一、习题

（一）填空题

1．Windows Server 2016 提供的打印机权限包括_____、_____和_____。

2．一台打印服务器上连接多个同型号的物理打印设备，为了能让这些打印设备协同工作，应该将打印服务器设置_____。

3．可以通过设置打印机的_____，使某些用户优先使用打印设备。

（二）选择题

1．某公司新购置了一台使用 USB 接口的彩色喷墨打印机，并将该打印机安装到了公司网络中的一台打印服务器上。平面设计部的一名员工想要使用这台打印机，在他用添加打印机向导安装打印机时，应该选择安装的类型为（　　）。

　　A．安装本地打印机　　　　　　　　B．安装 USB 驱动程序

　　C．自动检测并安装本地打印机　　　D．安装网络打印机

2．打印出现乱码的原因是（　　）。

　　A．计算机的系统硬盘空间（C 盘）不足

　　B．打印机驱动程序损坏或选择了不符合机种的错误驱动程序

　　C．使用应用程序所提供的旧驱动程序或不兼容的驱动程序

　　D．以上都不对

3．下列（　　）不是 Windows Server 2016 提供的打印机权限。

　　A．打印　　　　　B．管理文档　　　C．管理打印机池　　D．管理打印机

4．管理员在一个 Windows Server 2016 网络中配置了打印服务器，在打印权限中拥有管理

文档权限的用户可以进行的操作为（　　　）。

    A．连接并向打印机发送打印作业　　　B．暂停打印机

    C．暂停打印作业　　　　　　　　　　　D．管理打印机的状态

  5．你是公司的网络管理员，负责维护公司的打印服务器。该服务器连接一台激光打印机，公司的销售部员工共同使用这台打印机设备。你想使销售部经理较普通员工优先打印，应该如何实现（　　　）。（选两项）

    A．在打印服务器上创建两台逻辑打印机，并分别将其共享给销售部经理和普通员工

    B．在打印服务器上创建一台逻辑打印机，并将其共享给销售部经理和普通员工

    C．设置销售部经理共享的逻辑打印机的优先级为 99，普通员工共享的逻辑打印机优先级为 1

    D．设置销售部经理共享的逻辑打印机的优先级为 1，普通员工共享的逻辑打印机优先级为 99

  6．下列关于打印机优先级的叙述中正确的是（　　　）。（选两项）

    A．在打印服务器上设置优先级

    B．在每个员工的机器上设置优先级

    C．设置打印机优先级时，需要一台逻辑打印机对应两台或多台物理打印机

    D．设置打印机优先级时，需要一台物理打印机对应两台或多台逻辑打印机

  7．公司有一台系统为 Windows Server 2016 的打印服务器，管理员希望通过设置不同的优先级来满足不同人员的打印需求，下面（　　　）不是合法的打印优先级。

    A．1　　　　　　　　B．80　　　　　　　　C．90　　　　　　　　D．0

  8．管理员在一个 Windows Server 2016 网络中的一台打印服务器上连接了多个同型号的物理打印设备，为了能让这些打印设备协同工作，应该为打印服务器设置（　　　）。

    A．打印队列　　　B．打印优先级　　　C．打印机池　　　D．打印端口

  9．你是公司的网络管理员，公司新买了 3 台 HP 喷墨打印机，为了提高打印速度和合理分配打印机的使用效率，你可以通过（　　　）的方法使用这三台打印设备。

    A．打印机池　　　B．打印机优先级　C．打印队列长度　　　D．打印队列范围

  10．下列关于打印机池的描述中不正确的是（　　　）。

    A．一台逻辑打印机对应多台物理打印设备

    B．可以提高打印速度

    C．多台逻辑打印机对应一台物理打印设备

    D．需要使用相同型号或兼容的打印设备

二、实训

1．安装与共享本地打印设备。

2．安装打印服务角色。

3．在活动目录中发布及使用共享打印机。

4．管理打印机权限。

5．配置打印机优先级。

6．配置与使用 Internet 打印服务。

第 10 章　DHCP 服务器的配置

本章主要介绍 DHCP 服务器的工作原理和安装配置过程。

通过对本章的学习，应该达到如下学习目标：

- 掌握网络 IP 地址的分配方式及 DHCP 的工作原理。
- 掌握 DHCP 服务器的安装配置过程。
- 掌握 DHCP 客户机的配置方法。

10.1　DHCP 概 述

在 TCP/IP 网络上，每一台主机必须拥有唯一的 IP 地址，并且通过该 IP 地址与网络上的其他主机通信。为了简化 IP 地址分配，我们可以通过 DHCP 服务器，为网络中的其他主机自动配置 IP 地址与相关的 TCP/IP 设置。

10.1.1　IP 地址的配置

在 TCP/IP 网络中，每一台主机可采用以下两种方式获取 IP 地址与相关配置，一种是手动配置，另一种是 DHCP 服务器动态配置。

1. 手动配置和动态配置

在网络管理中，为网络客户机分配 IP 地址是网络管理员的一项复杂的工作，因为每台客户机都必须拥有一个独立的 IP 地址，以免因出现重复的 IP 地址而引起网络冲突。如果网络规模较小，管理员可以分别对每台机器进行配置。但是，在大型网络中，管理的网络包含成百上千台计算机，那么为客户机管理和分配 IP 地址的工作会需要大量的时间和精力，如果以手动方式设置 IP 地址，不仅管理效率低，而且非常容易出错。

DHCP 是从 BOOTP（Boot Strap Protcol，引导协议）发展而来的一个简化主机 IP 地址分配管理的 TCP/IP 标准。通过 DHCP，网络用户不再需要自行设置网络参数，而是由 DHCP 服务器来自动配置客户所需要的 IP 地址及相关参数（如默认网关、DNS 和 WINS 的设置等）。在使用 DHCP 分配 IP 地址时，整个网络至少有一台服务器上安装了 DHCP 服务，其他要使用 DHCP 功能的客户机也必须设置成利用 DHCP 获得 IP 地址，DHCP 服务器工作原理如图 10-1 所示。

2. DHCP 的优点

（1）安全可靠。DHCP 避免了因手动设置 IP 地址等参数而产生的错误，同时也避免了因把一个 IP 地址分配给多台工作站而造成的地址冲突。

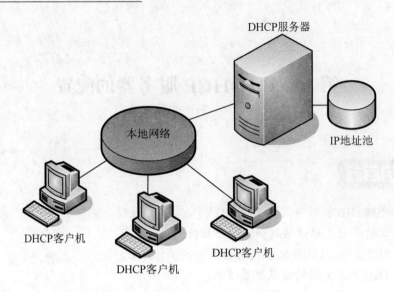

图 10-1　DHCP 服务器工作原理

（2）网络配置自动化。使用 DHCP 服务器大大缩短了配置或重新配置网络中的工作站所花费的时间。

（3）IP 地址变更自动化。DHCP 地址租约的更新过程将有助于用户确定哪个客户的设置需要经常更新（如使用笔记本式计算机的客户经常更换地点），且这些变更由客户机与 DHCP 服务器自动完成，无须网络管理员干涉。

3．动态 IP 地址分配方式

当 DHCP 客户机启动时，它会自动与 DHCP 服务器进行沟通，并且要求 DHCP 服务器为自己提供 IP 地址及其他网络参数。而 DHCP 服务器在收到 DHCP 客户机的请求后，会根据自身的设置，决定如何提供 IP 地址给客户机。

（1）永久租用。当 DHCP 客户机向 DHCP 服务器租用到 IP 地址后，这个地址就永远分派给这个 DHCP 客户机使用。

（2）限定租期。当 DHCP 客户机向 DHCP 服务器租用到 IP 地址后，暂时使用这个地址一段时间。如果原 DHCP 客户机又需要 IP 地址，它可以向 DHCP 服务器重新租用另一个 IP 地址。

10.1.2　DHCP 的工作原理

DHCP 是基于客户机/服务器模型设计的，DHCP 客户机通过与 DHCP 服务器的交互通信以获得 IP 地址租约。DHCP 协议使用端口 UDP 67（服务器端）和 UDP 68（客户机端）进行通信，并且大部分 DHCP 协议通信使用广播进行。

1．初始化租约过程

DHCP 客户机首次启动时，会自动执行初始化过程以便从 DHCP 服务器获得租约，DHCP 初始化租约过程如图 10-2 所示。DHCP 客户机和 DHCP 服务器的这四次通信分别代表不同的阶段。

（1）发现阶段。DHCP 客户机发起 DHCP Discover（发现消息）广播消息，向所有 DHCP

服务器获取 IP 地址租约。此时由于 DHCP 客户机没有 IP 地址，因此在数据包中，使用 0.0.0.0 作为源 IP 地址，使用广播地址 255.255.255.255 作为目的地址。在此请求数据包中同样会包含客户机的 MAC 地址和计算机名，以便 DHCP 服务器进行区分。网络上每一台安装了 TCP/IP 的主机都会接收到这种广播消息，但只有 DHCP 服务器才会做出响应。

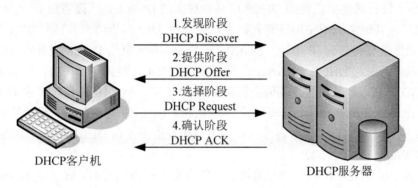

图 10-2　DHCP 初始化租约过程

当发送第一个 DHCP Discover 广播消息后，DHCP 客户机将等待 1 秒，如果在此期间没有 DHCP 服务器响应，DHCP 客户机将分别在第 9 秒、第 13 秒和第 16 秒重复发送 DHCP Discover 广播消息。如果仍没有得到 DHCP 服务器的应答，将每隔 5 分钟广播一次，直到得到应答为止。

（2）提供阶段。所有接收到 DHCP 客户机发送的 DHCP Discover 广播消息的 DHCP 服务器会检查自己的配置，如果具有有效的 DHCP 作用域和富余的 IP 地址，则 DHCP 服务器发起 DHCP Offer（提供消息）广播消息来应答发起 DHCP Discover 广播的 DHCP 客户机，此消息包含的内容有客户机 MAC 地址、DHCP 服务器提供的客户机 IP 地址、DHCP 服务器的 IP 地址、DHCP 服务器提供的客户机子网掩码、其他作用域选项（如 DNS 服务器、网关和 WINS 服务器等）以及租约期限等。

由于 DHCP 客户机没有 IP 地址，因此 DHCP 服务器同样使用广播进行通信，源 IP 地址为 DHCP 服务器的 IP 地址，而目的 IP 地址为 255.255.255.255。同时，DHCP 服务器为此客户机保留它提供的 IP 地址，从而不会为其他 DHCP 客户机分配此 IP 地址。如果有多个 DHCP 服务器给予此 DHCP 客户机回复 DHCP OFFER 消息，则 DHCP 客户机接受它接收到的第一个 DHCP OFFER 消息中的 IP 地址。

（3）选择阶段。当 DHCP 客户机接受 DHCP 服务器的租约时，它将发起 DHCP Request（请求消息）广播消息，告诉所有 DHCP 服务器自己已经做出选择，接受了某个 DHCP 服务器的租约。

在此，DHCP Request 广播消息中包含了 DHCP 客户机的 MAC 地址、接受的租约中的 IP 地址、提供此租约的 DHCP 服务器地址等。其他的 DHCP 服务器将收回它们为此 DHCP 客户机所保留的 IP 地址租约，以给其他 DHCP 客户机使用。

此时由于没有得到 DHCP 服务器最后的确认，DHCP 客户机仍然不能使用租约中提供的 IP 地址，因此在数据包中仍然使用 0.0.0.0 作为源 IP 地址，广播地址 255.255.255.255 作为目的地址。

（4）确认阶段。提供的租约被接受的 DHCP 服务器在接收到 DHCP 客户机发起的 DHCP

Request 广播消息后，会发送 DHCP ACK（确认消息）广播消息进行最后的确认，在这个消息中同样包含了租约期限及其他 TCP/IP 选项消息。

如果 DHCP 客户机的操作系统为 Windows 2000 及其之后的版本，当 DHCP 客户机接收到 DHCP ACK 广播消息后，还会向网络发出 3 个针对此 IP 地址的 ARP 解析请求以执行冲突检测，确认网络上没有其他主机使用 DHCP 服务器提供的 IP 地址，从而避免 IP 地址冲突。如果发现该 IP 已经被其他主机所使用（有其他主机应答此 ARP 解析请求），则 DHCP 客户机会发送（因为它仍然没有有效的 IP 地址）DHCP Decline 广播消息给 DHCP 服务器以拒绝此 IP 地址租约，然后重新发起 DHCP Discover 进程。此时，DHCP 服务器管理窗口中会显示此 IP 地址为 BAD_ADDRESS。如果没有其他主机使用此 IP 地址，则 DHCP 客户机的 TCP/IP 使用租约中提供的 IP 地址完成初始化，从而可以与其他网络中的主机进行通信。至于其他 TCP/IP 选项，如 DNS 服务器和 WINS 服务器等，本地手动配置将覆盖从 DHCP 服务器获得的值。

2．DHCP 客户机重新启动

DHCP 客户机在成功租约到 IP 地址后，每次重新登录网络时，就不需要再发送 DHCP Discover 了，而是直接发送包含前一次所分配的 IP 地址的 DHCP Request。当 DHCP 服务器收到这一消息后，它会尝试让 DHCP 客户机继续使用原来的 IP 地址，并回答一个 DHCP ACK。如果此 IP 地址已无法再分配给原来的 DHCP 客户机使用时（比如此 IP 地址已分配给其他 DHCP 客户机使用），则 DHCP 服务器给 DHCP 客户机回答一个 DHCP NACK（否认消息）。当原来的 DHCP 客户机收到此 DHCP NACK 后，它就必须重新发送 DHCP Discover 来请求新的 IP 地址。

3．更新 IP 地址的租约

DHCP 服务器向 DHCP 客户机出租的 IP 地址一般都有一个租借期限，期满后，DHCP 服务器便会收回出租的 IP 地址。如果 DHCP 客户机要延长其 IP 租约，则必须更新其 IP 租约。

DHCP 服务器将 IP 地址提供给 DHCP 客户机时，包含租约的有效期，默认租约期限为 8 天（691200 秒）。除了租约期限外，还具有两个时间值 T1 和 T2，其中 T1 定义为租约期限的一半，默认情况下是 4 天（345600 秒），而 T2 定义为租约期限的 7/8，默认情况下为 7 天（604800 秒）。

当到达 T1 定义的时间期限时，DHCP 客户机会向提供租约的原始 DHCP 服务器发起 DHCP Request，请求对租约进行更新，如果 DHCP 服务器接受此请求，则回复 DHCP ACK 消息，包含更新后的租约期限。如果 DHCP 服务器不接受 DCHP 客户机的租约更新请求（如此 IP 已经从作用域中去除），则向 DHCP 客户机回复 DHCP NACK 消息，此时 DHCP 客户机立即发起 DHCP Discover 进程以寻求 IP 地址。如果 DHCP 客户机没有从 DHCP 服务器得到任何回复，则继续使用此 IP 地址直到到达 T2 定义的时间限制。此时，DHCP 客户机再次向提供租约的原始 DHCP 服务器发起 DHCP Request，请求对租约进行更新，如果仍然没有得到 DHCP 服务器的回复，则发起 DHCP Discover 进程以寻求 IP 地址。

10.2　添加 DHCP 服务

10.2.1　架设 DHCP 服务器的需求和环境

DHCP 服务器只能安装到 Windows 的服务器操作系统（如 Windows 2000 Server、Windows Server 2008 和 Windows Server 2016 等）中，Windows 的客户机操作系统（如 Windows 2000

Professional、Windows XP、Windows 7、Windows 10 等）都无法扮演 DHCP 服务器的角色。

重要的是，由于 DHCP 服务器需要固定的 IP 地址与 DHCP 客户机进行通信，因此 DHCP 服务器必须配置为使用静态 IP 地址，它的 IP 地址、子网掩码、默认网关和 DNS 服务器等网络参数必须是手动配置，不能通过 DHCP 方式获取。

另外，还要事先规划好出租给客户机所用的 IP 地址池（也就是 IP 作用域、范围）。

10.2.2　安装 DHCP 服务器角色

Windows Server 2016 内置了 DHCP 服务组件，但默认情况下并没有安装，需要管理员手动安装并配置，才能为网络提供 DHCP 服务。将一台运行 Windows Server 2016 的计算机配置成 DHCP 服务器，是通过服务器管理器添加 DHCP 服务器角色，其过程如下。

（1）打开"服务器管理器"窗口，执行"管理"→"添加角色和功能"命令，启动添加角色和功能向导。

（2）"选择服务器角色"界面中显示了所有可以安装的服务器角色。如果角色前面的复选框没有被勾选，则表示该网络服务尚未安装。如果已勾选，则说明该服务已经安装。这里勾选"DHCP 服务器"复选框，如图 10-3 所示。

（3）在图 10-4 所示的"添加 DHCP 服务器所需的功能？"界面中，单击"添加功能"按钮，返回"选择服务器角色"界面中，单击"下一步"按钮。

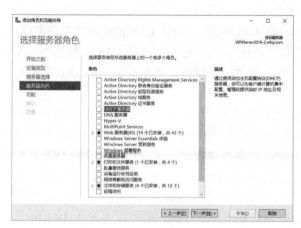

图 10-3　"选择服务器角色"界面　　图 10-4　"添加 DHCP 服务器所需的功能？"界面

（4）在"选择功能"界面中，单击"下一步"按钮。

（5）"DHCP 服务器"界面中，对 DHCP 服务器的功能作了简要介绍，单击"下一步"按钮。

（6）在"确认安装所选内容"界面中，单击"安装"按钮。

（7）在"安装进度"界面中，显示了安装进度，安装成功后，单击"关闭"按钮，完成 DHCP 服务器的安装。

DHCP 服务器安装完毕后，可以执行"开始"→"管理工具"→"DHCP"命令，打开"DHCP"窗口，如图 10-5 所示，通过"DHCP"窗口，可以管理本地或远程的 DHCP 服务器。

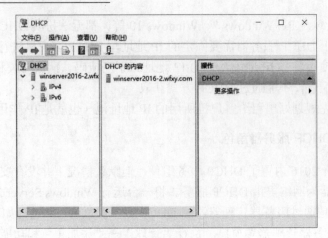

图 10-5　"DHCP"窗口

10.2.3　在活动目录域控制器中为 DHCP 服务器授权

1. DHCP 授权的原理

用户可以在任何一台安装了 Windows Server 2016 的计算机中安装 DHCP 服务，如果一些用户随意安装了 DHCP 服务，并且所提供的 IP 地址是随意乱设的，那么 DHCP 客户机可能在这些非法的 DHCP 服务器上租约了不正确的 IP 地址，从而无法正常访问网络资源。

为了保证网络的安全，在 Windows Server 2016 域环境中，所有 DHCP 服务器安装完成后，并不能向 DHCP 客户机提供服务，还必须经过"授权"，而没有被授权的 DHCP 服务器将不能为客户机提供服务。只有是域成员的 DHCP 服务器才能被授权，不是域成员的 DHCP 服务器（独立服务器）是不能被授权的。

一般来说，只有域中 Enterprise Admins 组的用户才能执行 DHCP 授权工作，其他用户没有授权的权限。授权以后，被授权的 DHCP 服务器的 IP 地址就被记录在域控制器内的活动目录数据库中。此后，每次 DHCP 服务器启动时，就会在该数据库中查询已授权的 DHCP 服务器的 IP 地址。如果获得的列表中没有包含自己的 IP 地址，则此 DHCP 服务器停止工作，直到管理员对其进行授权为止。

注意：在工作组环境中，DHCP 服务器是不需要经过授权的，它可以直接为 DHCP 客户机提供 IP 地址的租约。

2. 管理 DHCP 授权

管理 DHCP 授权的操作非常简单，可以通过以下两种方式来对 DHCP 服务器进行授权，其操作步骤如下。

方法一。

（1）打开"DHCP"窗口，右击要授权的 DHCP 服务器的图标，在弹出的快捷菜单中执行"授权"命令，如图 10-6 所示。

（2）DHCP 服务器被授权以后，服务器图标中红色朝下的箭头会变为绿色朝上的箭头（若没变化，按 F5 键刷新窗口），已授权 DHCP 服务器如图 10-7 所示。

（3）若要解除授权，可右击 DHCP 服务器的图标，从弹出的快捷菜单中执行"撤消授权"命令。

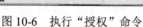

图 10-6　执行"授权"命令

图 10-7　已授权 DHCP 服务器

方法二。

（1）用户还可以在控制树中右击 DHCP 根节点，从弹出的快捷菜单中执行"管理授权的服务器"命令，如图 10-8 所示。

（2）在图 10-9 所示"管理授权的服务器"对话框中，用户可以解除对 DHCP 服务器的授权，同时也可以为新的 DHCP 服务器授权，完成后单击"授权"按钮。

图 10-8　执行"管理授权的服务器"命令

图 10-9　"管理授权的服务器"对话框

（3）在图 10-10 所示"授权 DHCP 服务器"对话框中，用户需要在"名称或 IP 地址"文本框中输入刚刚添加的 DHCP 服务器的名称或 IP 地址，也可以输入本机的计算机名称，然后单击"确定"按钮。

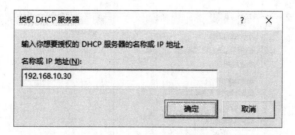

图 10-10　"授权 DHCP 服务器"对话框

（4）在图 10-11 所示的"确认授权"对话框中，系统将显示出用户指定的主机的名称及该主机的 IP 地址信息，以便用户确认将要授权的 DHCP 服务器的正确性。单击"确定"按钮后，系统将返回到"管理授权的服务器"对话框。授权的 DHCP 服务器已经被加入到了"授权的 DHCP 服务器"列表框中，单击"关闭"按钮，关闭对话框。

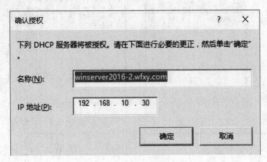

图 10-11　"确认授权"对话框

10.3　DHCP 服务器基本配置

DHCP 服务器基本配置

10.3.1　DHCP 作用域简介

要让 DHCP 服务器正确地为 DHCP 客户机提供 IP 地址等网络配置参数，必须在 DHCP 服务器内创建一个 IP 作用域（IP Scope）。当 DHCP 客户机在向 DHCP 服务器请求 IP 地址租约时，DHCP 服务器就可以从这个作用域内选择一个还没有被使用的 IP 地址，并将其分配给 DHCP 客户机，同时还告诉 DHCP 客户机一些其他网络参数（如子网掩码、默认网关和 DNS 服务器等）。

10.3.2　创建 DHCP 作用域

在 Windows Server 2016 中，作用域的创建步骤如下。

（1）打开"DHCP"窗口，在控制台树中右击 IPv4 节点，从弹出的快捷菜单中执行"新建作用域"命令，如图 10-12 所示。

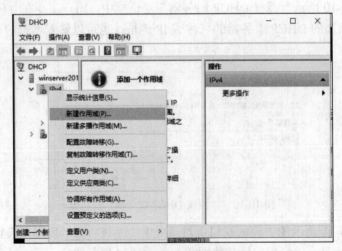

图 10-12　执行"新建作用域"命令

（2）在"欢迎使用新建作用域向导"对话框中单击"下一步"按钮。

（3）在"作用域名称"界面中的"名称"文本框中输入作用域的名称，并在"描述"文本框中输入一些作用域的说明性文字以区别其他作用域，单击"下一步"按钮，如图 10-13 所示。

（4）在"IP 地址范围"界面中指定作用域的地址范围。在"输入此作用域分配的地址范围"区域的"起始 IP 地址"和"结束 IP 地址"文本框中分别输入作用域的起始地址和结束地址。通过输入合适的子网掩码，用户可以调整已定义的 IP 地址中有多少位用作网络的 ID 及多少位用作主机的 ID。用户还可以通过调整"长度"数值框中的数值来完成子网掩码的设置。配置完成后，单击"下一步"按钮，如图 10-14 所示。

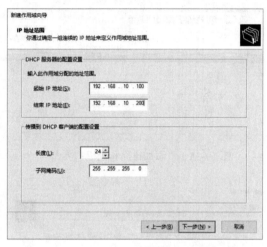

图 10-13　"作用域名称"界面　　　　　　图 10-14　"IP 地址范围"界面

（5）在"添加排除和延迟"界面中定义服务器不分配的 IP 地址和子网延迟时间。排除范围应当包括所有手动分配给其他服务器、非 DHCP 客户机等的 IP 地址。如果有要排除的 IP 地址，则输入"起始 IP 地址"和"结束 IP 地址"，单击"添加"按钮，将其添加到"排除的地址范围"列表框中。配置完成后，单击"下一步"按钮，如图 10-15 所示。

（6）在"租用期限"界面中设置 IP 地址租用期限。租用期限指定了客户机使用 DHCP 服务器所分配的 IP 地址的时间，即两次分配同一个 IP 地址的最短时间。当一个工作站断开后，如果租用期没有满，服务器不会把这个 IP 分配给别的计算机，以免引起混乱。如果网络中的计算机更换比较频繁，租用期应设置短一些，不然 IP 地址很快就不够用了。设置好租用期限后，单击"下一步"按钮，如图 10-16 所示。

（7）DHCP 服务器不仅能为计算机分配 IP 地址，还能告诉 DHCP 客户机默认网关和 DNS 服务器的地址等网络参数。在"配置 DHCP 选项"界面中选择"是，我想现在配置这些选项"单选按钮，单击"下一步"按钮，如图 10-17 所示。

（8）在"路由器（默认网关）"界面中配置作用域的网关（或路由器）。在"IP 地址"文本框中输入网关地址，并单击"添加"按钮将网关地址加入到列表框中。设置完毕后，单击"下一步"按钮，如图 10-18 所示。

（9）在"域名称和 DNS 服务器"界面中指定父域的名称和服务器的 IP 地址，如图 10-19

所示。在"父域"文本框中输入父域的名称，如果本机为根域的控制器，没有父域存在，可以直接输入本地域名。在"IP 地址"文本框中输入 DNS 服务器的 IP 地址，单击"添加"按钮，将该地址加入 DNS 服务器列表中。设置完毕后，单击"下一步"按钮。

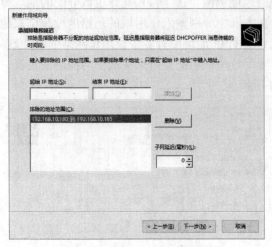

图 10-15　"添加排除和延迟"界面

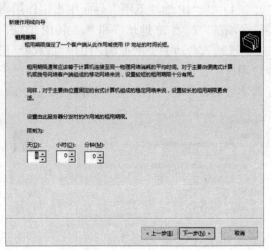

图 10-16　"租用期限"界面

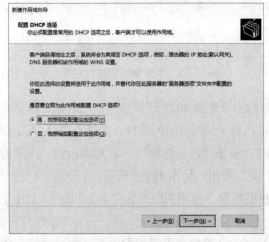

图 10-17　"配置 DHCP 选项"界面

图 10-18　"路由器（默认网关）"界面

（10）在"WINS 服务器"界面中指定 WINS 服务器的名称和地址。如果没有 WINS 服务器，可以不配置，单击"下一步"按钮，如图 10-20 所示。

（11）在"激活作用域"界面中选择"是，我想现在激活此作用域"单选按钮，立即激活此作用域，单击"下一步"按钮，如图 10-21 所示。

（12）在"正在完成新建作用域向导"界面中单击"完成"按钮。

IP 作用域创建完成后，DHCP 服务器就可以开始接受 DHCP 客户机的 IP 地址租约请求了。图 10-22 所示为 IP 作用域创建完成后的"DHCP"窗口。

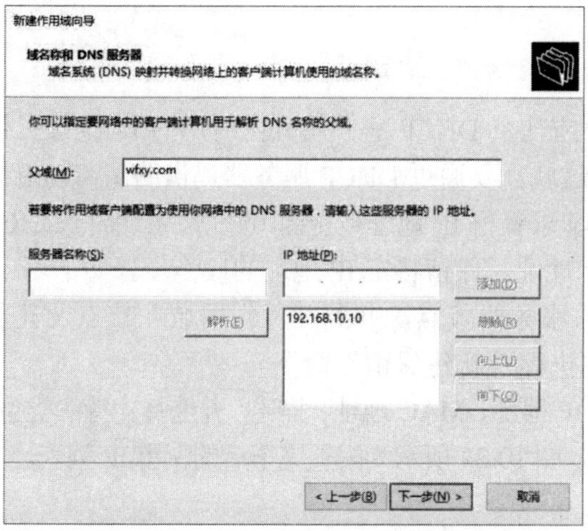

图 10-19　"域名称和 DNS 服务器"界面

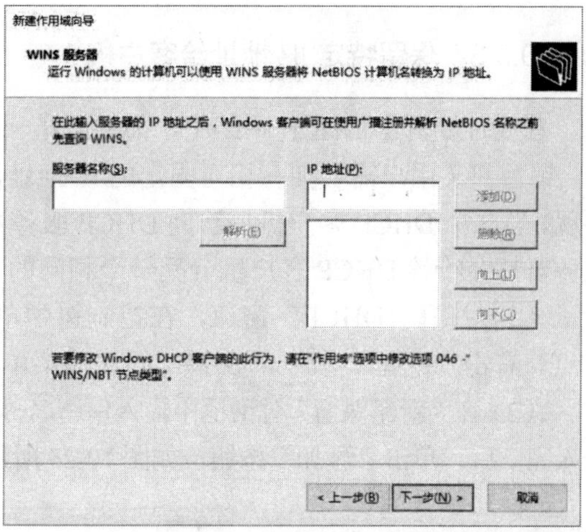

图 10-20　"WINS 服务器"界面

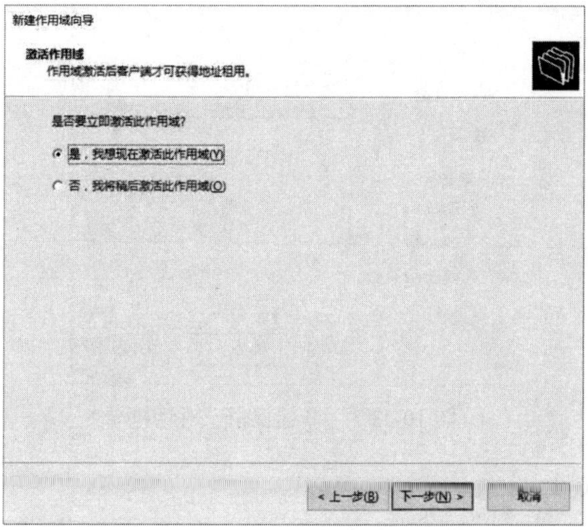

图 10-21　"激活作用域"界面

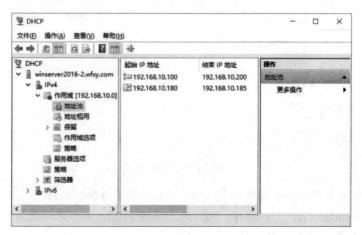

图 10-22　IP 作用域创建完成后的"DHCP"窗口

10.3.3　保留特定 IP 地址给客户机

有些时候，在 DHCP 网络中，需要给某一个或几个 DHCP 客户机固定专用的 IP 地址，例如，销售部某用户需要拥有相对固定的 IP 地址，这就需要通过 DHCP 服务器提供的保留功能来实现。当这个 DHCP 客户机每次向 DHCP 服务器请求获得 IP 地址或更新 IP 地址租期时，DHCP 服务器都会给该 DHCP 客户机分配一个相同的 IP 地址。保留特定 IP 地址的操作步骤如下。

（1）打开"DHCP"窗口，在控制树中单击服务器节点，并展开"作用域"节点及其子节点。右击"保留"节点，在弹出的快捷菜单中执行"新建保留"命令。

（2）在"新建保留"对话框中输入保留名称、IP 地址、MAC 地址、描述，并选择支持的类型。输入完毕后，单击"添加"按钮，如图 10-23 所示。图 10-24 所示为配置完毕后的保留 IP 列表。

图 10-23　"新建保留"对话框

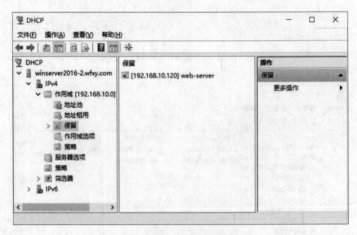

图 10-24　保留 IP 列表

注意：每个网卡都有一个全球唯一的 MAC 地址（或称为物理地址）。安装了 Windows NT、Windows 2000、Windows XP、Windows 2003 之后系统的客户机，可以通过在命令提示符窗口中输入 ipconfig/all 命令来获得该地址。

10.3.4　协调作用域

协调作用域信息用于协调 DHCP 数据库中的作用域信息与注册表中的相关信息的一致性。如果不一致，系统将提示管理员修复错误，将其调整一致，以免出现地址分配错误的现象。协调作用域的操作步骤如下。

（1）打开"DHCP"窗口，在控制树中展开要协调作用域的服务器。右击要协调的作用域，从弹出的快捷菜单中执行"协调"命令，如图 10-25 所示。

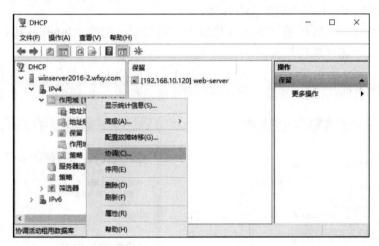

图 10-25　执行"协调"命令

（2）在"协调"对话框中单击"验证"按钮，如图 10-26 所示。

（3）将数据库中的作用域信息与注册表中的信息进行比较，如果一致，则打开"DHCP"对话框，单击"确定"按钮，如图 10-27 所示。

图 10-26　"协调"对话框

图 10-27　协调作用域的结果

如果作用域不一致，列表框中就会列出所有不一致的 IP 地址，且"验证"按钮变为"协调"按钮。要修复不一致，可先选择需要协调的 IP 地址，然后单击"协调"按钮。

10.4 配置和管理 DHCP 客户机

10.4.1 配置 DHCP 客户机

DHCP 服务器配置完成后，客户机只要接入网络并设置为"自动获取 IP 地址"，即可自动从 DHCP 服务器获取 IP 地址等信息，不需要人为干预。下面以一台安装了 Windows 7 的计算机为例，说明配置 DHCP 客户机的操作步骤。

（1）打开图 10-28 所示的"本地连接属性"对话框，勾选"Internet 协议版本 4（TCP/IPv4）"复选框，单击"属性"按钮。

（2）在图 10-29 所示的"Internet 协议版本 4（TCP/IPv4）属性"对话框中选择"自动获得 IP 地址"和"自动获得 DNS 服务器地址"两个单选按钮，单击"确定"按钮。

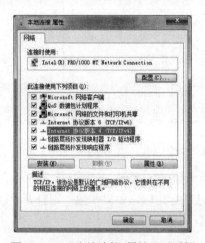 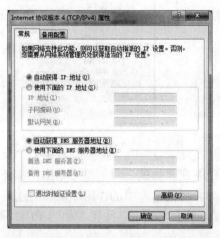

图 10-28 "本地连接 属性"对话框　　图 10-29 "Internet 协议版本 4（TCP/Ipv4）属性"对话框

（3）配置完成后，还需要检查客户机是否能正确获取 IP 地址等参数。方法是打开命令提示符窗口，执行 ipconfig /all 命令，这样就可以看到该客户机的 IP 地址租约，如图 10-30 所示。

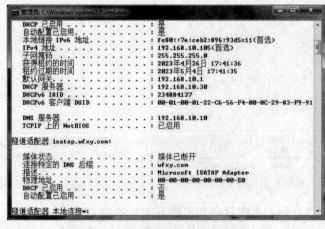

图 10-30 查看客户机的 IP 地址租约

（4）在 DHCP 客户机，用户还可以执行 ipconfig /renew 命令来更新 IP 地址租约，执行 ipconfig /release 命令来释放 IP 地址租约。

10.4.2　自动分配私有 IP 地址

对于使用 Windows 操作系统的 DHCP 客户机而言，如果无法从网络中的 DHCP 服务器自动获取 IP 地址，默认情况下，将随机使用自动私有地址（Automatic Private IP Address，APIPA，其范围是 169.254.0.1～169.254.255.254）中定义的未被其他客户机使用的 IP 地址作为自己的 IP 地址，子网掩码为 255.255.0.0，但是不会配置默认网关和其他 TCP/IP 选项。图 10-31 所示为某个 DHCP 客户机没有租约 IP 地址，DHCP 服务器为其自动分配私有 IP 地址。此后，DHCP 客户机会每隔 5 分钟发送一次 DHCP Discover 广播消息，直到从 DHCP 服务器获取了 IP 地址为止。

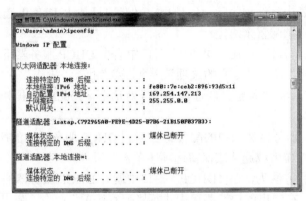

图 10-31　自动分配私有 IP 地址

10.4.3　为 DHCP 客户机配置备用 IP 地址

在 Windows 操作系统中，客户机的 TCP/IP 设置中有一个"备用配置"选项卡，只有当客户机配置为 DHCP 客户机（自动获取 IP 地址）时才有此备用配置。用户还可以通过备用配置，在无法联系 DHCP 服务器时为 DHCP 客户机指定静态 IP 地址，如图 10-32 所示。

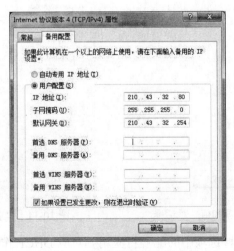

图 10-32　"备用配置"选项卡

10.5 配置 DHCP 选项

10.5.1 DHCP 选项简介

1. 配置选项

在 DHCP 服务器中，用户可以从以下五个不同的级别来管理 DHCP 选项。

（1）预定义的选项。在这一级别中，用户只能定义 DHCP 服务器中的 DHCP 选项，从而让它们可以作为可用选项，显示在任何一个通过"DHCP"窗口提供的选项配置对话框（如"服务器选项""作用域选项""保留选项"）中。用户可以根据需要，将选项添加到标准选项预定义列表中，或从该列表中将选项删除。但是预定义选项只是让 DHCP 选项可以进行配置，而是否配置则必须根据选项配置来决定。

预定义选项配置的方法是，在"DHCP"窗口中右击 DHCP 服务器下的"IPV4"节点，在弹出的快捷菜单中执行"设置预定义的选项"命令，或者执行"操作"→"设置预定义的选项"命令，弹出图 10-33 所示的"预定义的选项和值"对话框，在此对话框中可对预定义选项进行配置。

（2）服务器选项。服务器选项中的配置将应用到 DHCP 服务器中的所有作用域和客户机，不过服务器选项可以被作用域选项或保留选项所覆盖。

服务器选项的配置方法为，在"DHCP"窗口中展开 DHCP 服务器的"IPV4"节点，右击"服务器选项"节点，在弹出的快捷菜单中执行"配置选项"命令，弹出图 10-34 所示"服务器选项"对话框，在此对话框中可对服务器选项进行配置。

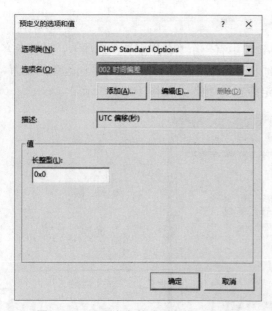

图 10-33 "预定义的选项和值"对话框

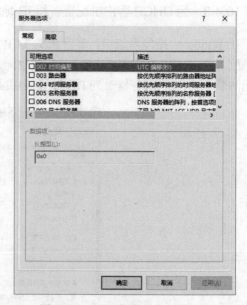

图 10-34 "服务器选项"对话框

（3）作用域选项。作用域选项中的配置将应用到对应 DHCP 作用域的所有 DHCP 客户机，不过作用域选项可以被保留选项所覆盖。

作用域选项的配置方法是，在"DHCP"窗口中展开对应的 DHCP 作用域，右击"作用域选项"节点，在弹出的快捷菜单中执行"配置选项"命令，如图 10-35 所示。

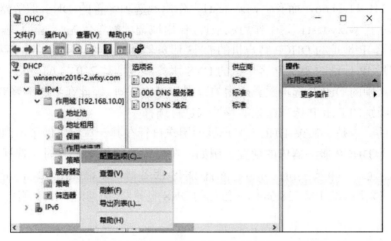

图 10-35　执行"配置选项"命令配置作用域选项

（4）保留选项。保留选项仅为作用域中使用保留地址配置的单个 DHCP 客户机而设置。

保留选项的配置方法是，在"DHCP"窗口中展开对应 DHCP 作用域的"保留"节点，右击保留选项节点，在弹出的快捷菜单中执行"配置选项"命令，如图 10-36 所示。

图 10-36　执行"配置选项"命令配置保留选项

（5）类别选项。在使用任何选项配置对话框（如"服务器选项""作用域选项""保留选项"对话框）时，均可切换到"高级"选项卡来配置和启用标识为指定用户或供应商类别的成员客户机的指派选项，只有那些标识自己属于此类别的 DHCP 客户机才能分配到用户为此类别明确配置的选项，否则为其使用"常规"选项卡中的定义。类别选项比常规选项具有更高的优先权，可以覆盖相同级别选项（如服务器选项、作用域选项或保留选项）中常规选项中指派和设置的值，图 10-37 所示为作用域类别选项。

2. 配置选项的优先级

如果因为不同级别的 DHCP 选项内的配置不一致而出现冲突，DHCP 客户机应用 DHCP

选项的优先级顺序是类别选项>保留选项>作用域选项>服务器选项>预定义选项。例如，DHCP 服务器中创建了"wfxy-test"和"wfxy-test1"两个 IP 作用域，服务器选项中配置 DNS 服务器的 IP 地址为 210.44.64.66，而有"wfxy-test1"作用域选项配置的 DNS 服务器的 IP 地址为 210.44.64.77。对于"wfxy-test1"这个作用域来说，作用域选项配置优先。也就是说，从"wfxy-test" IP 作用域中租用 IP 地址的 DHCP 客户机的 DNS 服务器地址是 210.44.64.66，而从"wfxy-test1" IP 作用域中租用 IP 地址的 DHCP 客户机的 DNS 服务器地址是 210.44.64.77。

由于不同级别的 DHCP 选项配置适用的范围和对象不同，因此在考虑部署 DHCP 选项时，应该根据不同级别的 DHCP 选项配置的特性来进行选择。

需要说明的一点是，如果 DHCP 客户机的用户自行在其计算机中做了不同的配置，则用户的配置优先于 DHCP 服务器内的配置。例如，在配置 DHCP 客户机时，选择了"使用下面的 DNS 服务器地址"单选按钮，并自行配置 DNS 服务器地址，如图 10-38 所示。这时，该 DHCP 客户机将采用 202.102.128.68 作为自己的 DNS 服务器，而忽略 DHCP 服务器指定的 DNS 服务器。

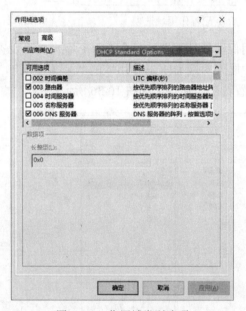

图 10-37　作用域类别选项

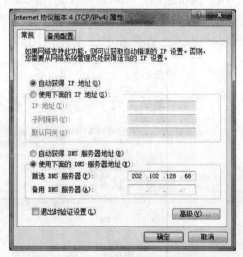

图 10-38　DHCP 客户机配置 DNS 服务器参数

10.5.2　配置 DHCP 作用域选项

下面以配置作用域选项为例，说明配置选项的过程。例如，wfxy 新增加了一台辅助域名服务器，其 IP 地址是 210.44.64.88，其配置过程如下。

（1）打开"DHCP"窗口，右击"作用域选项"节点，从弹出的快捷菜单中执行"配置选项"命令，如图 10-39 所示。

（2）在"作用域选项"对话框中勾选"006 DNS 服务器"复选框，然后输入新增加的 DNS 服务器的 IP 地址，单击"添加"按钮，单击"确定"按钮，如图 10-40 所示。

（3）在一个 DHCP 客户机中打开命令提示符窗口，执行 ipconfig /renew 命令来更新 IP 地址租约，这样便可以看到新增加的域名服务器。

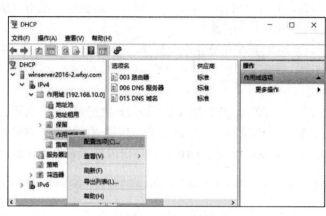

图 10-39　执行"配置选项"命令　　　　图 10-40　"作用域选项"对话框

10.6　管理 DHCP 数据库

10.6.1　设置 DHCP 数据库路径

在默认情况下，DHCP 服务器的数据库存放在%Systemroot%\system32\dhcp 文件夹内，如图 10-41 所示。其中，dhcp.mdb 是主数据库文件，其他文件都是一些辅助性文件。子文件夹 backup 是 DHCP 数据库的备份，默认情况下，DHCP 数据库每隔一小时会被自动备份一次。

用户可以修改 DHCP 数据库的存放路径和备份文件的路径，操作步骤如下。

（1）打开"DHCP"窗口，右击 DHCP 服务器，从弹出的快捷菜单中执行"属性"命令。

（2）在 DHCP 服务器属性对话框中删除默认的数据库路径（如 C:\Windows\system32\dhcp），然后输入所希望的路径，或单击"浏览"按钮来选择文件夹位置，如图 10-42 所示。

图 10-41　存放 DHCP 数据库的文件夹　　　　图 10-42　设置数据库路径

（3）若要修改备份文件的路径，可删除默认的数据库备份路径（如 C:\Windows\ system32\dhcp\backup），然后输入所希望的路径，或单击"浏览"按钮来选择文件夹位置。

（4）配置完成后，单击"确定"按钮，打开"关闭和重新启动服务"对话框，单击"确定"按钮，DHCP 服务器就会自动恢复到最初的备份配置。

注意：更改了备份文件夹的位置后，系统不会再自动备份数据库。

10.6.2 备份和还原 DHCP 数据库

如果出现人为的误操作或其他一些因素，可能会导致 DHCP 服务器的配置信息出错或丢失，如果没事先采取措施，就需要重新设置，工作量较大，还可能会出现错误。因此，需要时常备份这些配置信息，这样一旦出现问题，进行还原即可。DHCP 服务器内置了备份和还原功能，操作非常简单。

1. 备份 DHCP 数据库

DHCP 服务在正常操作期间，默认每 60 分钟会自动创建 DHCP 数据库的备份，该数据库备份副本的默认存储位置是%Systemroot%\system32\dhcp\backup。用户也可手动备份 DHCP 数据库，操作步骤如下：

（1）打开"DHCP"窗口，右击 DHCP 服务器，在弹出的快捷菜单中执行"备份"命令。

（2）在"浏览文件夹"对话框中选择要用来存储 DHCP 数据库备份的文件夹，然后单击"确定"按钮。

注意：如果将手动创建的 DHCP 数据库备份存储在与 DHCP 服务器每 60 分钟创建一次的同步备份相同的位置，则系统自动备份时，手动备份将被覆盖。

2. 还原 DHCP 数据库

DHCP 服务在启动和运行过程中，会自动检查 DHCP 数据库是否损坏。若损坏，会自动利用存储在%Systemroot%\system32\dhcp\backup 文件夹内的备份文件来还原数据库。如果用户已手动备份，也可以手动还原 DHCP 数据库，操作步骤如下。

（1）打开"DHCP"窗口，右击 DHCP 服务器，在弹出的快捷菜单中执行"所有任务"→"停止"命令，暂时终止 DHCP 服务。

（2）右击 DHCP 服务器，在弹出的快捷菜单中执行"还原"命令。

（3）在"浏览文件夹"对话框中选择含有 DHCP 数据库备份的文件夹，然后单击"确定"按钮。

（4）右击 DHCP 服务器，在弹出的快捷菜单中执行"所有任务"→"启动"命令，重新启动 DHCP 服务。

10.6.3 迁移 DHCP 服务器

在实际应用时，可能需要使用一台新 DHCP 服务器替换原有的 DHCP 服务器，如果重新创建，难以保证新 DHCP 服务器的配置完全正确。管理员通常可以将原来的 DHCP 服务器中的数据库进行备份，然后迁移到新的 DHCP 服务器上，这样不仅操作简单，而且不容易出错。

将 DHCP 数据库从一台服务器计算机（源服务器）移动到另一台服务器计算机（目标服务器）中的步骤如下。

1. 在旧服务器上备份 DHCP 数据库

（1）打开"DHCP"窗口，右击 DHCP 服务器，在弹出的快捷菜单中执行"备份"命令，备份 DHCP 数据库到指定的文件夹中。

（2）右击 DHCP 服务器，在弹出的快捷菜单中执行"所有任务"→"停止"命令，暂时终止 DHCP 服务。此步骤的目的是防止 DHCP 服务器继续向客户机提供 IP 地址租约。

（3）禁用或删除 DHCP 服务。禁用 DHCP 服务的方法是，打开"服务"窗口，双击 DHCP 服务器，在打开的对话框中的"启动类型"下拉列表中选择"禁用"选项，然后单击"确定"按钮，如图 10-43 所示。此步骤的目的是防止该计算机下次启动时因自动启动 DHCP 服务而产生错误。

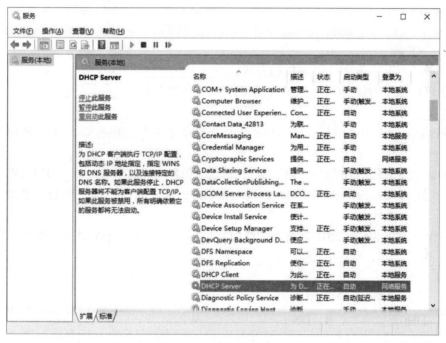

图 10-43　禁用 DHCP 服务

（4）将包含 DHCP 数据库备份的文件夹复制到新的 DHCP 服务器计算机中。

2. 在新服务器上还原 DHCP 数据库

（1）在新服务器上安装 Windows Server 2016 并安装 DHCP 服务角色，然后配置相关的网络参数。

（2）打开"DHCP"窗口，右击 DHCP 服务器，在弹出的快捷菜单中执行"所有任务"→"停止"命令，暂时终止 DHCP 服务。

（3）右击 DHCP 服务器，在弹出的快捷菜单中执行"还原"命令，还原从旧服务器上备份的 DHCP 数据库。

（4）右击 DHCP 服务器，在弹出的快捷菜单中执行"所有任务"→"启动"命令，重新启动 DHCP 服务。

（5）右击 DHCP 服务器，在弹出的快捷菜单中执行"协调所有的作用域"命令，使 DHCP 数据库中的作用域信息与注册表中的相关信息一致。

本 章 小 结

本章主要介绍了 IP 地址的分配方式及 DHCP 的工作原理, DHCP 服务的安装过程, DHCP 作用域的创建过程及 DHCP 客户机的配置方法, DHCP 服务器的配置选项的等级及配置方法, 以及 DHCP 数据库的备份、还原和 DHCP 的迁移方法。

习题与实训

一、习题

（一）填空题

1. 管理员为工作站分配 IP 地址的方式分为_____和_____。

2. DHCP 服务为管理基于 TCP/IP 的网络提供的好处包括_____、_____和_____。

3. 网络中的 DHCP 服务器的功能, 可以看做是给其他服务器、工作站分配动态的_____。

4. 如果要设置保留 IP 地址, 则必须把 IP 地址和客户机的_____进行绑定。

5. 在域环境下, 服务器能够向客户机发布租约之前, 用户必须先对 DHCP 服务器进行_____。

6. 在 Windows Server 2016 环境下, 使用_____命令可以查看 IP 地址配置, 释放 IP 地址使用_____命令, 续订 IP 地址使用_____命令。

（二）选择题

1. (   ) 服务动态配置 IP 信息。

    A. DHCP   B. DNS   C. WINS   D. RIS

2. 要实现动态 IP 地址分配, 网络中至少要有一台计算机的网络操作系统中安装了 (   )。

    A. DNS 服务器   B. DHCP 服务器

    C. IIS 服务器   D. PDC 主域控制器

3. 使用 DHCP 服务器的好处是 (   )。

    A. 降低 TCP/IP 网络的配置工作量

    B. 增强系统安全性与依赖性

    C. 对那些经常变动位置的工作站而言, DHCP 能迅速更新位置信息

    D. 以上都是

4. 在安装 DHCP 服务器之前, 必须保证这台计算机具有静态的 (   )。

    A. 远程访问服务器的 IP 地址   B. DNS 服务器的 IP 地址

    C. WINS 服务器的 IP 地址   D. IP 地址

5. 设置 DHCP 选项时, 不可以设置的是 (   )。

    A. DNS 服务器   B. DNS 域名   C. WINS 服务器   D. 计算机名

6．如果希望一台 DHCP 客户机总是获取一个固定的 IP 地址，那么可以在 DHCP 服务器上为其设置（　　）。

  A．IP 作用域   B．IP 地址的保留

  C．DHCP 中继代理   D．子网掩码

7．在安装了 Windows 7 的客户机中，可以执行（　　）命令查看 DHCP 服务器分配给本机的 IP 地址。

  A．config   B．ifconfig   C．ipconfig   D．route

8．对于使用 Windows 7 的 DHCP 客户机而言，如果启动时无法与 DHCP 服务器通信，它将（　　）。

  A．借用别人的 IP 地址   B．任意选取一个 IP 地址

  C．在特定网段中选取一个 IP 地址   D．不使用 IP 地址

9．一个用户向管理员报告，说他使用的 Windows Server 2016 无法连接到网络。管理员在用户的计算机上登录，并执行 ipconfig 命令，结果显示 IP 地址是 169.254.25.38。这是（　　）导致的。

  A．用户自行指定 IP 地址   B．IP 地址冲突

  C．动态申请地址失败   D．以上都不正确

10．IP 地址配置中，备用配置信息的用途是（　　）。

  A．在使用动态 IP 地址的网络中启用备用配置

  B．在使用静态 IP 地址的网络中启用备用配置

  C．当动态 IP 地址有冲突的时候，启用备用配置

  D．当静态 IP 地址有冲突的时候，启用备用配置

二、实训

1．安装 DHCP 服务器角色。

2．在活动目录域服务中为 DHCP 服务器授权。

3．创建 DHCP 作用域。

4．配置和管理 DHCP 客户机。

5．保留特定 IP 地址给客户机。

6．迁移 DHCP 服务器。

第 11 章　DNS 服务器的配置

本章主要介绍 DNS 服务的基本原理，架设主域名服务器的步骤，DNS 客户机的配置，监测 DNS 服务器，创建子域和委派域，架设辅助域名服务器等方面的内容。

通过本章的学习，应该达到如下目标：
- 掌握 DNS 的基本概念、域名解析的原理与模式。
- 熟悉 Windows Server 2016 环境下的 DNS 服务器的安装方法。
- 掌握主域名服务器的架设。
- 掌握 DNS 客户机的配置及域名服务器的测试方法。
- 了解子域和委派域的创建方法、辅助域名服务器的架设与区域传送。

11.1　DNS 概　述

IP 地址是 Internet 提供的统一寻址方式，直接使用 IP 地址便可以访问 Internet 中的主机资源。但是，IP 地址只是一串数字，没有任何意义，对于用户来说，记忆起来十分困难。相反，有一定含义的主机名字就比较易于记忆。利用域名系统（Domain Name System，DNS）可实现 IP 地址与主机名之间的映射，它是 TCP/IP 协议簇中的一种标准服务。

11.1.1　域名空间

Internet 的域名空间具有一定层次的树状结构。它可以看成是一棵倒过来的树，树根在最上面。Internet 将所有联网的主机的域名空间划分为许多不同的域，树根下是最高一级域。每一个最高级的域又被分成一系列二级域、三级域和更低级域，如图 11-1 所示。

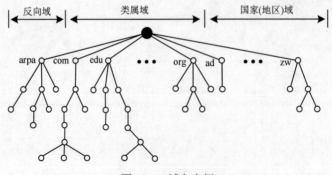

图 11-1　域名空间

域名是使用名字信息来管理的，它们存储在域名服务器的分布式数据库中。每一个域名服务器有一个数据库文件，其中包含了域名树中某个区域的记录信息。

域名空间的根由国际互联网络信息中心（Internet Network Information Center，InterNIC）管理，它分为类属域、国家（地区）域和反向域。

类属域代表申请该域名的组织类型。起初只有 7 种类属域，分别是 com（商业机构）、edu（教育机构）、gov（政府机构）、int（国际组织）、mil（军事组织）、net（网络支持组织）和 org（非营利组织），后来又增加了几个类属域，分别是 arts（文化组织）、firm（企业或商行）、info（信息服务提供者）、nom（个人命名）、rec（消遣/娱乐组织）、shop（提供可购买物品的商店）以及 web（与万维网有关的组织）。

国家（地区）域的格式与类属域的格式一样，但使用 2 个字符的国家（地区）缩写（如 cn 为中国国家顶级域名），而不是第一级的 3 个字符的组织缩写。常用的国家（地区）域有 cn、us（美国）、jp（日本）、uk（英国）等。图 11-1 中 ad、zw 分别安道尔和津巴布韦的顶级域名。

反向域用来将一个 IP 地址映射为域名。这类查询叫做反向解析或指针（PTR）查询。要处理指针查询，需要在域名空间中增加反向域，且第一级节点为 arpa（由于历史原因），第二级也是一个单独节点，叫做 in-addr（表示反向地址），域的其他部分定义 IP 地址。

11.1.2　域名解析

将域名映射为 IP 地址或将 IP 地址映射成域名，都称为域名解析。DNS 被设计为客户机/服务器模式，将域名映射与为 IP 地址或将 IP 地址映射成域名的主机需要调用 DNS 客户机，即解析程序。解析程序用一个映射请求找到最近的一个 DNS 服务器。若该服务器有这个信息，则满足解析程序的要求。否则，或者让解析程序找其他服务器，或者查询其他服务器来提供这个信息。

1. 域名解析方式

当 DNS 客户机向 DNS 服务器提出域名解析请求，或者一台 DNS 服务器（此时这台 DNS 服务器扮演着 DNS 客户机角色）向另外一台 DNS 服务器提出域名解析请求时，有以下两种解析方式。

第一种叫递归解析，要求域名服务器系统一次性完成全部域名和地址之间的映射。换句话说，解析程序期望服务器提供最终解答。若服务器是该域名的授权服务器，就检查其数据库并响应。若服务器不是该域名的授权服务器，则该服务器将请求发送给另一个服务器并等待响应，直到查找到该域名的授权服务器，并把响应的结果发送给请求的客户机为止。

第二种叫迭代解析（也称为反复解析），每一次请求一个服务器，不行再请求别的服务器。换言之，若服务器是该域名的授权服务器，就检查其数据库并响应，从而完成解析。若服务器不是该域名的授权服务器，就返回认为可以解析这个查询的服务器的 IP 地址。客户机向第二个服务器重复查询，若新找到的服务器能解决这个问题，就响应并完成解析；否则就向客户机返回一个新服务器的 IP 地址。客户机如此重复同样的查询，直到找到该域名的授权服务器为止。

在实际应用中，往往是将这两种解析方式结合起来使用。例如，图 11-2 所示为解析 www.abc.com 主机 IP 地址的全过程。

（1）DNS 客户机的域名解析器向本地 DNS 服务器发出 www.abc.com 域名解析请求。

（2）本地 DNS 服务器未找到 www.abc.com 对应地址，则向根域 DNS 服务器发送 com 的域名解析请求。

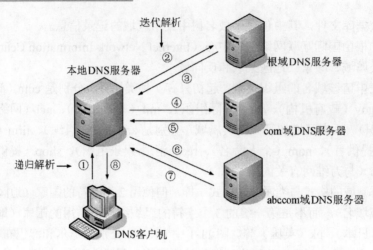

图 11-2　解析 www.abc.com 主机 IP 地址的全过程

（3）根域 DNS 服务器向本地 DNS 服务器返回 com 域名服务器的地址。

（4）本地 DNS 服务器向 com 域 DNS 服务器提出 abc.com 域名解析请求。

（5）com 域 DNS 服务器向本地 DNS 服务器返回 abc.com 域名服务器的地址。

（6）本地 DNS 服务器向 abc.com 域 DNS 服务器提出 www.abc.com 域名解析请求。

（7）abc.com 域 DNS 服务器向本地 DNS 服务器返回 www.abc.com 主机的 IP 地址。

（8）本地 DNS 服务器将 www.abc.com 主机的 IP 地址返回给 DNS 客户机。

2．正向解析和反向解析

正向解析是将域名映射为 IP 地址，例如，DNS 客户机可以查询主机名称为 www.pku.edu.cn 的 IP 地址。要实现正向解析，必须在 DNS 服务器内创建一个正向解析区域。

反向解析是将 IP 地址映射为域名。要实现反向解析，必须在 DNS 服务器中创建反向解析区域。反向域名的顶级域名是 in-addr.arpa。反向域名由两部分组成，域名前半段是其网络 ID 反向书写，而域名后半段必须是 in-addr.arpa。如果要针对网络 ID 为 192.168.10.0 的 IP 地址来提供反向解析功能，则此反向域名必须是 10.168.192.in-addr.arpa。

11.1.3　域名服务器

Internet 上的域名服务器用来存储域名的分布式数据库，并为 DNS 客户机提供域名解析。它们也是按照域名层次来安排的，每一个域名服务器都只对域名体系中的一部分进行管辖。根据它们的用途，域名服务器有以下几种不同类型。

（1）主域名服务器。主域名服务器负责维护这个区域的所有域名信息，是特定域的所有信息的权威信息源。也就是说，主域名服务器内所存储的是该区域的正本数据，系统管理员可以对它进行修改。

（2）辅助域名服务器。当主域名服务器出现故障、关闭或负载过重时，辅助域名服务器作为备份服务提供域名解析服务。辅助域名服务器中的区域文件内的数据是从另外一台域名服务器复制过来的，并不是直接输入的。也就是说，这个区域文件的数据只是一个副本，这里的数据是无法修改的。

（3）缓存域名服务器。缓存域名服务器可运行域名服务器软件，但没有域名数据库。它从某个远程服务器取得每次域名服务器查询的回答，一旦取得一个答案，就将它放在高速缓存中，以后查询相同的信息时，就用它予以回答。缓存域名服务器不是权威性服务器，因为它提供的所有信息都是间接信息。

（4）转发域名服务器。其负责所有非本地域名的本地查询。转发域名服务器接收到查询请求时，在其缓存中查找，如果找不到，就把请求依次转发到指定的域名服务器，直到查询到结果为止，否则返回无法映射的结果。

11.2　添加 DNS 服务

在配置 DNS 服务器时，首先需要确定计算机是否满足 DNS 服务器的最低需求，然后安装 DNS 服务器角色，接着创建 DNS 区域并在区域中创建资源记录，最后配置 DNS 客户机并进行测试。有时，还要根据实际需要来配置根 DNS 或 DNS 转发。

11.2.1　架设 DNS 服务器的需求和环境

DNS 服务器角色所花费的系统资源很少，任何一台能够运行 Windows Server 2016 的计算机都能配置成 DNS 服务器。如果是一台大型网络或 ISP 的 DNS 服务器，区域中要包含成千上万条资源记录，这些记录被访问的频率非常高，因此服务器内存大小和网卡速度就成为约束条件。

另外，每台客户机在配置时都要指定 DNS 服务器的 IP 地址，因此 DNS 服务器必须拥有静态的 IP 地址，不能采用 DHCP 动态获取。由于涉及客户机的配置问题，因此 DNS 服务器的 IP 地址一旦固定下来，就不可随意更改。

11.2.2　安装 DNS 服务器角色

Windows Server 2016 内置了 DNS 服务组件，但默认情况下并没有安装，需要管理员手动安装并配置，才能为网络提供域名解析服务。本书的 3.6.2 小节在介绍安装服务器角色的方法时，就是以添加 DNS 服务器角色为例的，这里不再重复介绍了。

DNS 服务安装完毕后，可以执行"开始"→"管理工具"→"DNS"命令，打开"DNS 管理器"窗口，如图 11-3 所示。通过"DNS 管理器"窗口，可以管理本地或远程的 DNS 服务器。

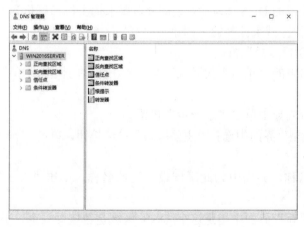

图 11-3　"DNS 管理器"窗口

安装配置 DNS 服务器

11.3 配置 DNS 区域

11.3.1 DNS 区域类型

Windows Server 2016 支持的 DNS 区域类型包括主要区域（Primary Zone）、辅助区域（Secondary Zone）和存根区域（Stub Zone）。

（1）主要区域。主要区域保存的是该区域中所有主机数据记录。当在 DNS 服务器内创建主要区域后，可直接在此区域内新建、修改和删除记录。区域内的记录可以存储在文件或是活动目录数据库中。

1）如果 DNS 服务器是独立服务器或是成员服务器，则区域内的记录存储于区域文件中，该区域文件采用标准的 DNS 格式，文件名称默认是"区域名称.dns"。例如，区域名称为 abc.com，则区域文件名是 abc.com.dns。当在 DNS 服务器内创建了一个主要区域和区域文件后，这个 DNS 服务器就是这个区域的主要名称服务器。

2）如果 DNS 服务器是域控制器，则可将记录存储在区域文件或活动目录数据库内。若将其存储到活动目录数据库内，则此区域被称为活动目录集成区域（Active Directory Integrated Zone），此区域内的记录会随着活动目录数据库的复制而被复制到其他的域控制器中。

（2）辅助区域。辅助区域保存的是该区域内所有主机数据的复制文件（副本），该副本文件是从主要区域传送过来的。保存此副本数据的文件也是一个标准的 DNS 格式的文本文件，而且是一个只读文件。当在 DNS 服务器内创建了一个辅助区域后，这个 DNS 服务器就是这个区域的辅助名称服务器。

（3）存根区域。存根区域只保存名称服务器（Name Server，NS）、授权启动（Start Of Authority，SOA）及主机（Host）记录的区域副本，含有存根区域的服务器无权管理该区域的资源记录。

11.3.2 创建正向主要区域

在 DNS 客户机提出的 DNS 请求中，大部分是要求把主机名解析为 IP 地址，即正向解析。正向解析是由正向查找区域来处理的。创建正向查找区域的步骤如下。

（1）打开"DNS 管理器"窗口。

（2）右击控制树中的"正向查找区域"节点，在弹出的快捷菜单中执行"新建区域"命令，如图 11-4 所示。

（3）在新建区域向导中单击"下一步"按钮。

（4）在"区域类型"界面中选择"主要区域"单选按钮，单击"下一步"按钮，如图 11-5 所示。

（5）在"区域名称"界面中为此区域设置区域名称，单击"下一步"按钮，如图 11-6 所示。

（6）在"动态更新"界面中指定这个 DNS 区域是否接受安全、不安全或动态更新。这里选择"不允许动态更新"单选按钮，操作完成后，单击"下一步"按钮，如图 11-7 所示。

图 11-4　执行"新建区域"命令

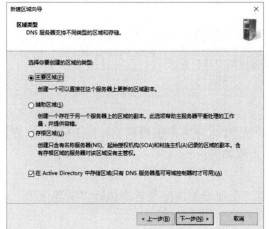

图 11-5　"区域类型"界面

图 11-6　"区域名称"界面

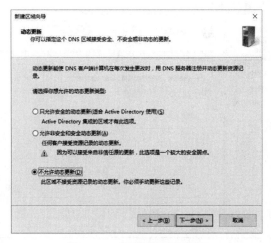

图 11-7　"动态更新"界面

（7）"正在完成新建区域向导"界面中显示了用户对新建区域进行配置的信息，如图 11-8 所示。如果用户认为某项配置需要调整，可单击"上一步"按钮，返回前面重新配置。如果确认配置正确，可单击"完成"按钮，这样便完成了对 DNS 正向解析区域的创建，返回 DNS 管理器即可查看区域的状态。

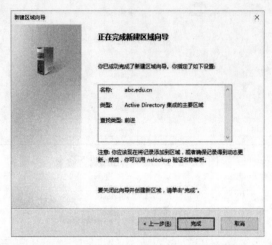

图 11-8　"正在完成新建区域向导"界面

11.3.3　创建反向主要区域

如果用户希望 DNS 服务器能够提供反向解析功能，以便客户机根据已知的 IP 地址来查询主机的域名，就需要创建反向查找区域，其操作步骤如下。

（1）打开"DNS 管理器"窗口。

（2）右击控制树中的"反向查找区域"节点，在弹出的快捷菜单中执行"新建区域"命令，如图 11-9 所示。

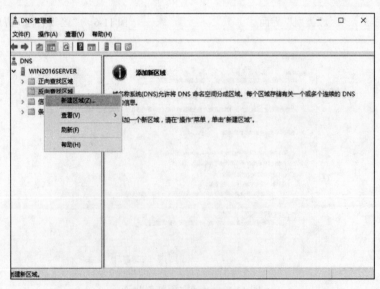

图 11-9　执行"新建区域"命令

（3）打开新建区域向导，单击"下一步"按钮。

（4）在"区域类型"界面中选择"主要区域"单选按钮，单击"下一步"按钮。

（5）在"反向查找区域名称"界面中选择为 IPv4 还是为 IPv6 创建反向查找区域。这里选择"IPv4 反向查找区域"单选按钮，单击"下一步"按钮，如图 11-10 所示。

（6）打开"反向查找区域名称"界面中，在"网络 ID"文本框中输入此区域所支持的反向查询的网络 ID，系统会自动在"反向查找区域名称"文本框中设置区域名称。用户也可以直接在"反向查找区域名称"文本框中设置区域名称。例如，该 DNS 服务器负责 IP 地址为 210.43.32.0 的网络的反向域名解析，可在"网络 ID"文本框中输入 210.43.32，则"反向查找区域名称"文本框中显示 32.43.210.in-addr.arpa。设置完毕后，单击"下一步"按钮，如图 11-11 所示。

图 11-10　"反向查找区域名称"界面（1）　　　图 11-11　"反向查找区域名称"界面（2）

（7）在"动态更新"界面中指定这个 DNS 区域是否接受安全、不安全或动态更新。这里选择"不允许动态更新"单选按钮，单击"下一步"按钮，如图 11-12 所示。

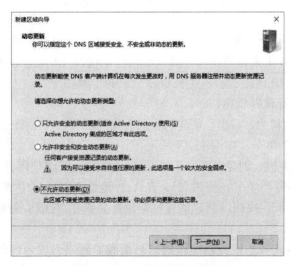

图 11-12　"动态更新"界面

（8）"正在完成新建区域向导"界面中显示了用户对新建区域进行配置的信息，如图 11-13 所示。如果用户认为某项配置需要调整，可单击"上一步"按钮返回前面重新配置。如果确认配置正确，可单击"完成"按钮，这样便完成了对 DNS 反向解析区域的创建，返回 DNS 管理器即可查看区域的状态。

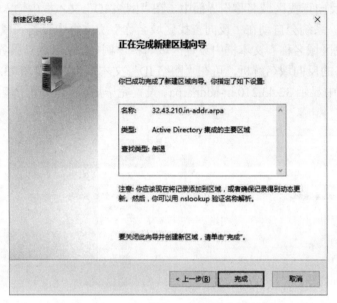

图 11-13　"正在完成新建区域向导"界面

（9）如果这台 DNS 服务器负责为多个 IP 网段提供反向域名解析服务，可以按照上述步骤创建多个反向查找区域。

11.3.4　在区域中创建资源记录

新建完正向区域和反向区域后，就可以在区域内创建主机等相关数据了，这些数据被称为资源记录。DNS 服务器支持多种类型的资源记录，下面简单介绍几种常用的资源记录的作用和创建方法。

1. 新建主机（A）资源记录

主机（A）记录主要用来记录正向查找区域内的主机及 IP 地址，用户可通过该类型资源记录把主机域名映射成 IP 地址。新建主机资源记录的步骤如下。

（1）打开"DNS 管理器"窗口。

（2）在左侧的控制树中，右击已创建的正向查找区域节点，在弹出的快捷菜单中执行"新建主机（A 或 AAAA）"命令，如图 11-14 所示。

（3）打开"新建主机"对话框后，在"名称（如果为空则使用其父域名称）"文本框中输入主机的主机名（不需要填写完整域名），在"IP 地址"文本框中填写该主机对应的 IP 地址，然后单击"添加主机"按钮，新建的主机记录将显示在"DNS 管理器"窗口右侧的列表中，如图 11-15 所示。

重复上述步骤，将现有的服务器主机的信息都添加到该列表内，创建的所有主机记录如图 11-16 所示。

图 11-14　执行"新建主机（A 或 AAAA）"命令

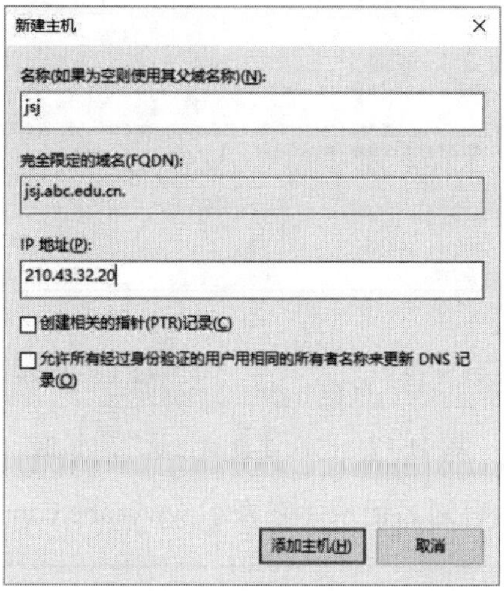

图 11-15　"新建主机"对话框

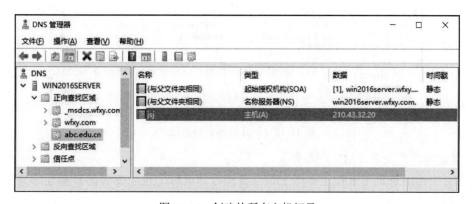

图 11-16　创建的所有主机记录

2. 新建主机别名（CNAME）资源记录

在有些情况下，需要为区域内的一台主机创建多个主机名称。例如，在 ABC 学院中，Web 服务器的主机名是 web.abc.edu.cn，但人们更喜欢使用 www.abc.edu.cn 来该访问 Web 网站，这时就要用到主机别名记录。新建主机别名资源记录的步骤如下。

（1）在控制树中右击已创建的正向查找区域节点，在弹出的快捷菜单中执行"新建别名（CNAME）"命令。

（2）在"新建资源记录"对话框中输入主机的别名与目标主机的完全合格的域名，然后单击"确定"按钮，如图 11-17 所示。

图 11-17　"新建资源记录"对话框

图 11-18 所示为创建的所有别名记录，它表示 www.abc.edu.cn 是 web.abc.edu.cn 的别名。

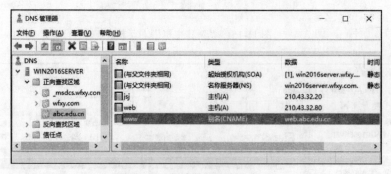

图 11-18　创建的所有别名记录

3. 新建邮件交换器（MX）记录

邮件交换器记录是用来指定哪些主机负责接收该区域的电子邮件的。新建邮件交换器记录的步骤如下。

（1）在控制树中右击已创建的正向查找区域节点，在弹出的快捷菜单中执行"新建邮件交换器(MX)"命令。

（2）在"新建资源记录"对话框中分别输入"主机或子域""邮件服务器的完全合格的域名(FQDN)""邮件服务器优先级"，单击"确定"按钮，新建的邮件交换器记录将显示在"DNS 管理器"窗口右侧的列表中。例如，在 ABC 学院中，主机名为 mail.abc.edu.cn 的这台服务器负责接收邮箱格式为 XXX@abc.edu.cn 的所有邮件，因此在"主机或子域"文本框中可不填写任何内容，在"邮件服务器的完全合格的域名(FQDN)"文本框中输入 mail.abc.edu.cn，如图 11-19 所示。

又如，在 ABC 学院中，mail2.abc.edu.cn 这台服务器负责接收所有邮箱格式为 XXX@student. abc.edu.cn 的邮件，因此可以在"主机或子域"文本框中填写 student，在"邮件服务器的完全合格的域名(FQDN)"文本框中填写 mail2.abc.edu.cn。图 11-20 所示为创建的两条邮件交换器记录。

图 11-19　"新建资源记录"对话框

图 11-20　创建的两种邮件交换器记录

如果一个区域内有多个邮件交换器，那么可以创建多个邮件交换器记录，并通过邮件服务器优先级来区分，数字较低的优先级较高。如果其他邮件交换器向这个域内传送邮件，它首先会传送给优先级较高的邮件交换器，如果传送失败，再选择优先级较低的邮件交换器。如果所有的邮件交换器的优先级相同，则随机选择一台传送。

4. 新建指针（PTR）资源记录

指针资源记录主要用来记录反向查找区域内的 IP 地址及主机，用户可通过该类型资源记录把 IP 地址映射成主机域名。新建指针资源记录的步骤如下。

（1）在控制树中右击已创建的反向查找区域节点，在弹出的快捷菜单中执行"新建指针"命令，打开"新建资源记录"对话框。

（2）在"新建资源记录"对话框中，在"主机 IP 地址"文本框中输入主机 IP 地址，在"主机名"文本框中输入 jsj 主机的完全限定的域名（FQDN）。设置完毕后，单击"确定"按钮，如图 11-21 所示。

（3）重复上述步骤，将现有的服务器主机的信息都输入到该区域内，如图 11-22 所示。

图 11-21　"新建资源记录"对话框　　　　图 11-22　输入所有服务器主机信息

　　注意：在创建主机（A）资源记录时，也可以同时创建指针资源记录，只需在图 11-15 中勾选"创建相关的指针（PTR）记录"复选框即可。

11.4　DNS 客户机的配置和测试

DNS 客户机的
配置和测试

　　为了验证 DNS 安装与配置是否正确，可以通过以下几种方式来监测 DNS 服务器的运行情况。

11.4.1　DNS 客户机的配置

　　下面以 Windows 7 为例，说明 DNS 客户机的配置过程。

　　要在 DNS 客户机上测试 DNS 服务器的配置情况，首先要配置 DNS 客户机的相关属性，操作步骤如下。

　　（1）在 DNS 客户机上打开"本地连接-属性"对话框，选择"Internet 协议版本 4（TCP/IPv4）"选项，然后单击"属性"按钮，打开"Interne 协议版本 4（TCP/IPv4）属性"对话框。

　　（2）在"Internet 协议版本 4（TCP/IPv4）属性"对话框中选择"使用下面的 DNS 服务器地址"单选按钮，在"首选 DNS 服务器"文本框中输入主域名 DNS 服务器的 IP 地址，配置 DNS 客户机，如图 11-23 所示。如果网络中有第二台 DNS 服务器可提供服务，则在"备用 DNS 服务器"文本框中输入第二台 DNS 服务器的 IP 地址。

　　（3）如果客户机要指定两台以上的 DNS 服务器，则单击图 11-23 中的"高级"按钮，打开"高级 TCP/IP 设置"对话框，切换到"DNS"选项卡，如图 11-24 所示。单击"DNS 服务器地址（按使用顺序排列）"列表框下方的"添加"按钮，以便输入更多 DNS 服务器的 IP 地址。DNS 客户机会按顺序从这些 DNS 服务器进行查找，设置完毕后，单击"确定"按钮，返回图 11-23 所示的对话框，单击"确定"按钮，完成对 DNS 客户机的设置。

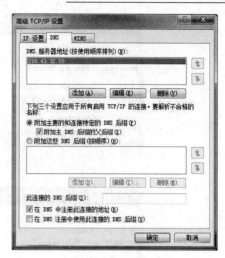

图 11-23　配置 DNS 客户机　　　　　　图 11-24　"DNS"选项卡

11.4.2　使用 nslookup 命令测试

Windows 和 Linux 操作系统都提供了一个诊断工具，即 nslookup 命令，利用它可测试 DNS 的信息。下面介绍在 Windows 7 中进行测试的方法。

Nslookup 命令有两种工作模式：交互式和非交互式。如果仅需要查找一块数据，可使用非交互式模式，在命令提示符窗口中输入"nslookup <要解析的域名或 IP 地址>"。如果需要查找多块数据，可以使用交互式模式，在命令提示符窗口中输入"nslookup"。在提示符后输入要解析的域名或 IP 地址，就可解析出对应的 IP 地址或域名。输入"help"并确认，可以得到相关帮助，输入"exit"并确认可退出交互模式。

下面介绍在一个配置正确的客户端中对 DNS 服务器的进行测试的步骤。

（1）打开命令提示符窗口，在提示符后输入"nslookup"，按 Enter 键，如图 11-25 所示。

图 11-25　输入"nslookup"

（2）测试主机记录。在提示符后输入要测试的主机域名，如输入"jsj.abc.edu.cn"，确认后，将显示该主机域名对应的 IP 地址，如图 11-26 所示。

（3）测试别名记录。在提示符后先输入"set type=cname"修改测试类型，再输入测试的主机别名，如输入"www.abc.edu.cn"，确认后，将显示该别名对应的真实主机的域名及其 IP 地址，如图 11-27 所示。

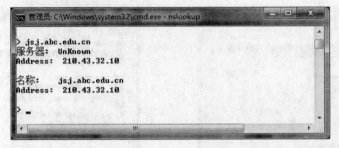

图 11-26　测试主机记录

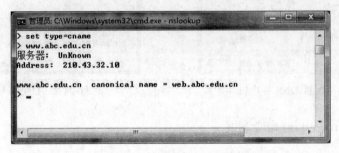

图 11-27　测试别名记录

（4）测试邮件交换器记录。在提示符后先输入"set type= mx"修改测试类型，再输入邮件交换器的域名，如输入"abc.edu.cn"，确认后，将显示该邮件交换器对应的真实主机的域名、IP 地址及其优先级，如图 11-28 所示。

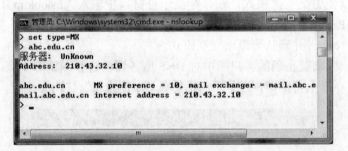

图 11-28　测试邮件交换器记录

（5）测试指针记录。在提示符后先输入"set type= ptr"修改测试类型，再输入主机的IP 地址，如输入"210.43.32.10"，确认后，将显示该主机对应的域名，即"jsj.abc.edu.cn"，如图 11-29 所示。

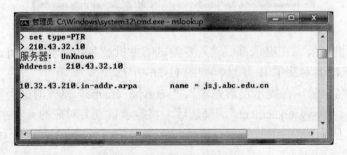

图 11-29　测试指针记录

11.4.3　管理 DNS 缓存

有时候，DNS 服务器的配置与运行都正确，但 DNS 客户机还是无法利用 DNS 服务器实现域名解析。造成这个问题的原因可能是 DNS 客户机或 DNS 服务器的缓存存在不正确或过时的信息，这时需要清除 DNS 客户机或 DNS 服务器的缓存信息，清除方法如下。

要清除 DNS 服务器的缓存，可以在"DNS 管理器"窗口中右击 DNS 服务器，在弹出的快捷菜单中执行"清除缓存"命令，如图 11-30 所示。

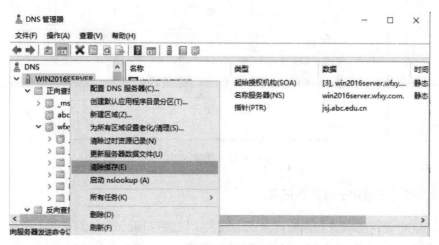

图 11-30　清除 DNS 服务器的缓存

要清除 DNS 客户机的缓存，可以打开命令提示符窗口，在提示符后输入"ipconfig /flushdns"，确认后即可清除缓存，如图 11-31 所示。

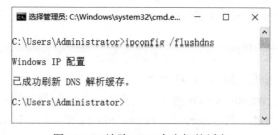

图 11-31　清除 DNS 客户机的缓存

11.5　子域和委派

子域和委派

11.5.1　域和区域

这里要注意域和区域的概念。Internet 对外允许各个单位根据本单位的情况，将本单位的域名划分为若干个域名服务器管辖区。也就是说，一个服务器所负责的或授权的范围叫作一个区域（Zone）。若一个服务器对一个域负责，而且这个域并没有被划分为一些更小的域，那么域和区域此时代表相同的意义。若服务器将域划分为一些子域，并将其部分授权委托给了其他服务器，那么域和区域就有了区别，如图 11-32 所示。

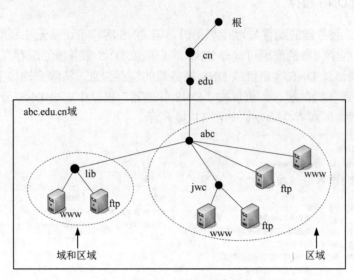

图 11-32　域和区域

11.5.2　创建子域和子域资源记录

例如，ABC 学院的教务处需要有自己的域名，域名为 jwc.abc.edu.cn，但该部又没有自己的域名服务器，这时就需要在 abc.edu.cn 区域下创建子域，然后在此子域内创建主机、别名或邮件交换器记录。需要注意的是，这些资源记录还是存储在 ABC 学院的域名服务器内。要创建子域，可在主域名服务器中执行如下步骤。

（1）在主域名服务器中，打开"DNS 管理器"窗口。

（2）右击"正向查找区域"中的 abc.edu.cn 节点，在弹出的快捷菜单中执行"新建域"命令。

（3）在"新建 DNS 域"对话框中输入新建的子域的名称 jwc（不需要写全名 jwc.abc.edu.cn），单击"确定"按钮，如图 11-33 所示。

（4）在新建的子域 jwc.abc.edu.cn 内创建主机、别名或邮件交换器记录。例如，教务处有两台服务器，它们的主机名分别是 server1.jwc.abc.edu.cn 和 server2.jwc.abc.edu.cn，IP 地址分别是 210.43.64.40 和 210.43.64.41。这两台服务器分别用作教务处的 WWW 服务器和 FTP 服务器，其别名分别是 www.jwc.abc.edu.cn 和 ftp.jwc.abc.edu.cn，如图 11-34 所示。

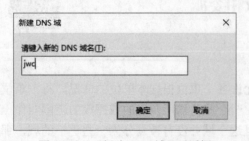

图 11-33　"新建 DNS 域"对话框

图 11-34　在子域内创建资源记录

11.5.3　委派区域给其他服务器

例如，ABC 学院的图书馆要求自己管理子域 lib.abc.edu.cn，这就需要在主域名服务器中创建一个子域（区域）lib，并将这个子域（区域）委派给图书馆的 DNS 服务器来管理。也就是说，ABC 学院图书馆的子域（区域）lib.abc.edu.cn 内的所有资源记录都存储在图书馆的 DNS 服务器内。当 ABC 学院的 DNS 域名服务器收到 lib.abc.edu.cn 子域内的域名解析请求时，就会在图书馆的 DNS 服务器中查找（当解析模式是迭代查询方式时）。其配置过程如下。

（1）在图书馆的 DNS 服务器（IP 地址为 210.43.32.131，主机名为 dns.lib.abc.edu.cn）中安装 DNS 服务，创建区域 lib.abc.edu.cn，并为其自身创建一个主机资源记录。假设图书馆的 DNS 服务器安装的也是 Windows Server 2016，那么配置结果如图 11-35 所示。

图 11-35　图书馆 DNS 服务器的配置结果

（2）在主域名服务器（主机名为 dns.abc.edu.cn，IP 地址为 210.43.32.10）中打开"DNS 管理器"窗口。

（3）右击"正向查找区域"中的 abc.edu.cn 节点，在弹出的快捷菜单中执行"新建委派"命令。

（4）在新建委派向导中单击"下一步"按钮。

（5）在"受委派域名"界面中输入委派子域（区域）的名称"lib"，单击"下一步"按钮，如图 11-36 所示。

（6）在"名称服务器"界面中单击"添加"按钮，如图 11-37 所示。

图 11-36　"受委派域名"界面

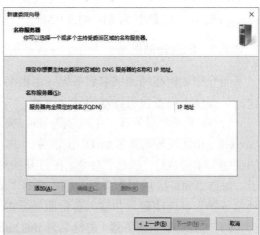

图 11-37　"名称服务器"界面

（7）在"新建名称服务器记录"对话框中输入委派子域（区域）的 DNS 服务器的 FQDN（完全合格的域名）和 IP 地址。这里分别输入"dns.lib.abc.edu.cn"和"210.43.32.131"，如图 11-38 所示。单击"确定"按钮，回到"名称服务器"界面，单击"下一步"按钮。

（8）在"完成新建委派向导"界面中单击"完成"按钮。

图 11-39 所示为创建好的委派子域，图中 lib 是刚才创建的委派子域，其内部只有一条名称服务器（NS）资源记录，它指明了子域 lib.abc.edu.cn 的 DNS 服务器的主机名和 IP 地址。这时，当 ABC 学院的 DNS 域名服务器收到 lib.abc.edu.cn 子域内的域名解析请求时，就会在图书馆的 DNS 服务器中查找（当解析模式是迭代查询方式时）。

图 11-38　"新建名称服务器记录"对话框　　　　图 11-39　创建好的委派子域

11.6　配置辅助域名服务器

配置辅助域名服务器

随着 ABC 学院的上网人数的增加，管理员发现现有的主域名服务器工作负担很重。为了提高 DNS 服务器的可用性，实现 DNS 解析的负载均衡，学院新购置了一台服务器，用作辅助域名服务器，已为其安装好了 Windows Server 2016，并设置主机名为 dns2.abc.edu.cn，IP 地址为 210.43.32.243。

11.6.1　配置辅助区域

下面介绍如何在辅助域名服务器（主机名为 dns2.abc.edu.cn，IP 地址为 210.43.32.243）上新建一个提供正向查找服务器的辅助区域。

（1）在主域名服务器（主机名为 dns.abc.edu.cn，IP 地址为 210.43.32.10）中，确认可以将 abc.edu.cn 区域传送到辅助 DNS 服务器中。右击主域名服务器中的 abc.edu.cn 节点，在弹出的快捷菜单中执行"属性"命令，在打开的对话框中切换到"区域传送"选项卡，如图 11-40 所示。勾选"允许区域传送"复选框，选择"到所有服务器"单选按钮，或者选中"只允许到下列服务器"单选按钮，并输入备份服务器的 IP 地址。

（2）在辅助域名服务器（主机名为 dns2.abc.edu.cn，IP 地址为 210.43.32.243）中安装 DNS 服务器。

（3）在辅助域名服务器中打开"DNS 管理器"窗口，右击"正向查找区域"节点，在弹出的快捷菜单中执行"新建区域"命令。

（4）打开新建区域向导中单击"下一步"按钮。

（5）在"区域类型"界面中选择"辅助区域"单选按钮，单击"下一步"按钮，如图 11-41 所示。

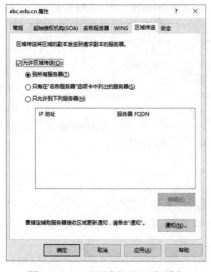

图 11-40　"区域传送"选项卡　　　　　图 11-41　"区域类型"界面

（6）打开"区域名称"界面，将区域名称设置为与主域名的区域名称一致，即 abc.edu.cn，单击"下一步"按钮，如图 11-42 所示。

（7）在"主 DNS 服务器"界面中输入主域名服务器的 IP 地址（210.43.32.10），单击"添加"按钮，单击"下一步"按钮，如图 11-43 所示。

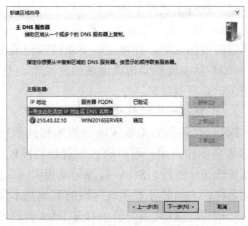

图 11-42　"区域名称"界面　　　　　　图 11-43　"主 DNS 服务器"界面

（8）在"正在完成新建区域向导"界面中单击"完成"按钮。

（9）图 11-44 所示是为 abc.edu.cn 区域创建的辅助区域，它的内容是自动从主域名服务器中复制过来的。

图 11-44　为 abc.edu.cn 区域创建的辅助区域

同样，用户也可以为反向区域 32.43.210.in-addr.arpa 创建辅助区域。

11.6.2　配置区域传送

DNS 服务器内的辅助区域用来存储本区域内的所有资源记录的副本，这些信息是从主域名服务器中利用区域传送的方式复制过来的。辅助区域中的资源记录是只读的，管理员不能修改。

1. 手动执行区域传送

在默认情况下，辅助区域每隔 15 分钟会自动向其主要区域请求执行区域传送操作，实现资源记录的同步。在某种情况下，管理员也可以手动执行区域传送，步骤如下。

第一，在辅助域名服务器中打开"DNS 管理器"窗口。

第二，右击需要执行手动传送区域节点，在弹出的快捷菜单中执行"从主服务器传送"或"从主服务器传送区域的新副本"命令。

尽管执行上述两个命令都可以手动执行区域传送，但它们是有区别的。

（1）从主服务器传送。根据记录的序列号来判断自上次区域传送后，主域名服务器是否更新过的资源记录，并将这些更新过的记录传送过来。

（2）从主服务器传送区域的新副本。不理会记录的序列号，直接将主域名服务器中所有的资源记录复制过来。

2. 配置起始授权机构

DNS 服务器的主要区域会周期性地执行区域传送操作，将资源记录复制到辅助区域的 DNS 服务器中。用户可以通过配置起始授权机构（Start Of Authority，SOA）资源记录来修改区域传送操作过程。SOA 资源记录指明区域的源名称，并包含作为区域信息主要来源的服务器的名称，它同时还表示该区域的其他基本属性。

（1）在主域名服务器中打开 DNS 管理器。

（2）右击正向查找区域中的 abc.edu.cn 节点，在弹出的快捷菜单中执行"属性"命令，在打开的对话框中切换到"起始授权机构（SOA）"选项卡，如图 11-45 所示，在此可以修改 SOA 资源记录的各个字段值。修改完毕后，单击"确定"按钮保存设置。SOA 资源记录各个字段值包含的信息见表 11-1。

图 11-45　"起始授权机构（SOA）"选项卡

表 11-1　SOA 资源记录各个字段值包含的信息

字段	功能
序列号	该区域文件的修订版本号。每次区域中的资源记录改变时，这个值便会增加。区域改变时，增加这个值非常重要，它使部分区域改动或完全修改的区域都可以在后续传输中复制到其他辅助服务器上
主服务器	区域的主 DNS 服务器的主机名
负责人	管理区域的负责人的电子邮件地址。在该电子邮件名称中使用英文句点.代替
刷新间隔	以秒计算的时间，它是在查询区域的来源以进行区域更新之前辅助 DNS 服务器等待的时间。当刷新间隔到期时，辅助 DNS 服务器请求来自响应请求的源服务器的区域当前的 SOA 记录副本，然后辅助 DNS 服务器将源服务器的当前 SOA 记录（如响应中所示）的序列号与其本地 SOA 记录的序列号进行比较。如果二者不同，则辅助 DNS 服务器从主要 DNS 服务器请求区域传输。这个域的默认时间是 900 秒（15 分钟）
重试间隔	以秒计算的时间，是辅助服务器在重试失败的区域传输之前等待的时间。通常，这个时间短于刷新间隔。该默认值为 600 秒（10 分钟）
过期间隔	以秒计算的时间，是区域没有刷新或更新的已过去的刷新间隔之后、辅助服务器停止响应查询之前的时间。因为在这个时间到期，因此辅助服务器必须把它的本地数据当作不可靠数据。默认值是 86 400 秒（24 小时）
最小（默认）TTL	区域的默认生存时间和缓存否定应答名称查询的最大间隔。该默认值为 3600 秒（1 小时）

3．选择与通知区域传送服务器

主域名服务器可以将区域内的记录区域传送到所有的辅助域名服务器中，也可以只将区域内的记录区域传送到指定的辅助域名服务器中。其他未指定的辅助域名服务器所提出的区域传送请求都会被拒绝。配置方法如下。

（1）在主域名服务器中打开"DNS 管理器"窗口。

（2）右击正向查找区域中的 abc.edu.cn 节点，在弹出的快捷菜单中执行"属性"命令，在打开的对话框中切换到"区域传送"选项卡，如图 11-46 所示。勾选"允许区域传送"复选框。若选择"到所有服务器"单选按钮，则任何一台备份 DNS 服务器的区域传送请求都会被接受。若选择只在"名称服务器"选项卡中列出的服务器单选按钮，则表示只接受"名称服务器"选项卡中列出的辅助域名服务器所提出的区域传送请求。若选择"只允许到下列服务器"单选按钮，并输入备份服务器的 IP 地址如 210.43.32.243，则表示只接受 IP 地址为 210.43.32.243 的备份服务器的区域传送请求。

（3）单击"通知"按钮，在图 11-47 所示的"通知"对话框中可以设置要通知的辅助域名服务器。这样，当主域名服务器区域内的记录有改动时，就会自动通知辅助域名服务器，而辅助域名服务器在接到通知后，就可以提出区域传送请求了。

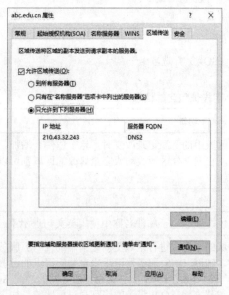

图 11-46　"区域传送"选项卡

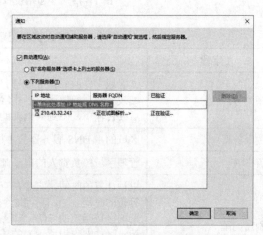

图 11-47　"通知"对话框

11.7　拓展阅读　国产操作系统"银河麒麟"

"银河麒麟"是由国防科技大学研制的开源服务器操作系统。此操作系统是 863 计划重大攻关科研项目，目标是打破国外操作系统的垄断，研发一套中国自主知识产权的服务器操作系统。

它有以下几个特点：高安全性、高可靠性、高可用性、跨平台、中文化（具有强大的中文处理能力）。

2021 年 10 月 27 日，麒麟软件正式发布"银河麒麟桌面操作系统 V10 SP1 版本"，它是图形化桌面操作系统产品，现已适配国产主流软硬件产品，支持飞腾、鲲鹏、海思麒麟、龙芯、申威、海光、兆芯等国产 CPU 和 Intel、AMD 平台，进行了功耗管理、内核锁及页复制、网络、VFS、NVME 等有针对性的深入优化。其软件商店内包括自研应用和第三方商业软件在内的各类应用，同时提供 Android 兼容环境（Kydroid）和 Windows 兼容环境，它还支持多 CPU 平台的统一软件升级仓库、版本在线更新功能。

"银河麒麟"高级服务器操作系统是针对企业级关键业务，适应虚拟化、云计算、大数据、工业互联网时代对主机系统的可靠性、安全性、性能、扩展性和实时性等需求，依据 CMMI5 级标准研制的提供、云原生支持、自主平台深入优化、高性能、易管理的新一代自主服务器操作系统，支持飞腾、鲲鹏、龙芯、申威、海光、兆芯等自主平台，应用于政府、金融、教育、财税、公安、审计、交通、医疗、制造等领域。基于"银河麒麟"高级服务器操作系统，用户可构建数据中心、高可用集群和负载均衡集群、虚拟化应用服务、分布式文件系统等，并实现对虚拟数据中心的跨物理系统、虚拟机集群进行统一的监控和管理。银河麒麟高级服务器操作系统支持云原生应用，满足企业当前数据中心及下一代的虚拟化（含 Docker 容器）、大数据、云服务的需求。

本 章 小 结

本章主要介绍了与 DNS 服务器的安装与管理工作相关的内容，包括 Windows Server 2016 环境下 DNS 服务器的安装方法，主域名和辅助域名服务器的架设过程；DNS 客户机的配置及域名服务器的测试方法，子域和委派域的创建方法等。

习题与实训

一、习题

（一）填空题

1．DNS 是＿＿＿＿＿＿的简称。

2．DNS 域名解析的方式有两种，即＿＿＿＿＿＿和＿＿＿＿＿＿。

3．DNS 正向解析是指＿＿＿＿＿＿，反向解析是指＿＿＿＿＿＿＿＿。

4．Windows Server 2016 支持三种类型的区域，即＿＿＿＿＿＿、＿＿＿＿＿＿和＿＿＿＿＿＿。

5．可以使用 Windows Server 2016 内含的＿＿＿＿命令，测试 DNS 服务器是否能够完成解析工作。

6．为客户机自动分配 IP 地址应该安装＿＿＿＿服务器，安装＿＿＿＿服务器实现域名解析。

（二）选择题

1．应用层 DNS 协议主要用于实现的网络服务功能是（　　）。

  A．网络设备名到 IP 地址的映射 B．网络硬件地址到 IP 地址的映射

  C．进程地址到 IP 地址的映射 D．用户名到进程地址的映射

2．实现完全合格的域名的解析方法有（　　）。

    A．DNS 服务   B．路由服务

    C．DHCP 服务   D．远程访问服务

3．DNS 提供了一个（　　）命名方案。

    A．分级   B．分层   C．多级   D．多层

4．DNS 顶级域名中，表示商业组织的是（　　）。

    A．com   B．gov   C．mil   D．org

5．对于域名 test.com 而言，DNS 服务器的查找顺序是（　　）。

    A．先查找 test 主机，再查找.com 域   B．先查找.com 域，再查找 test 主机

    C．随机查找   D．以上答案皆是

6．将 DNS 客户机请求的完全合格的域名解析为对应的 IP 地址的过程被称为（　　）查询。

    A．正向   B．反向   C．递归   D．迭代

7．将 DNS 客户机请求的 IP 地址解析为对应的完全合格的域名的过程被称为（　　）查询。

    A．递归   B．反向   C．迭代   D．正向

8．当 DNS 服务器收到 DNS 客户机查询 IP 地址的请求后，如果自己无法解析，那么会把这个请求传送给（　　），然后继续进行查询。

    A．邮件服务器   B．DHCP 服务器

    C．打印服务器   D．Internet 上的根 DNS 服务器

9．如果用户的计算机在查询本地解析程序缓存没有解析成功时，希望由 DNS 服务器为其进行完全合格的域名解析，那么需要把这些用户的计算机配置为（　　）客户机。

    A．DNS   B．DHCP   C．WINS   D．远程访问

10．在字符串 2112.36.12z3.107.in-addrr.arpa 中，要查找的主机的网络地址是（　　）。

    A．2112.36.123.0   B．107.123.0.0

    C．107.123.46.0   D．107.0.0.0

11．某企业的网络工程师安装了一台基于 Windows 2003 的 DNS 服务器，用来提供域名解析。网络中的其他计算机都作为这台 DNS 服务器的客户机。他在服务器中创建了一个标准主要区域，在一个客户机使用 nslookup 命令查询一个主机名，DNS 服务器能够正确地将其 IP 地址解析出来。可是当使用 nslookup 命令查询该 IP 地址时，DNS 服务器却无法将其主机名解析出来。请问，应如何解决这个问题？（　　）

    A．在 DNS 服务器反向解析区域中为这条主机记录创建相应的 PTR 指针记录

    B．在 DNS 服务器区域属性上设置允许动态更新

    C．在要查询的这台客户机上运行 ipconfig 命令

    D．重新启动 DNS 服务器

12．下列说法正确的是（　　）。

    A．一台服务器可以管理一个域

    B．一台服务器可以同时管理多个域

    C．一个域可以同时被多台服务器管理

D．以上答案皆是

13．（　　）表示别名的资源记录。

　　A．MX　　　　　　B．SOA　　　　　C．CNAME　　　　D．PTR

14．常用的 DNS 测试的命令包括（　　）。

　　A．nslookup　　　B．hosts　　　　　C．debug　　　　　D．trace

二、实训

1．安装 DNS 服务器角色。

2．创建主要正向查找区域和主要反向查找区域。

3．添加资源记录。

4．配置和测试 DNS 客户机。

5．创建子域。

6．创建委派域。

7．创建辅助正向查找区域和辅助反向查找区域。

第12章 Web 服务器的配置

本章主要介绍 Web 服务的相关概念及 IIS 10.0 的主要特点，Web 服务器（IIS）角色的安装方法，配置和管理一个 Web 网站的方法，以及在同一服务器上创建多个 Web 网站的方法。

通过本章的学习，应该达到如下目标：

- 熟悉 Web 服务的工作原理，了解 IIS 10.0 的主要特点。
- 掌握 Windows Server 2016 的 Web 服务器（IIS）角色的安装方法。
- 掌握 Web 网站主要参数和安装配置方法。
- 理解 Web 虚拟站点的实现原理。
- 掌握在同一服务器上创建多个 Web 网站的方法。

12.1 Web 概 述

12.1.1 Web 服务器角色概述

1. Web 服务的工作原理

Web 服务采用客户机/服务器工作模式，它以超文本标记语言（Hyper Text Markup Language，HTML）与超文本传送协议（Hyper Text Transfer Protocol，HTTP）为基础，为用户提供界面一致的信息浏览系统。Web 服务器负责对各种信息进行组织，并将这些信息以文件的形式存储在某一个指定目录中，Web 服务器利用链接来组织信息片段，这些信息片段既可以集中地存储在同一台主机上，也可以分别放在不同地理位置的不同主机上。Web 客户机（浏览器）负责显示信息和向服务器发送请求。当客户机提出访问请求时，服务器负责响应客户机的请求并按要求发送文件；当客户机收到文件后，解释该文件并在屏幕上显示出来。图 12-1 所示为 Web 服务系统的工作原理。

（1）客户机。客户机软件通常称为浏览器，它就是 HTML 的解释器。

在 Web 服务的客户机/服务器工作环境中，浏览器起着控制的作用，其任务是使用一个起始 URL 来获取一个 Web 服务器上的 HTML 文档，解释这个 HTML 文档并将文档内容以用户环境所许可的效果最大限度地显示出来。当用户选择一个超文本链接时，这个过程重新开始，浏览器通过与超文本链接相连的 URL 来请求获取文档，等待 Web 服务器发送文档，处理这个文档并将结果显示出来。

在众多的浏览器中，常用的有 Internet Explorer（IE）、傲游（Maxthon）、火狐（Mozilla Firefox）、世界之窗（The World）、360 安全浏览器（360SE）、QQ 浏览器等。

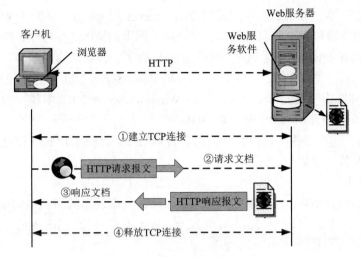

图 12-1　Web 服务系统的工作原理

（2）Web 服务器。Web 服务器从硬件角度上看，是指在 Internet 上保存超文本和超媒体信息的计算机；从软件的角度看，是指提供上述 Web 功能的服务程序。Web 服务器软件默认使用 TCP 80 端口监听，等待客户机浏览器发出的连接请求。连接建立后，客户机可以发出一定的命令，服务器给出相应的应答。

常见的 Web 服务器软件有微软公司的 IIS 和 Apache Web 服务器。

2．超文本传送协议

超文本传送协议是客户机与 Web 服务器之间的应用层协议，它可以传输普通文本、超文本、声音、图像以及其他在 Internet 上可以访问的任何信息。

HTTP 是一种面向事务的客户机/服务器协议，并使用 TCP 来保证传输的可靠性。HTTP 对每个事务的处理是独立的，通常情况下，HTTP 会为每个事务创建一个客户与服务器间的 TCP 连接，一旦事务处理结束，HTTP 就切断客户机与服务器间的连接，若客户机取下一个文件，则还要重新建立连接。这种做法虽然效率比较低，但大大简化了服务器的程序设计，缩小了程序规模，从而提高了服务器的响应速度。与其他协议相比，HTTP 的通信速度要快得多。

HTTP 将一次请求/服务的全过程定义为一个简单事务处理，它由以下四个步骤组成。

（1）连接：客户机与服务器建立连接。

（2）请求：客户机向服务器提出请求，在请求中指明想要操作的页。

（3）应答：如果请求被接受，服务器送回应答。

（4）关闭：客户机与服务器断开连接。

HTTP 是一种面向对象的协议，为了保证客户机与 Web 服务器之间通信不会产生二义性，HTTP 精确定义了请求报文和响应报文的格式。

12.1.2　IIS 10.0 简介

微软公司的 Web 服务器产品是 IIS（Internet Information Server），它是目前最流行的 Web 服务器产品之一，很多网站都是建立在 IIS 平台上。IIS 提供了一个图形界面的管理工具，称为 Internet 服务管理器，可用于监视配置和控制 Internet 服务。IIS 中包括 Web 服务器、FTP 服务器、NNTP 服务器和 SMTP 服务器等，分别用于网页浏览、文件传输、新闻服务和邮件发送等业务，它使得在 Internet 或者局域网中发布信息成了一件非常容易的事。

IIS 发展到现在，已经发布了很多个版本，Windows Server 2003 中使用的 IIS 版本是 6.0，Windows Server 2008 中使用的 IIS 版本是 7.0，Windows Server 2012 中使用的 IIS 版本是 8.0，Windows Server 2012 中使用的 IIS 版本是 10.0。

IIS 10.0 提供了基本服务，包括发布信息、传输文件、支持用户通信和更新这些服务所依赖的数据存储，具体内容如下。

1. WWW 服务

WWW（World Wide Web，万维网）服务用于将客户端发出的 HTTP 请示连接到在 IIS 中运行的网站上，并向 IIS 最终用户提供 Web 发布。WWW 服务管理 IIS 核心组件，这些组件处理 HTTP 请示并配置和管理 Web 应用程序。

2. FTP 服务

FTP（File Transfer Protocol，文件传送协议）服务实现对管理和处理文件的完全支持，该服务使用 TCP 确保文件传输的完整性和准确性。该版本的 FTP 支持在站点级别上隔离用户，以帮助管理员保护其 Internet 站点的安全，并使之商业化。关于 FTP 站点的相关知识和安装配置，将在下一章介绍。

3. SMTP 服务

SMTP（Simple Mail Transfer Protocol，简单邮件传送协议）服务发送和接收电子邮件。

4. NNTP 服务

NNTP（Network News Transfer Protocol，网络新闻传送协议）服务用于控制单台计算机上的本地讨论组。因为该功能完全符合 NNTP，所以用户可以使用任何新闻阅读客户机程序，加入本地讨论组进行讨论。通过 inetsrv 文件夹中的 Rfeed 脚本，IIS NNTP 服务现在支持新闻流。NNTP 服务不支持复制，要利用新闻流或在多个计算机间复制新闻组，可使用 Microsoft Exchange Server。

5. IIS 管理服务

IIS 管理服务管理 IIS 配置数据库，并为 WWW 服务、FTP 服务、SMTP 服务和 NNTP 服务更新 Windows 操作系统注册表，配置数据库用来保存 IIS 的各种配置参数。IIS 管理服务对其他应用程序公开配置数据库，这些应用程序包括 IIS 核心组件、在 IIS 上建立的应用程序，以及独立于 IIS 的第三方应用程序（如管理或监视工具）。

12.2　安装 Web 服务

12.2.1　架设 Web 服务器的需求和环境

安装 Web 服务器（IIS）角色之前，用户需要做一些必要的准备工作。

（1）为服务器配置一个静态 IP 地址，不能使用由 DHCP 动态分配的 IP 地址。

（2）为了让用户能够使用域名来访问 Web 网站，建议在 DNS 服务器上为站点注册一个域名。

（3）为了 Web 网站具有更高的安全性，建议存放网站内容的驱动器使用 NTFS 格式。

12.2.2　安装 Web 服务器（IIS）角色

Web 服务是 Windows Server 2016 重要角色之一，它包含在 IIS 10.0 中，用户可以通过添加角色和功能向导来安装。在安装过程中，用户可以选择或取消 Web 服务组件（如安装或不安装 ASP 功能），具体的安装过程如下。

（1）打开"服务器管理器"窗口，执行"管理"→"添加角色和功能"命令，启动添加角色和功能向导。

（2）在"开始之前""安装类型""服务器选择"界面中直接单击"下一步"按钮。

（3）在"选择服务器角色"界面中显示所有可以安装的服务器角色，如果角色前面的复选框没有勾选，表示该网络服务尚未安装，如果已勾选，说明该服务已经安装。这里勾选"Web 服务器（IIS）"复选框，如图 12-2 所示。

（4）在图 12-3 所示的"添加 Web 服务器（IIS）所需的功能？"界面中，单击"添加功能"按钮。

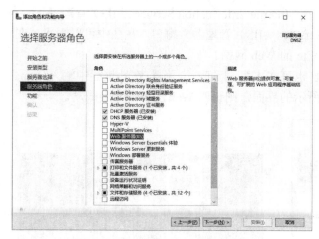

图 12-2　"选择服务器角色"界面

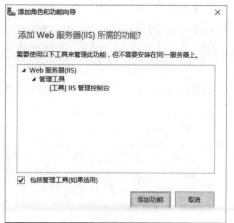

图 12-3　"添加 Web 服务器（IIS）所需的功能？"界面

（5）返回"选择服务器角色"界面后，"Web 服务器（IIS）"复选框被勾选，单击"下一步"按钮。

（6）在"选择功能"界面中，与该角色相关的必需的功能已安装，直接单击"下一步"按钮。

（7）"Web 服务器角色（IIS）"界面中是对该角色的介绍，单击"下一步"按钮。

（8）在"选择角色服务"界面中默认只选择安装 Web 服务所必需的组件，用户可根据实际需要选择安装的组件，单击"下一步"按钮，如图 12-4 所示。

（9）在"确认安装所选内容"界面中显示前面所进行的设置，如果选择错误，用户可以单击"上一步"按钮返回。确认无误后，单击"安装"按钮，开始安装 Web 服务器角色，如图 12-5 所示。

图 12-4　"选择角色服务"界面

图 12-5　"确认安装所选内容"界面

（10）在"安装进度"界面中显示服务器角色的安装过程。安装完成后，单击"关闭"按钮。

（11）基于 IIS 的 Web 服务器安装成功后，用户可以通过"Internet Information Services（IIS）管理器"窗口来管理 Web 网站。打开"Internet Information Services（IIS）管理器"窗口的方法是执行"开始"→"管理工具"→"Internet Information Services（IIS）管理器"命令。图 12-6 所示的是"Internet Information Services（IIS）管理器"窗口，从图中可以看出，在安装 IIS 时，已创建一个名为 Default Web Site 的 Web 网站。

（12）在局域网中的任意一台计算机（也可在本机）上打开浏览器，在地址栏中输入"http://<服务器 IP 或域名>/"，若能看到图 12-7 所示的界面，则说明 Web 服务器安装成功。

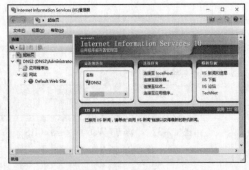

图 12-6　"Internet Information Services（IIS）
管理器"窗口

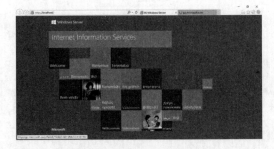

图 12-7　访问 Web 服务器

12.3　配置和管理 Web 网站

配置和管理 Web 网站

12.3.1　配置 Web 网站的属性

当 Web 服务器（IIS）角色成功安装之后，用户可以打开"Internet Information Services（IIS）管理器"窗口，在这个窗口中可对各类服务器进行配置和管理。

对网站的配置与管理工作主要包括设置网站标识，绑定 IP 地址、域名和端口号，设置网站发布主目录，设置主目录访问权限等。

1. 设置网站标识

在安装 Web 服务器（IIS）角色时，角色安装向导已创建一个名为 Default Web Site 的 Web 网站，若一台服务器中配置了多个 Web 网站，这个默认名字就无法区分 Web 网站的用途，这时可以将网站名改为一个有意义名称，方法如下。

（1）在"Internet Information Services（IIS）管理器"窗口左侧的"连接"窗格中展开控制树，右击 Default Web Site 节点，在弹出的快捷菜单中执行"重命名"命令，如图 12-8 所示。

图 12-8　执行"重命名"命令

（2）在文本框中输入新的网站标识，按 Enter 键。

2. 绑定 IP 地址、域名和端口号

如果一台 Web 服务器只提供一个 Web 网站，对于 IP 地址、域名和端口号的绑定意义就不大。如果在同一台 Web 服务器上创建多个 Web 网站，上述三个参数必须至少修改一个，以区别不同 Web 网站。至于如何在同一台服务器上创建多个 Web 网站，将在 12.4 节中详细介绍，这里只简要地介绍绑定 IP 地址、域名和端口号的操作方法。

（1）打开"Internet Information Services（IIS）管理器"窗口，首先在"连接"窗格的控制树中选中需要设置的 Web 网站，然后单击"操作"窗格中的"绑定"链接，如图 12-9 所示。

图 12-9　单击"绑定"超链接

（2）系统打开图 12-10 所示的"网站绑定"对话框，其中显示了该站点的主机名、绑定的 IP 地址和端口等信息。默认情况下，在列表中会显示一条信息，用户可以编辑该条目。若一个 Web 网站有多个域名或使用多个 IP 地址侦听，用户也可以单击"添加"按钮，添加一条新的绑定条目。

（3）在列表中选择设置的条目，单击"编辑"按钮，打开"编辑网站绑定"对话框，如图 12-11 所示。在"编辑网站绑定"对话框中设置 Web 网站绑定的 IP 地址、域名或端口号。

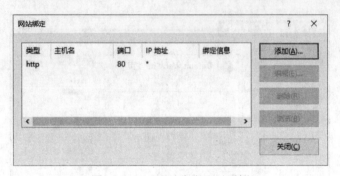

图 12-10 "网站绑定"对话框

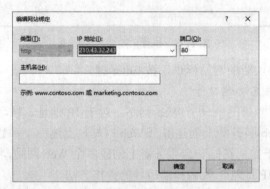

图 12-11 "编辑网站绑定"对话框

下面简要介绍这三个选项的含义。

1）IP 地址。Windows Server 2016 可安装多块网卡，每块网卡又可绑定多个 IP 地址，因此服务器可能会拥有多个 IP 地址。在默认情况下，用户可使用该服务器绑定的任何一个 IP 地址访问 Web 网站。如果想让用户仅使用一个 IP 地址访问 Web 网站，可指定一个 IP 地址。在"IP 地址"下拉列表中指定该 Web 网站的唯一 IP 地址，默认选项为"全部未分配"。

2）端口。在默认情况下，Web 服务的 TCP 端口号是 80。当使用默认端口号时，客户机直接使用 IP 地址或域名即可访问，地址形式为"http://<域名或 IP 地址>"（如 http://210.43.32.243 或 http://www.abc.edu.cn）。当端口号更改后，客户机必须知道端口号才能连接到该 Web 服务器，地址形式为"http://<域名或 IP 地址>:端口号"，如果端口号改为 8160，访问刚才的 Web 网站就应该输入"http://210.43.32.243:8160"或"http://www.abc.edu.cn:8160"。一般情况下，如果是一个公用的 Web 服务器，端口号应设置为默认值，如果是一个专用的 Web 服务器，只对少数人开放或者完成某些管理任务时，可以修改 TCP 端口号。

3）主机名。在默认情况下，网络中的用户访问 Web 网站时，既可以使用 IP 地址，也可以使用域名（如果域名服务器建立相应的记录）。若要限定用户只能使用域名访问该站点，可以设置主机名。这个设置主要用于一台 Web 服务器只有一个 IP 地址，但创建了多个 Web 网站的情况，此时需要使用主机名来区别不同的站点。

（4）单击"确定"按钮，完成站点的绑定设置。

3. 设置网站发布主目录

主目录也是网站的根目录，当用户访问网站时，服务器会先从主目录调取相应的文件。在安装 Web 服务器（IIS）角色时，角色安装向导会在 Windows Server 2016 分区中创建一个 %Systemdrive%\Intepub\wwwroot 文件夹作为 Default Web Site 站点的主目录。但在实际应用中，通常不采用该默认文件夹，因为将数据文件和操作系统放在同一个磁盘中会失去安全保障，并且当保存大量的音视频文件时，可能会造成磁盘或分区的存储空间不足，所以最好将 Web 主目录保存在其他硬盘或非系统分区中。设置网站发布主目录的方法如下。

（1）打开"Internet Information Services（IIS）管理器"窗口，首先在"连接"窗格中的控制树中选中需要设置的 Web 网站，然后单击"操作"窗格中的"基本设置"链接。

（2）打开"编辑网站"对话框，单击"物理路径"文本框右侧的 按钮，如图 12-12 所示。

（3）在"浏览文件夹"对话框中选择一个合适的文件夹作为站点的主目录，如图 12-13 所示，单击"确定"按钮，返回"编辑网站"对话框，单击"确定"按钮。

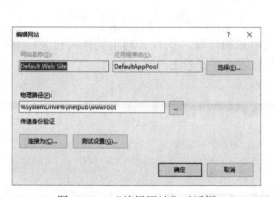

图 12-12　"编辑网站"对话框

图 12-13　选择站点主目录

4. 设置主目录访问权限

对于一些比较重要的网站来说，是不允许一般用户具有写入主目录的权限的。因此需要对网站主目录的访问权限进行设置，实际上就是设置主目录文件夹的 NTFS 权限。

（1）打开"Internet Information Services（IIS）管理器"窗口，在"连接"窗格中的控制树中选中需要设置的 Web 网站，单击"操作"窗格中的"编辑权限"链接。

（2）打开 Web 主目录文件夹的属性对话框，切换到"安全"选项卡，在"组或用户名"列表中显示了允许读取和修改该文件夹的组和用户名，如图 12-14 所示。

（3）对于一个公开的 Web 网站来讲，用户采用匿名方式访问 Web 服务器。对于 Web 服务器来说，匿名的账户是 IIS_IUSRS。若 IIS_IUSRS 账户对 Web 网站主目录没有访问权限（读取、执行、列出文件夹目录或写入等），则无法访问该 Web 网站，因此一般都要把 Web 网站主目录的读取、执行、列出文件夹目录权限授予 IIS_IUSRS 账户。授予的方法是单击"编辑"按钮，打开文件夹的权限对话框，在"组或用户名"列表框中进行用户的添加和删除操作。此处添加用户账户 IIS_IUSRS，如图 12-15 所示。若要修改某个用户的权限，可选中欲修改权限的用户，在下方根据需要进行修改。

图 12-14　"安全"选项卡

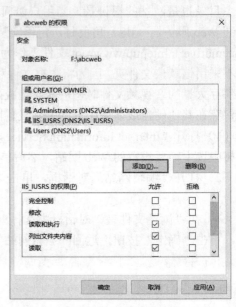
图 12-15　添加用户账户

（4）图 12-16 所示的是将 Web 网站主目录的读取、执行、列出文件夹目录权限授予 IIS_IUSRS 账户。若是一个交互式的网站，有时还需要授予账户写入权限。

图 12-16　为 IIS_IUSRS 账户授予权限

5. 设置网络限制

无论 Web 服务器的性能多么强劲，网络带宽有多大，都有可能因为并发连接的数量过多而导致服务器宕机。因此，为了保证用户的正常访问，应对网站进行一定的限制，如限制带宽和连接限制等。

（1）打开"Internet Information Services（IIS）管理器"窗口，在"连接"窗格中的控制树中选中需要设置的 Web 网站，单击"操作"窗格中的"限制"链接。

（2）在"编辑网站限制"对话框中设置"限制带宽使用（字节）""连接限制""连接超时（秒）"选项，如图 12-17 所示。设置完成后，单击"确定"按钮保存设置。

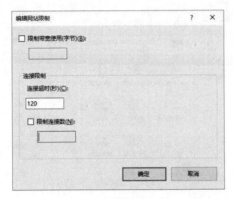

图 12-17　"编辑网站限制"对话框

下面简要介绍这三个选项的含义。

1）限制带宽使用（字节）。若不限制带宽，则当 Web 网站的访问量很大时，服务器的带宽可能全部被 Web 服务占用，这样服务器中其他服务的带宽就无法保证。若 Web 服务器中还有其他服务或者有多个 Web 网站，这种选择是不可取的，这时需要限制一个 Web 网站带宽使用量。设置最大带宽值后，在控制 IIS 服务器向用户开放的网络带宽值的同时，也可能降低服务器的响应速度。

2）连接限制。当一个 Web 网站并发连接数量过大时，可能使服务器资源被耗尽，从而引起宕机。设置连接限制后，如果连接数量达到指定的最大值，以后所有的连接尝试都会返回一个错误信息，连接被断开。设置连接限制，还可以防止试图用大量客户机请求造成 Web 服务器负载的恶意攻击，这种攻击称为拒绝服务（Denial of Service，DoS）攻击。

3）连接超时（秒）。当某条 HTTP 连接在一段时间内没有反应时，服务器就自动断开该连接，以便及时释放被占用的系统资源和网络带宽，减少无谓的系统资源和网络带宽资源的浪费，默认连接超时为 120 秒。

6. 设置网站的默认文档

当访问一个网站时，往往只输入网站的 IP 地址或域名，而没有指定具体的网页路径和文件名，即可打开主页，这一功能是通过设置网站的默认文档来实现的。默认文档一般是目录的主页或包含网站文档目录列表的索引。通常情况下，Web 网站至少需要一个默认文档，当在浏览器中使用 IP 地址或域名访问时，Web 服务器会将默认文档回应给浏览器，从而显示其内容。

利用 IIS 10.0 搭建 Web 网站时，默认文档的文件名有五种，分别为 Default.htm、Default.asp、index.htm、index.html 和 iisstart.html，这些也是一般网站中最常用的主页名。当然，也可以由用户自定义默认网页文件。当用户访问网站时，系统会自动按顺序由上至下依次查找与之相对应的文件名，如果无法找到其中的任何一个，就会提示"Directory Listing Denied"（目录列表被拒绝）。设置网站的默认文档过程如下。

（1）打开"Internet Information Services（IIS）管理器"窗口，在"连接"窗格中的控制树中选中需要设置的 Web 网站，进入网站的设置主页，双击"默认文档"按钮，如图 12-18 所示。

图 12-18　双击"默认文档"按钮

（2）打开图 12-19 所示的"默认文档"窗格后，在列表框中可定义多个默认文档。因为服务器搜索默认文档是按从上到下的顺序依次搜索的，所以最上面的文档将会被最先搜索到。选择某个文档，可以上移或下移来调整其顺序，也可以删除不需要的默认文档。

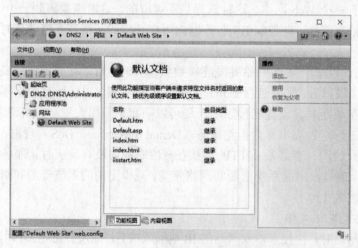

图 12-19　"默认文档"窗格

（3）如果要添加一个新的默认文档，可在"操作"窗格中单击"添加"按钮，打开图 12-20 所示的"添加默认文档"对话框。在该对话框中的"名称"文本框中输入要添加的文档名称，例如 index.asp，单击"确定"按钮，即可将其添加到列表框中。新添加的默认文档会自动排列在列表框的最下方，用户可以上移或下移其顺序。

图 12-20　"添加默认文档"对话框

7. MIME 设置

MIME（Multipurpose Internet Mail Extensions，多用途互联网邮件扩展）是一种保证非 ASCII 符文件在 Internet 上传播的标准，最早用于邮件系统传输非 ASCII 的内容，也可以传输图片等其他格式。随着网络的发展，浏览器也支持这种规范，目前除了 HTML 文本格式外，还可以添加其他格式（如 PDF 等）。

（1）打开"Internet Information Services（IIS）管理器"窗口，在"连接"窗格中的控制树中选中需要设置的 Web 网站，进入网站的设置主页，双击"MIME 类型"按钮。

（2）打开图 12-21 所示的"MIME 类型"窗格后，在列表框中显示可以管理被 Web 服务器用作静态文件的文件扩展名和关联的内容类型。用户可以通过"操作"窗格中的"编辑"按钮来修改文件扩展名与 MIME 类型的关联。

图 12-21　"MIME 类型"窗格

（3）默认情况下，系统已经集成了很多 MIME 类型，基本上已经可以满足用户的要求，有时用户可能会有特殊的要求，需要用户手动添加 MIME 类型。添加 MIME 类型的方法是，在"操作"窗格中单击"添加"按钮，打开"添加 MIME 类型"对话框，添加新的 MIME 类型。

8. 自定义 Web 网站错误消息

有时，可能由于网络或者 Web 服务器设置的原因，出现用户无法正常访问 Web 页的情况。为了使用户了解不能访问的原因，在 Web 服务器上应设置反馈给用户的错误页。错误页可以是自定义的，也可以是包含排除故障信息的详细错误信息。默认情况下，在 IIS 10.0（中文版）中已经集成了一些常见的错误代码所对应的提示页，这些提示页都存放在 Windows Server 2016 分区的\inetpub\custerr\zh-CN 文件夹下。

自定义 Web 网站错误消息的方法如下。

（1）打开"Internet Information Services（IIS）管理器"窗口，在"连接"窗格中的控制树中选中需要设置的 Web 网站，进入网站的设置主页，双击"错误页"按钮。

（2）打开"错误页"窗格，如图 12-22 所示，在列表框中显示了已配置的 HTTP 错误响应。

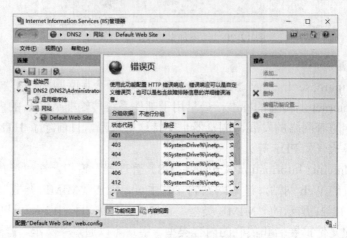

图 12-22 　"错误页"窗格

（3）若要详细设置发生该错误时返回用户的信息或发生该错误时所执行的操作，可单击"编辑"按钮，在打开的"编辑自定义错误页"对话框中进行详细设置，设置完毕后，单击"确定"按钮保存设置，如图 12-23 所示。

图 12-23 　"编辑自定义错误页"对话框

下面简要地介绍"编辑自定义错误页"对话框中各选项的含义。

1）将静态文件中的内容插入错误响应中。在"文件路径"文本框中输入存储在本地计算机上的 Web 页的绝对路径，当发生该错误时，将该 Web 页返回给客户机。如果勾选"尝试返回使用客户端语言的错误文件"复选框，可以根据客户机所使用的语言返回相应的错误页。

2）在此网站上执行 URL。在"URL（相对于网站根目录）"文本框中输入相对于网站根目录的相对路径中的错误页，例如"/ErrorPages/404.aspx"。

3）以 302 重定向响应。在"绝对 URL"文本框中输入当发生该错误时重定向的网站 URL
地址。

（4）如果在默认错误页中没有所需要的错误页代码，则需要管理员手动添加。在"操作"
窗格中单击"添加"按钮，打开"添加自定义错误页"对话框，如图 12-24 所示。在"状态代
码"文本框中输入添加的错误代码，根据需要，在"响应操作"区域设置相应的错误响应操作。
设置完毕后，单击"确定"按钮保存设置。

图 12-24   "添加自定义错误页"对话框

12.3.2   管理 Web 网站的安全

在 IIS 建设的网站中，默认允许所有的用户连接，并且客户机访问时不需要使用用户名和
密码。但如果访问对安全要求高的网站，或网站中有机密信息时，就需要对用户进行身份验证，
只有使用正确的用户名和密码才能进行访问。

1. 禁用匿名访问

默认情况下，Web 服务器启用匿名访问，网络中的用户无须输入用户名和密码即可访问
Web 网站。其实，匿名访问也是需要身份验证的，当用户访问 Web 网站时，所有 Web 客户都
使用 IIS_IUSRS 账户自动登录。如果 Web 网站的主目录允许 IIS_IUSRS 账户访问，就向用户
返回网页页面；如果不允许访问，IIS 将尝试使用其他验证方法。

如果 Web 网站是一个专用的信息管理系统，只允许授权的用户才能访问，此时用户就要
禁用 Web 网站匿名访问功能，方法如下。

（1）打开"Internet Information Services（IIS）管理器"窗口，在"连接"窗格中的控
制树中选择需要设置的 Web 网站，进入网站的设置主页，双击"身份验证"按钮。

（2）打开图 12-25 所示的"身份验证"窗格后，在列表框中选择"匿名身份验证"选项，
然后在"操作"窗格中单击"禁用"按钮，即可禁用匿名访问。

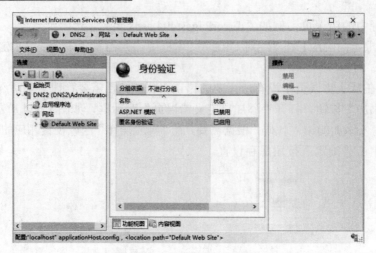

图 12-25　"身份验证"窗格

2. 使用身份验证

在 IIS 10.0 中提供了"IIS 客户机证书映射身份验证""Windows 身份验证""基本身份验证""客户端证书映射身份验证""摘要式身份验证"等几种身份验证方式。在安装 Web 服务器（IIS）角色时，默认不安装这些身份验证方法，管理员可以手动选择安装这些组件。在图 12-26 所示的"选择服务器角色"界面中勾选欲安装的身份验证方式即可。

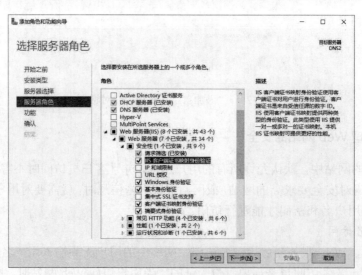

图 12-26　"选择服务器角色"界面

（1）打开"Internet Information Services（IIS）管理器"窗口，首先在"连接"窗格中的控制树中选中需要设置的 Web 网站，进入网站的设置主页，双击"身份验证"按钮，如图 12-27所示。

（2）打开"身份验证"窗格，在列表框中显示当前用户已经安装的身份验证方式。如果欲使用非匿名访问身份验证方式，则首先需禁用匿名身份验证方式，再在列表中选择要使用的身份验证方式，并在右侧"操作"窗格中单击"启动"按钮，即可启动相应的身份验证方式，如图 12-28 所示。

图 12-27　双击"身份验证"按钮

图 12-28　启动身份验证方式

　　下面简要介绍这三种主要的身份验证方式。

　　1）Windows 身份验证。Windows 身份验证是一种安全的验证形式，它需要用户输入用户名和密码，用户名和密码在通过网络发送前会经过散列处理，因此可以确保其安全性。Windows 身份验证的方法有两种，分别是 Kerberos v5 验证和 NTLM，如果在 Windows 域控制器上安装了活动目录服务，并且用户的浏览器支持 Kerberos v5 验证协议，则使用 Kerberos v5 验证，否则使用 NTLM 验证。

　　2）基本身份验证。用户使用基本身份验证访问 Web 网站时，系统会模仿为一个本地用户（即能实际登录到 Web 服务器的用户）登录到 Web 服务器，因此用于基本验证的 Windows 用户必须具有"本地登录"用户权限。它是一种工业标准的验证方法，大多数浏览器支持这种验证方法。在使用基本身份验证时，用户密码是以未加密形式在网络上传输的，很容易被蓄意破坏系统安全的人在身份验证过程中使用协议分析程序破译用户和密码，因此这种验证方式是不安全的。

　　3）摘要式身份验证。摘要式身份验证也要求用户输入用户名和密码，但用户名和密码都经过 MD5 算法处理，然后将处理后产生的散列随机数（哈希值）传输给 Web 服务器。采用这种方法时，Web 服务器必须是 Windows 域的成员服务器。

Windows 身份验证优先于基本身份验证，它并不先提示用户输入用户名和密码，只有 Windows 身份验证失败后，浏览器才提示用户输入用户名和密码。虽然 Windows 身份验证非常安全，但是在通过 HTTP 代理连接时，Windows 身份验证不起作用，无法在代理服务器或其他防火墙应用程序后使用。因此，Windows 身份验证最适合企业 Intranet 环境。

（3）下面的 Web 服务器使用了基本身份验证，当客户机访问该网站时，就打开图 12-29 所示的"Windows 安全性"对话框，要求用户在"用户名"和"密码"文本框中输入合法的用户名及密码，单击"确定"按钮。

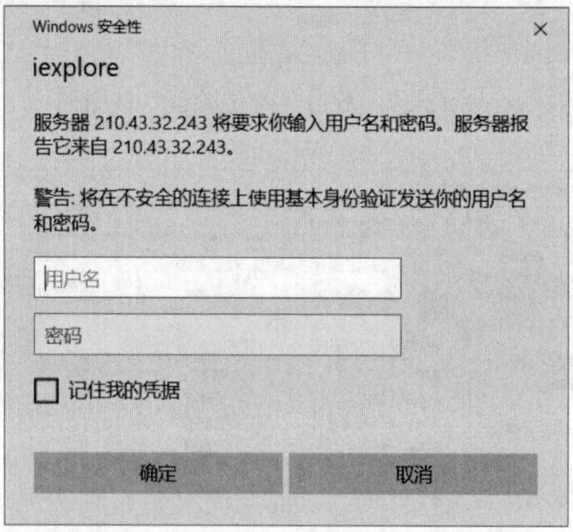

图 12-29　"Windows 安全性"对话框

（4）如果验证通过，即可打开网页，否则将返回错误页（错误代码为 401），如图 12-30 所示。

图 12-30　返回错误页

3．通过 IP 地址限制保护网站

启用了用户验证方式后，每次访问该 Web 网站都需要输入用户名和密码，对于授权用户而言比较麻烦。由于 Web 服务器会检查每个来访者的 IP 地址，因此也可通过 IP 地址的访问来防止或允许某些特定的计算机、计算机组、域甚至整个网络访问 Web 网站，从而排除未知用户的访问。

　　默认情况下，在安装 Web 服务器（IIS）角色时不安装"IP 和域限制"组件，该组件需要用户手动安装。安装方法是在"选择角色服务"对话框中勾选"IP 和域限制"复选框即可。通过 IP 地址限制保护网站的方法如下。

　　（1）打开"Internet Information Services（IIS）管理器"窗口，在"连接"窗格中的控制树中选中需要设置的 Web 网站，进入网站的设置主页，双击"IP 地址和域限制"按钮，打开如图 12-31 所示的"IP 地址和域限制"窗格。

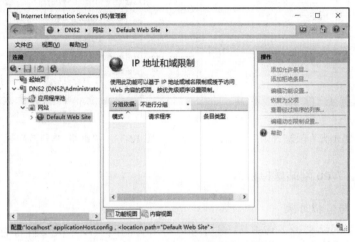

图 12-31　"IP 地址和域限制"窗格

　　（2）打开"IP 地址和域限制"窗格后，在"操作"窗格中单击"添加允许条目"或"添加拒绝条目"按钮来设置 IP 地址限制。

　　下面简要介绍添加允许或拒绝条目的含义及设置方法。

　　1）添加允许条目。在"操作"窗格中单击"添加允许条目"链接，打开"添加允许限制规则"对话框，如图 12-32 所示。如果要允许一台主机访问 Web 网站，可选择"特定 IP 地址"单选按钮，并在文本框中输入允许访问的主机的 IP 地址。如果是允许一组主机访问 Web 网站，可选择"IP 地址范围"单选按钮，通过这组主机的网络地址和子网掩码来标识。例如，图 12-32 所示的含义是只允许 210.43.32.0/24（IP 地址范围是 210.43.32.1~210.43.32.254）这个网络的主机可以访问该站点，其他主机不能访问该站点。设置完毕后，单击"确定"按钮。

　　2）添加拒绝条目。拒绝访问与允许访问正好相反。通过拒绝访问设置将拒绝所有主机和域对该 Web 网站的访问，但特别授予访问权限的主机除外。这种设置方法主要是用于给 Web 服务器加入黑名单。单击"添加拒绝条目"链接，在打开的"添加拒绝限制规则"对话框中添加拒绝访问的计算机，其操作步骤与"添加允许条目"中的操作相同。

　　（3）用户还可以根据域名来限制要访问的计算机。在"操作"窗格中单击"编辑功能设置"链接，打开"编辑 IP 和域限制设置"对话框，如图 12-33 所示。在"未指定的客户端的访问权"下拉列表中，可以设置除指定的 IP 地址外的客户机访问该网站时所进行的操作，用户可以根据需要在下拉列表中选择"允许"或"拒绝"选项。若勾选"启用域名限制"复选框，即可启用域名限制。

　　注意：通过域名限制访问会要求 DNS 反向查找每一个链接，这将会严重影响服务器的性能，建议不要使用。

图 12-32 "添加允许限制规则"对话框

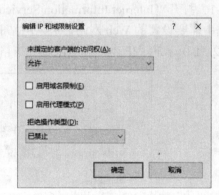

图 12-33 "编辑 IP 和域限制设置"对话框

12.3.3 创建 Web 网站虚拟目录

1. 实际目录与虚拟目录

对于一个小型网站来说，Web 管理员可以将所有的网页及相关文件都存放在网站的主目录下，而对于一个较大的网站，这种方法不可取。通常的做法是把网页及相关文件进行分类，分别放在主目录下的子文件夹中，这些子文件夹称为实际目录或物理目录（Physical Directory）。

如果要通过主目录以外的其他文件夹中发布网页，就必须创建虚拟目录（Virtual Directory）。虚拟目录不包含在主目录中，但在浏览器中浏览虚拟目录，会感觉虚拟目录就位于主目录中一样。虚拟目录有一个别名 alias，Web 浏览器直接访问此别名即可。使用别名可以更方便地移动站点中的目录，若要更改目录的 URL，则只需更改别名与目录实际位置的映射即可。

为了说明实际目录与虚拟目录的区别，我们先创建一个实际目录，再创建一个虚拟目录并管理。

2. 创建实际目录

下面的操作是在一个 Web 网站的主目录下，创建和访问一个实际目录的过程。

（1）打开"Internet Information Services（IIS）管理器"窗口，在"连接"窗格中的控制树中选中需要设置的 Web 网站，单击中部窗格下方的"内容视图"按钮切换视图模式，此时在列表框中显示网站主目录下所有的文件和文件夹，如图 12-34 所示。

（2）单击"操作"窗格中的"浏览"链接，打开网站的主目录，在该目录下创建一个名为 music 文件夹，如图 12-35 所示。

（3）在 music 文件夹中创建一个名为 index.htm 的测试网页文件。

（4）单击"操作"窗格中"刷新"链接，刷新内容视图，就可在内容视图中看到刚创建的实际目录 music，如图 12-36 所示。

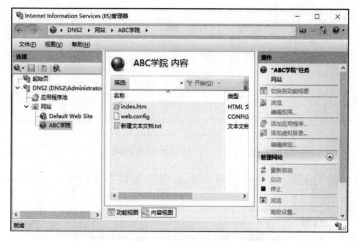

图 12-34　网站主目录下所有文件和文件夹

图 12-35　创建 music 文件夹

图 12-36　查看实际目录 music

（5）打开浏览器，在地址栏中输入"http://210.43.32.243/music/"，即可访问刚才在 music 文件夹下创建的网页，如图 12-37 所示。

3. 创建虚拟目录

下面是在一个 Web 网站的主目录下创建和访问一个虚拟目录的步骤。

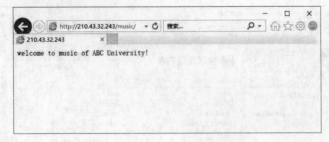

图 12-37　访问刚才创建的网页

（1）在服务器的 **G** 盘根目录中创建一个名为"视频"文件夹，如图 12-38 所示。

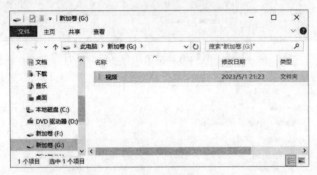

图 12-38　创建"视频"文件夹

（2）将"视频"文件夹的读取、执行、列出文件夹目录权限都授予 IIS_IUSRS 账户，如图 12-39 所示。

（3）在刚创建好的文件夹（G:\视频）中创建一个名为 index.htm 的文件。

（4）单击"操作"窗格中的"添加虚拟目录"链接，打开"添加虚拟目录"对话框，在"别名"文本框中输入"video"，在"物理路径"文本框中输入虚拟目录的实际路径（也可单击 ⋯ 按钮进行选择）。设置完毕后，单击"确定"按钮保存设置，如图 12-40 所示。

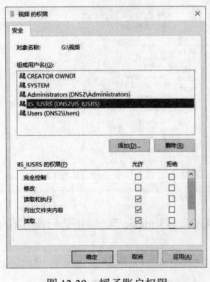

图 12-39　授予账户权限

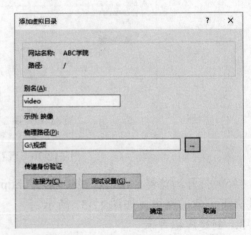

图 12-40　"添加虚拟目录"对话框

（5）虚拟目录添加完成后，将在"ABC 学院内容"窗格显示创建的虚拟目录，如图 12-41 所示。

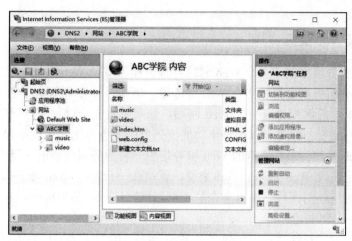

图 12-41　创建的虚拟目录

（6）打开浏览器，在地址栏中输入"http://www.abc.edu.cn/video/"，即可访问刚才在虚拟目录中创建的测试主页的内容，如图 12-42 所示。

4. 管理虚拟目录

虚拟目录创建后，可能因为物理路径的变更使虚拟目录不能正常使用，或者需要修改虚拟路径的名称，这时就需要对虚拟目录进行配置。

修改虚拟目录的方法是，选择相应的虚拟目录，单击"操作"窗格中的"高级设置"链接，然后在打开的"高级设置"对话框中重新设置虚拟目录的物理路径，或者进行修改虚拟路径等操作，如图 12-43 所示。

图 12-42　访问在虚拟目录中创建的测试主页　　　　图 12-43　"高级设置"对话框

12.4 在同一 Web 服务器上创建多个 Web 网站

12.4.1 虚拟 Web 主机

在同一 Web 服务器上
创建多个 Web 网站

在同一 Web 服务器上创建多个 Web 网站有时也称为虚拟 Web 主机，是
指将一台物理 Web 服务器虚拟成多台 Web 服务器。例如，计算机学院要建
立课程网站，要求一门课程对应一个 Web 网站，如果为每一个课程网站配置一台服务器，显
然太浪费，也没有必要，此时可以在一个功能较强大的服务器上利用虚拟 Web 主机方式，创
建多门课程的 Web 网站。虽然所有的 Web 服务是由一台服务器提供的，但访问者看起来却是
在不同的服务器上获取 Web 服务。具体来说，就是在一台物理 Web 服务器上创建多个 Web
网站，每个站点对应一门课程，而且多个站点可以同时运行，都能访问。

1. 虚拟 Web 主机创建方式

虽然可以在一台物理计算机上创建多个 Web 网站，但为了让用户能访问到正确的 Web 网
站，每个 Web 网站必须有一个唯一的辨识身份。用来辨识 Web 网站身份的识别信息包括主机
名、IP 地址和 TCP 端口号。创建虚拟 Web 主机有如下三种方式。

（1）基于 IP 方式（IP-Based）。在 Web 服务器的网卡上绑定多个 IP 地址，每个 IP 地址
对应一台虚拟主机。访问这些虚拟主机时，用户可以使用虚拟主机 IP 地址，也可以使用虚拟
主机的域名（在域名服务器配置好的情况下）。

（2）基于主机名方式（Name-Based）。在 HTTP 1.1 标准中规定了在 Web 浏览器和 Web
服务器通信时，Web 服务器能跟踪 Web 浏览器请求的是哪个主机名。采用基于主机名方式创
建虚拟主机时，Web 服务器只需要一个 IP 地址，但对应着多个域名，每个域名对应一台虚拟
主机，它已成为建立虚拟主机的最常用方式。访问虚拟主机时，只能使用虚拟主机域名来访问，
而不能通过 IP 地址来访问。

（3）基于 TCP 连接端口方式。Web 服务的默认的端口号是 80，通过修改 Web 服务的
工作端口，使每个虚拟主机分别拥有一个唯一的 TCP 端口号，从而区别不同的虚拟主机。
访问基于 TCP 连接端口创建的虚拟主机时，需要在 URL 的后面添加 TCP 端口号，如
http://www.abc.edu.cn:8160。

2. 虚拟 Web 主机的特点

虚拟 Web 主机有以下主要特点。

（1）节约软硬件投资。使用 Web 虚拟主机，用户可以在运行 IIS 10.0 的服务器上创建和
管理多个 Web 网站（只需要一台服务器和软件包）。虚拟 Web 主机在性能和表现上都与独立
的 Web 服务器基本没有差别。

（2）可管理。与真正的 Web 服务器相比，虚拟 Web 主机在管理上基本是相同的，例如
服务的终止、启动和暂停等。同时，虚拟 Web 主机还可以使用 Web 方式进行远程管理。

（3）可配置。虚拟 Web 主机可以像真正的 Web 服务器一样进行各种功能的配置。

（4）数据安全。利用虚拟 Web 主机，可以将数据敏感的信息分离开来，从信息内容到站
点管理都相互隔离，从而提供了更高的数据安全性。

（5）分级管理。不同的虚拟网站可以指定不同的管理人员，同一虚拟网站也可以指定若

干管理人员，从而将 Web 网站层层委派给享有相应权限的人员进行管理，使每一个部门都有自己的虚拟服务器，并且能完全管理自己的站点。

（6）性能和带宽调节。当计算机上安装有若干个虚拟网站时，用户可以为每一个 Web 虚拟主机提供性能和带宽，以保证服务器能够稳定运行，合理分配网络带宽和 CPU 处理能力。

12.4.2　使用不同的 IP 地址在一台服务器上创建多个 Web 网站

使用不同的 IP 地址在一台服务器上创建多个 Web 网站时，首先要为每个 Web 网站分配一个独立的 IP 地址，即每个 Web 网站都可以通过不同的 IP 地址进行访问，从而使 IP 地址成为网站的唯一标识。使用不同的 IP 地址标识时，所有 Web 网站都可以采用默认的 80 端口，并且可以在 DNS 中对不同的网站分别解析域名，从而便于用户访问。当然，由于每个网站都需要一个 IP 地址，因此如果创建的虚拟网站很多，将会占用大量的 IP 地址。

使用不同 IP 地址在一台服务器上创建多个 Web 网站的步骤如下。

（1）为 Web 服务器的网卡绑定多个 IP 地址。在 Web 服务器上打开"Internet 协议版本 4（TCP/IPv4）属性"对话框，单击"高级"按钮。在打开的"高级 TCP/IP 设置"对话框中单击"添加"按钮，为网卡添加 IP 地址和子网掩码，如图 12-44 所示。

（2）为站点创建 Web 发布主目录，并将它的读取、执行、列出文件夹目录权限授予 IIS_IUSRS 账户，如图 12-45 所示。

图 12-44　为网卡添加 IP 地址和子网掩码　　　图 12-45　创建 Web 发布主目录并授予账户权限

（3）为站点创建测试网页。在上述文件夹中创建一个 index.htm 文件，将其作为该 Web 网站的测试文件，如图 12-46 所示。

（4）打开"Internet Information Services（IIS）管理器"窗口，添加网站 web1，主目录指定到 F:\web1，绑定的 IP 地址是 210.43.32.243，如图 12-47 所示。

（5）按同样方法添加网站 Web2，设置主目录为 f:\web2，绑定 ipv4 地址为 210.43.32.223。

（6）图 12-48 所示为两个站点创建完成后的界面。

（7）测试。打开浏览器，在地址栏中分别输入"http://210.43.32.243"和"http://210.43.32.223"，即可看到两个测试网站的主页，分别如图 12-49 和图 12-50 所示。

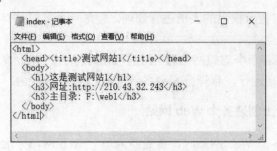

图 12-46　创建测试网页

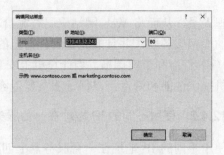

图 12-47　修改已创建站点的 IP 地址

图 12-48　添加的两个站点

图 12-49　测试网站 Web1 的主页

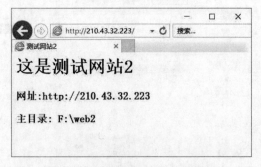

图 12-50　测试网站 Web2 的主页

12.4.3　使用不同主机名在一台服务器上创建多个 Web 网站

如果 Web 服务器所在子网的 IP 地址有限，或者一台 Web 服务器上创建了很多个 Web 网站，用户还可以使用不同主机名在一台服务器上创建多个 Web 网站。使用这种方法创建多个 Web 网站时，需要在 DNS 服务器中进行主机名的注册，即将多个主机名同时指向同一台 Web 服务器。这种方式在 Web 网站托管服务商中大量使用。

使用不同主机名在一台服务器上创建多个 Web 网站的过程如下。

（1）在域名服务器中创建多条别名资源记录，并且都指向一台真实的 Web 服务器。例如，创建两条别名记录 www1 和 www2，其实现主机都指向 web.abc.edu.cn，IP 地址是 210.43.32.243，如图 12-51 所示。

图 12-51　域名注册

（2）修改上面 Web1 和 Web2 两个网站的主页文件内容。

（3）修改网站 Web1 的绑定，设置 IP 地址为 210.43.32.243，主机名为 www1.abc.edu.cn，如图 12-52 示。

（4）修改网站 Web2 的绑定，设置 IP 地址为 210.43.32.243，主机名为 www2.abc.edu.cn。如图 12-53 示。

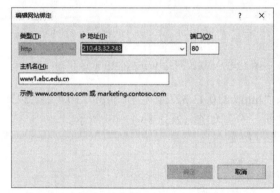
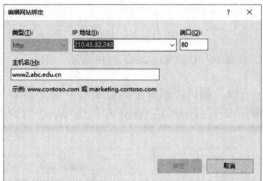

图 12-52　修改网站 Web1 的 IP 地址和主机名　　　图 12-53　修改网站 Web2 的 IP 地址和主机名

（5）测试。在浏览器地址栏中输分别输入"http://www1.abc.edu.cn"和"http://www2.abc.edu.cn"，即可显示网站 Web1 和网站 Web2 的的主页，分别如图 12-54 和图 12-55 所示。

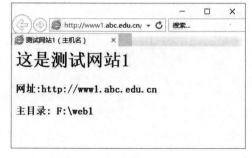

图 12-54　测试网站 Web1 的主页　　　　　　　图 12-55　测试网站 Web2 的主页

12.4.4 使用不同的端口号在一台服务器上创建多个 Web 网站

同一台计算机、同一个 IP 地址，采用不同的 TCP 端口号，也可以标识不同的 Web 网站。如果用户使用非标准的 TCP 端口号来标识网站，则用户无法通过标准名或 URL 来访问站点。

还是用网站 Web1 和 Web2 为例进行设置，使用不同端口号在一台服务器上创建多个 Web 网站的过程如下。

（1）修改两个网站主页的内容。

（2）修改网站 Web1 的绑定，设置 IP 地址为 210.43.32.243，主机名为空，端口号为 80，如图 12-56 所示。

（3）修改网站 Web2 的绑定，设置 IP 地址为 210.43.32.243，主机名为空，端口号为 8080，如图 12-57 所示。

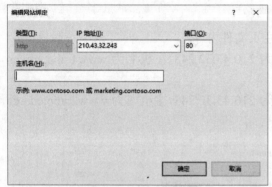 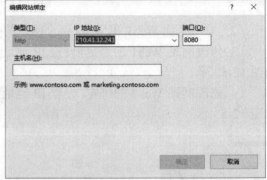

图 12-56　修改网站 Web1 的 IP 地址和端口号　　　　图 12-57　修改网站 Web2 的 IP 地址和端口号

（4）测试。在浏览器地址栏中输分别输入"http://210.43.32.243"和 http://210.43.32.243：8080，即可显示网站 Web1 和网站 Web2 的的主页，分别如图 12-58 和 12-59 所示。

图 12-58　测试网站 Web1 的主页

图 12-59　测试网站 Web2 的主页

除了以上三种不同的方法，还可以采用不同虚拟目录对应不同网站的方法，该方法可以参考 12.3.3 小节中创建 Web 网站虚拟目录时的步骤，此处不再赘述。

本 章 小 结

本章主要介绍了 Windows Server 2016 的 Web 服务器（IIS）角色的安装方法、Web 网站主要参数和安全配置方法，Web 网站、虚拟目录的安装配置方法，以及在一台物理 Web 服务器上安装多个 Web 网站的方法。

习题与实训

一、习题

（一）填空题

1．HTTP 是常用的应用层协议，它通过_____来保证传输的可靠性。HTTP 对每个事务的处理是_____。

2．在 Windows Server 2016 中架设 Web 网站，为了提高 Web 网站的安全性，存放网站内容的驱动器应使用_____格式。

3．在 Windows Server 2016 中架设 Web 网站，若启用匿名访问，则 Web 客户机访问 Web 网站时，使用_____账户自动登录。

4．默认网站的名称为 www.czc.net.cn，虚拟目录名为 share，要访问虚拟目录 share，应该在地址栏中输入_____。

（二）选择题

1．在 Windows Server 2016 中，可以通过安装（　　　）组件来创建 Web 网站。

　　A．IIS　　　　　　　B．IE　　　　　　　C．WWW　　　　　　D．DNS

2．若 Web 网站的默认文档中依次有 index.htm、default.htm、default.asp 和 ih.htm 这四个文档，则主页显示的是（　　　）的内容。

　　A．index.htm　　　B．ih.htm　　　　C．default.htm　　　D．default.asp

3．每个 Web 网站必须有一个主目录来发布信息，IIS 10.0 默认的主目录为（　　　）。

　　A．\Website　　　　　　　　　　B．\Inetpub\wwwroot

　　C．\Internet　　　　　　　　　　D．\Internet\website

4．除了主目录以外，还可以采用（　　　）作为发布目录。

　　A．备份目录　　　B．副目录　　　　C．虚拟目录　　　D．子目录

5．若 Web 网站的 Internet 域名是 www.xyz.com，IP 地址为 192.168.1.21，现将 TCP 端口改为 8160，则用户在 IE 浏览器的地址栏中输入（　　　）后就可访问该网站。

　　A．http://192.168.1.21　　　　　B．http://www. xyz.com

　　C．http://192.168.1.21:8160　　　D．http://www. xyz.com/8160

6．Web 主目录的访问控制权限不包括（　　　）。

A．读取　　　　　　B．更改　　　　　　C．写入　　　　　　D．目录浏览

7．Web 网站的默认端口为（　　　）。

A．8160　　　　　　B．80　　　　　　C．8000　　　　　　D．8016

8．在配置 IIS 时，如果想禁止某些 IP 地址访问 Web 服务器，应在默认 Web 网站的属性对话框中的（　　　）选项卡中进行配置。

A．目录安全性　　　B．文档　　　　　　C．主目录　　　　　　D．ISAPI 筛选器

二、实训

1．在 Windows Server 2016 IIS 中安装 Web 服务器（IIS）角色。

2．配置 Web 网站属性。

3．管理 Web 网站的安全。

4．比较实际目录与虚拟目录。

5．在同一服务器上创建多个 Web 网站。

第 13 章　搭建 FTP 服务器

本章主要介绍 FTP 的相关概念及 FTP 客户机软件的使用方法，FTP 服务的安装和 FTP 站点的配置和管理方法，以及各种 FTP 用户隔离模式的配置方法。

通过本章的学习，应该达到如下目标：

- 熟悉 FTP 的工作原理。
- 掌握常用的 FTP 客户机软件及其使用方法。
- 掌握在 Windows 2016 Server 环境下 FTP 服务的安装及配置方法。
- 掌握 FTP 用户隔离模式配置方法。

13.1　FTP 简介

13.1.1　什么是 FTP

FTP 是 TCP/IP 协议簇的应用协议之一，主要用来在计算机之间传输文件。通过 TCP/IP 连接在一起的任意两台计算机，如果安装了 FTP 和服务器软件，就可以通过 FTP 服务进行文件传输。

13.1.2　FTP 数据传输原理

1．FTP 的工作原理

FTP 在客户机/服务器模式下工作，一个 FTP 服务器可同时为多个客户提供服务。它要求用户使用客户机软件与服务器建立连接，然后才能从服务器上获取文件，这一过程称为文件下载（Download），或向服务器发送文件，这一过程称为文件上载（Upload），FTP 功能模块及 FTP 连接如图 13-1 所示。

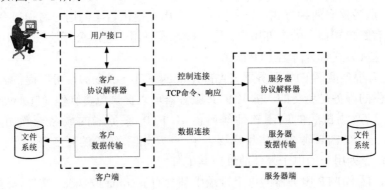

图 13-1　FTP 功能模块及 FTP 连接

一个完整的 FTP 文件传输需要建立两种类型的连接，一种为文件传输下命令，称为控制连接，另一种实现真正的文件传输，称为数据连接。当客户机希望与 FTP 服务器建立上传/下载的数据传输时，它首先向服务器发起一个建立连接的请求，FTP 服务器接收来自客户机的请求，完成连接的建立过程，这样的连接就称为 FTP 控制连接。这条连接主要用于传输控制信息（命令和响应），默认情况下，服务器端控制连接的默认端口号为 21。FTP 控制连接建立之后，即可开始传输文件，传输文件的连接称为 FTP 数据连接。

2．FTP 服务的工作模式

FTP 数据连接就是 FTP 传输数据的过程，它有两种传输模式，分别是主动（Active）传输模式和被动（Passive）传输模式。

（1）主动传输模式如图 13-2（a）所示，当 FTP 的控制连接建立，客户机提出传输文件的请求时，客户机在命令连接上用 PORT 命令告诉服务器"我打开了××××端口，你过来连接我"。于是，FTP 服务器使用一个标准端口 20 作为服务器端的数据连接端口（ftp-data）向客户机的××××端口发送连接请求，建立一条数据连接来传输数据。在主动传输模式下，FTP 的数据连接和控制连接方向相反，由服务器向客户机发起一个用于数据传输的连接。客户机的连接端口由服务器端和客户机通过协商确定。在主动传输模式下，FTP 服务器使用 20 端口与客户机的暂时端口进行连接，并传输数据，客户机只是处于接收状态。当 FTP 默认端口修改后，数据连接端口也发生了改变。例如，若 FTP 的 TCP 端口配置为 600，则其数据端口为 599。

客户端随机开启一个端口 N 如 1550 向服务端 21 端口进行连接，客户端使用 N+1 端口如 1551 进行数据连接。

（2）被动传输模式如图 13-2（b）所示，当 FTP 的控制连接建立，客户机提出传输文件的请求时，客户机发送 PASV 命令使服务器处于被动传输模式，服务器在命令连接上用 PASV 命令告诉客户机"我打开了××××端口，你过来连接我"。于是，客户机向服务器的×××过端口发送连接请求，建立一条数据连接来传输数据。在被动传输模式下，FTP 的数据连接和控制连接方向一致，由客户机向服务器发起一个用于数据传输的连接，客户机的连接端口是发起该数据连接请求时使用的端口。当 FTP 客户机在防火墙之外访问 FTP 服务器时，需要使用被动传输模式。在被动传输模式下，FTP 服务器打开一个暂态端口等待客户机对其进行连接，并传输数据，而服务器并不参与数据的主动传输，只是被动接受。

3．匿名 FTP

访问 FTP 服务器有两种方式：一种方式需要用户提供合法的用户名和口令，这种方式适用于在主机上有账户和口令的内部用户；另一种方式是用户使用公开的账户和口令登录，访问并下载文件，这种方式称为匿名 FTP 服务。

Internet 上有很多匿名 FTP 服务器（Anonymous FTP Servers），可以提供公共的文件传输服务，它们提供的服务是免费的。匿名 FTP 服务器可以提供免费软件（Freeware）、共享软件（Shareware）以及测试版的应用软件等。匿名 FTP 服务器的域名一般由 ftp 开头，如 ftp.ustc.edu.cn。匿名 FTP 服务器向用户提供了一种标准、统一的匿名登录方法，即用户名为 Anonymous，口令为用户的电子邮件地址或其他任意字符。

一般来说，匿名 FTP 服务器的每个目录中都含有 readme 或 index 文件，这些文件含有该目录中所存储的有关信息。因此，用户在下载文件之前，最好先阅读它们。

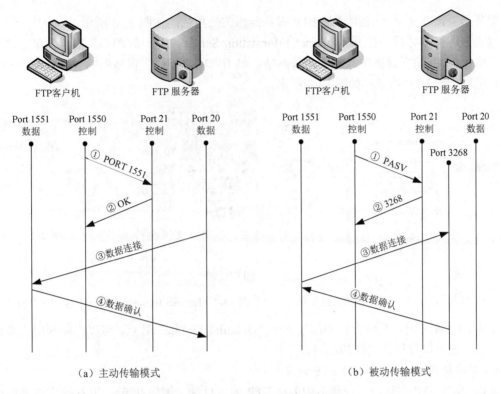

图 13-2 FTP 服务的工作模式

FTP 的安装与基本设置

13.2 FTP 的安装与基本设置

13.2.1 架设 FTP 服务器的需求和环境

安装 FTP 服务器之前，用户需要做一些必要的准备工作。

（1）为服务器配置一个静态 IP 地址，不能使用由 DHCP 动态分配的 IP 地址。

（2）为了使用户能使用域名访问 FTP 站点，建议在 DNS 服务器上为站点注册一个域名。

（3）为了使 FTP 站点具有更高的安全性，建议存放 FTP 内容的驱动器使用 NTFS 格式。如果要限制用户上传文件的大小，还需要启动磁盘配额。

13.2.2 FTP 的安装与站点的建立

Windows Server 2016 内置的 FTP 服务器支持以下高级功能。

（1）它与 Windows Server 2016 的 IIS 10.0 充分集成，因此可以通过 IIS 的管理界面来管理 FTP 服务器，也可以将 FTP 服务器集成到现有网站中。

（2）支持最新的 Internet 标准，如 FTP over SSL（FTPS）、IPv6 与 UTF-8。

（3）支持虚拟主机名，更强的用户隔离与记录功能。功能更强的日志功能，使 FTP 服务器的运行更容易掌控。

因为 FTP 服务器角色与 IIS 集成在一起，所以安装了 Web 服务就可以直接使用。在安装

Web 服务器（IIS）时，一定要添加 FTP 服务器相关的角色，如图 13-3 所示。

完成上述操作之后，打开"Internet Information Server（IIS）管理器"窗口，单击"功能视图"按钮，"网站"窗格中显示了相关网站，单击右侧"操作"窗格中的"添加 FTP 站点"按钮，可以创建 FTP 站点，如图 13-4 所示。

图 13-3　添加 FTP 服务器相关的角色

图 13-4　Internet Information Services（IIS）管理器

安装 FTP 服务时，系统会自动创建一个"Default FTP Site"站点，可以直接利用它来作为 FTP 站点，也可以自行创建新的站点。

1. 创建使用 IP 地址访问的 FTP 站点

（1）准备 FTP 主目录。在硬盘中创建 FTP 的主目录，例如 F:\ftp，并在该文件夹中存放一个文件 Ftptest.txt，供用户在客户机上下载和上传测试。

（2）创建 FTP 站点。

1）打开"Internet Information Server（IIS）管理器"窗口，选择左侧"连接"窗格中的"网站"项目，单击右侧"操作"窗格中的"添加 FTP 站点"链接。

2）在"站点信息"界面中输入 FTP 站点名称和物理路径，如图 13-5 所示，单击"下一步"按钮。

3）在"绑定和 SSL 设置"界面中，选择 IP 地址及端口号等信息，如图 13-6 所示，单击"下一步"按钮。

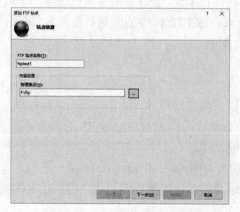

图 13-5　"站点信息"界面

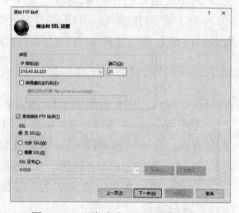

图 13-6　"绑定和 SSL 设置"界面

4）在"身份验证和授权信息"界面中，对身份验证、授权、权限等进行设置，如图 13-7 所示，单击"完成"按钮，完成新 FTP 站点的创建。

5）新创建的 FTP 站点如图 13-8 所示。可以单击"ftptest 1 主页"窗格下方的"内容视图"按钮或右侧"操作"窗格中的"浏览"链接，来查看目录内的文件，还可以单击"重新启动""启动""停止"链接来更改 FTP 站点的启动状态。

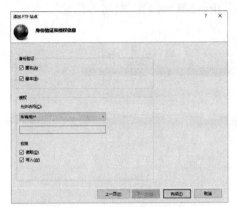

图 13-7　"身份验证和授权信息"界面

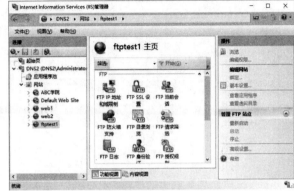

图 13-8　新创建的 FTP 站点

2. 创建使用域名访问的 FTP 站点

（1）在 DNS 服务器的"DNS 管理器"窗口中创建与 FTP 站点 IP 地址对应的别名记录 ftp.abc.edu.cn，如图 13-9 所示。

（2）用域名 ftp://ftp.abc.edu.cn 就可以访问上边的 FTP 站点。

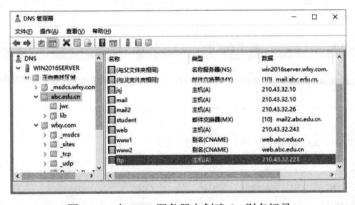

图 13-9　在 DNS 服务器上创建 ftp 别名记录

3. 创建集成到网站的 FTP 站点

用户也可以建立一个集成到网站的 FTP 站点，这个 FTP 站点的主目录就是网站的主目录，此时只需要通过同一个站点就可以同时管理网站与 FTP。下面在上一章创建的 Web1 网站的基础上，使其同时具备 FTP 的发布功能，步骤如下。

（1）打开"Internet Information Server（IIS）管理器"窗口，选择左侧"连接"窗格中的"网站"项目下的"Web1"选项，单击右侧"操作"窗格中的"添加 FTP 发布"链接，如图 13-10 所示。

（2）接下来的步骤和之前添加 FTP 网站的步骤大致相同，在"绑定和 SSL 设置"界面中，选择和 Web1 网站相同的 IP 地址等信息，单击"下一步"按钮。在"身份验证和授权信息"界面中对身份验证、授权和权限进行设置，然后单击"完成"按钮。

（3）为网站添加 FTP 发布功能后，可以在"Internet Information Services（IIS）管理器"窗口中选中网站 Web1，然后单击"操作"窗格中的"绑定"链接，在图 13-11 所示的"网站绑定"对话框中，可以编辑 Web 网站和 FTP 站点的 IP、端口号、主机名等信息。

图 13-10　单击"添加 FTP 发布"链接

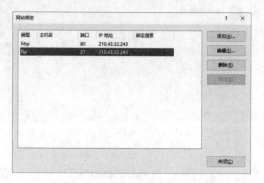

图 13-11　"网站绑定"对话框

13.2.3　使用客户机访问 FTP 站点

1. 使用 FTP 命令行

在 UNIX 操作系统中，FTP 是系统的一个基本命令，用户可以通过命令行的方式使用。在 Windows 操作系统中，也可在"命令提示符"窗口中 FTP 命令，图 13-12 所示为 Windows 7 中 FTP 命令行的使用界面。

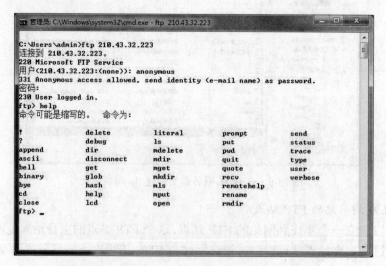

图 13-12　Windows 7 中 FTP 命令行的使用界面

FTP 命令行的使用方法类似于 DOS "命令提示符"窗口的使用方法。在不同的操作系统中，FTP 命令行软件的形式和使用方法大致相同，表 13-1 所示为 Windows 操作系统下的 FTP 常用命令。

表 13-1　FTP 常用命令

类别	命令	用途	语法
连接	**open**	与指定的 FTP 服务器连接	**open** computer [port]
	close	结束会话并返回命令解释程序	**close**
	quit	结束会话并退出 FTP	**quit**
	bye	结束并退出 FTP	**bye**
	disconnect	从远程计算机断开，保留 FTP 提示	**disconnect**
	user	指定远程计算机的用户	**user** username [password] [account]
	quote	修改用户密码	**quote site pswd** old-password new-password
目录操作	**pwd**	显示远程计算机上的当前目录	**pwd**
	cd	更改远程计算机上的工作目录	**cd** remote-directory
	dir	显示远程目录文件和子目录列表	**dir** [remote-directory] [local-file]
	lcd	更改本地计算机上的工作目录	**lcd** [directory]
	mkdir	创建远程目录	**mkdir** directory
	delete	删除远程计算机上的文件	**delete** remote-file
	mdelete	删除远程计算机上的文件	**mdelete** remote-files [...]
	mdir	显示远程目录文件和子目录列表	**mdir** remote-files [...] local-file
	ls	显示远程目录文件和子目录的缩写列表	**ls** [remote-directory] [local-file]
传输文件	**get**	使用当前文件转换类型将远程文件复制到本地计算机	**get** remote-file [local-file]
	mget	将多个远程文件复制到本地计算机	**mget** remote-files [...]
	put	将一个本地文件复制到远程计算机上	**put** local-file [remote-file]
	mput	将多个本地文件复制到远程计算机上	**mput** local-files [...]
设置选项	**ascii**	设置文件默认传输类型为 ASCII	**ascii**
	binary	设置文件默认传输类型为二进制	**binary**
帮助	**Help/?**	显示 FTP 命令说明，不带参数将显示所有子命令	**help** [command] **?** [command]
	!	临时退出到 FTP 命令行，返回 FTP 子系统	**!**

2. 使用 Windows 资源管理器

用户只需在资源管理器地址栏中输入 URL，就可以连接到 FTP 服务器上传或下载文件。图 13-13 所示的就是利用 Windows 资源管理器访问 FTP 站点（ftp.abc.edu.cn）。

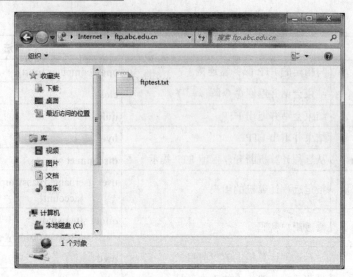

图 13-13　使用 Windows 资源管理器访问 FTP 站点

3. 使用浏览器

使用浏览器访问 FTP 服务器和使用资源管理器访问 FTP 服务器的过程大致相同，在任何一款浏览器的地址栏中输入 FTP 服务器的 URL 地址，即可连接 FTP 服务器。下边以连接集成网站 Web1 的 FTP 站点为例进行说明，在 IE 浏览器地址栏中输入 "ftp://210.43.32.243"，即可连接到网站 Web1 的主目录，如图 13-14 所示。

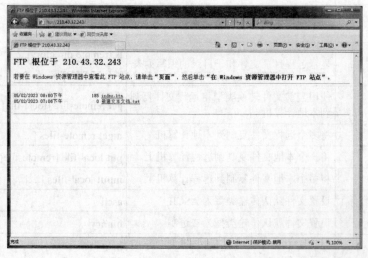

图 13-14　使用浏览器访问 FTP 站点

4. 使用 FTP 下载工具

目前，更常见的是使用基于 Windows 操作系统的具有图形人机交互界面的 FTP 文件传输软件来访问 FTP 服务器，如 WS-FTP 和 Cute FTP。

图 13-15 所示为 CuteFTP 的运行窗口。在"主机"文本框中输入待连接的远程主机的 IP 地址或域名，在"用户名"和"密码"文本框中分别输入远程主机合法的 FTP 用户名及其密码。若采用匿名登录，则用户使用的 Anonymous 密码一般为一个合法的电子邮件地址或其他

任意字符（由服务器设定），默认的端口号是 21。

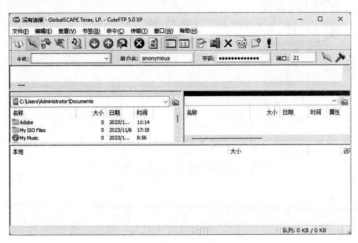

图 13-15　CuteFTP 的运行窗口

13.2.4　为 FTP 站点添加虚拟目录

通常，需要在 FTP 站点的主目录下建立多个子文件夹，然后将文件存储到主目录与这些子文件夹内，这些子文件夹被称为物理目录。也可以将文件存储在其他位置，可以是本地计算机中同一驱动器或其他驱动器内的文件夹，也可以是由网络中的共享文件夹映射的网络驱动器。用户需要在 FTP 中添加虚拟目录，使其与物理目录有一个对应关系。每一个虚拟目录都有一个别名，用户通过别名访问物理文件夹内的文件。虚拟目录的好处是，不论将文件的实际存储位置更改到何处，只要别名不变，用户都可以通过相同的别名来访问文件。

1. 创建物理目录

如果直接在主目录下创建物理目录，例如在 FTP 站点 ftptest1 的主目录 F:\ftp 文件夹中创建一个新的文件夹 picture，里面存放一张图像文件 picture.bmp，在"Internet Information Services（IIS）管理器"可以看到该图像文件，如图 13-16 所示。用户也可以在浏览器中连接 FTP 站点，看到该图像文件，如图 13-17 所示。

图 13-16　在"Internet Information Services（IIS）管理器"窗口中看到该图像文件

图 13-17　在浏览器看到该图像文件

2．创建虚拟目录

（1）创建一个物理目录（如 G:\视频），并向该文件夹中复制一些文件，如图 13-18 所示。

图 13-18　创建物理目录并复制文件

（2）打开"Internet Information Services（IIS）管理器"窗口，右击左侧"连接"窗格中"网站"项目下的 FTP 站点"ftptest1"，在弹出的快捷菜单中执行"添加虚拟目录"命令，如图 13-19 所示。

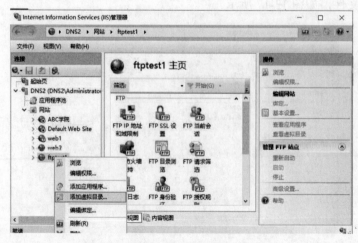

图 13-19　执行"添加虚拟目录"命令

（3）打开虚拟目录创建向导，单击"下一步"按钮。

（4）在"添加虚拟目录"对话框的"别名"文本框中输入访问该目录时用的名字（如"video"），输入或浏览选择物理路径（如 G:\视频），如图 13-20 所示，单击"确定"按钮。

（5）在"Internet Information Services（IIS）管理器"窗口中可以看到 ftptest 站点下多了一个虚拟目录 video，如图 13-21 所示。

图 13-20　"添加虚拟目录"对话框

图 13-21　FTP 站点下的虚拟目录

3. 访问虚拟目录

在客户机资源管理器地址栏中输入"ftp://210.43.32.223/video"，可以访问刚才创建的虚拟目录，如图 13-22 所示。

图 13-22　访问虚拟目录

13.3　FTP 站点的基本配置

FTP 站点的基本配置

下面以 ftptest1 站点为例，说明 FTP 站点的目录浏览、消息设置、用户验证设置、防火墙等属性的配置过程。

13.3.1 FTP 目录浏览

在"Internet Information Services（IIS）管理器"窗口的中间窗格下单击"功能视图"按钮，双击"FTP 目录浏览"按钮，打开图 13-23 所示的"FTP 目录浏览"窗格，在此可以设置FTP 目录浏览的方式，即如何将目录内的文件显示在用户的屏幕上。目录列表样式有两种。

（1）MS-DOS。默认选项，显示的格式如图 13-24 所示，以两位数字显示年份。

（2）UNIX。显示的格式如图 13-25 所示，以 4 位数字格式显示年份，如果日期与 FTP服务器相同，则不会返回年份。

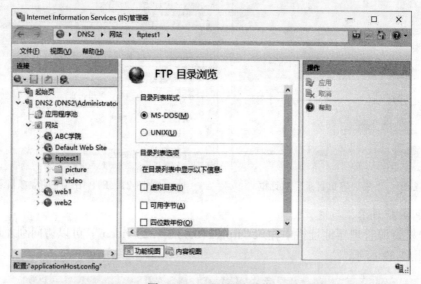

图 13-23　FTP 目录浏览

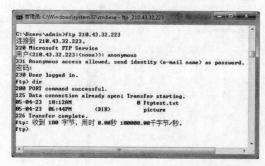

图 13-24　MS-DOS 样式目录列表

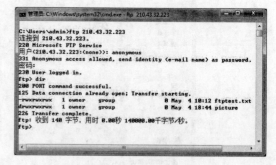

图 13-25　UNIX 样式目录列表

13.3.2 FTP 站点消息设置

用户访问 Internet 中的 FTP 网站时，通常都会在登录后出现欢迎信息，退出时也会显示提示信息。这种方式既是对网站的宣传，也显得更有人情味。设置与测试消息的方法如下。

（1）单击"功能视图"按钮，双击"FTP 消息"按钮，打开图 13-26 所示的"FTP 消息"窗格。

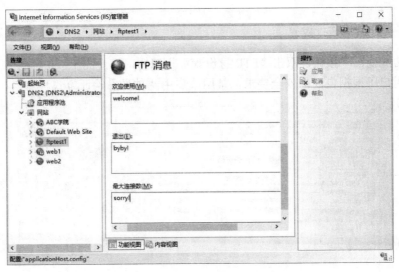

图 13-26 "FTP 消息"窗格

（2）在每个文本框中填写相应的内容，设置完毕后，单击"应用"按钮，即可保存设置。几种消息的含义如下。

1）横幅。用户访问 FTP 站点时，首先看到的文字，它通常用来介绍 FTP 站点的名称和用途。

2）欢迎使用。用户登录成功后，看到的欢迎词，它通常包含用户致意，使用该 FTP 站点时应注意的事项、站点所有者或管理的信息或联系方式、上载或下载文件的规则说明等。

3）退出。用户退出时看到的欢送词，它通常为表达欢迎用户再次光临、向用户表示感谢之类的内容。

4）最大连接数。如果设置了 FTP 站点的最大连接数，当用户连接超过这个数目时，就会给提出连接请求的客户机发送一条错误信息。

（3）图 13-27 所示为使用 FTP 命令行访问 FTP 站点时收到的 FTP 站点消息。

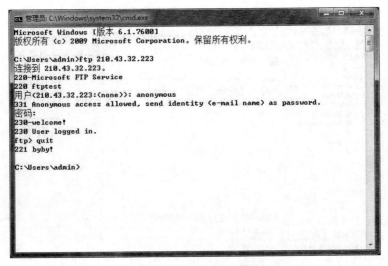

图 13-27 FTP 站点消息

13.3.3 用户身份验证设置

单击"功能视图"按钮，双击"FTP 身份验证"按钮，打开图 13-28 所示的"FTP 身份验证"窗格。用户可根据自己的安全要求，禁用或启用两种身份验证方式。

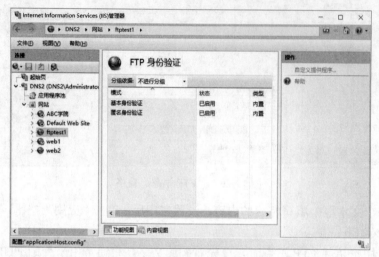

图 13-28 "FTP 身份验证"窗格

（1）匿名身份验证。可以配置 FTP 服务器，以允许对 FTP 资源进行匿名访问。

（2）基本身份验证。客户机必须使用有效 Windows 用户账户登录，才能使用 FTP 服务器的资源。

之前建立 FTP 站点时，已经设置所有用户对 FTP 站点的访问权限为"读取"和"写入"，如果需要更改此权限，可以单击"功能视图"按钮，双击"FTP 授权规则"按钮，打开图 13-29 所示的"FTP 授权规则"窗格，单击右侧"操作"窗格中的"编辑"链接，可以修改已有规则，单击"添加允许规则"和"添加拒绝规则"链接，可以添加新的规则。

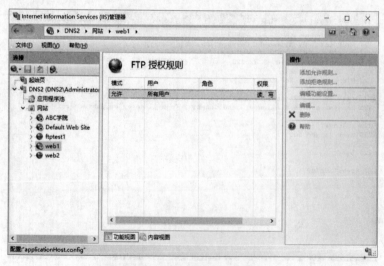

图 13-29 "FTP 授权规则"窗格

13.3.4　FTP 防火墙支持

FTP 服务器安装完成后，系统会自动在 Windows 防火墙内开放 FTP 端口，如果无法连接 FTP 服务器，可以暂时将 Windows 防火墙关闭。

单击"功能视图"按钮，双击"FTP 防火墙支持"按钮，可以打开图 13-30 所示的"FTP 防火墙支持"窗格。

图 13-30　"FTP 防火墙支持"窗格

（1）数据通道端口范围。将 FTP 服务器使用的端口号固定在一定范围内，默认为 0-0，表示采用默认的动态端口范围，也就是 49152-65535，也可以自定义设置为 500000-50100。

（2）防火墙的外部 IP 地址。FTP 服务器一般位于 NAT 之后，这使得客户机无法与 FTP 服务器建立数据通道连接，用户可以在此输入防火墙外部网站的 IP 地址。

13.3.5　FTP 请求筛选

FTP 请求筛选是一种安全功能。单击"功能视图"按钮，双击"FTP 请求筛选"按钮，可以打开图 13-31 所示的"FTP 请求筛选"窗格。各种格式的文件一般都默认能上传，用户可以单击右侧"操作"窗格中的"允许文件扩展名"和"拒绝文件扩展名"链接进行相应的设置。

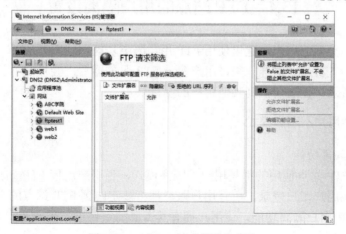

图 13-31　"FTP 请求筛选"窗格

13.3.6 设置主目录

主目录是在创建 FTP 站点的时候指定的，如果要修改主目录，可单击"操作"窗格中的"高级设置"链接，打开图 13-32 所示的"高级设置"对话框，修改物理路径。

13.3.7 编辑主目录 NTFS 权限

单击"操作"窗格中的"编辑权限"链接，可以打开"ftp 属性"对话框，切换到"安全"选项卡，如图 13-33 所示。用户可以根据需要编辑主目录访问权限，方法在第 7 章中已做介绍，此处不再赘述。

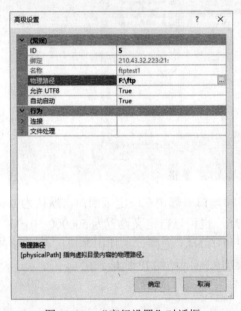

图 13-32 "高级设置"对话框

图 13-33 "安全"选项卡

注意：访问 FTP 服务器主目录的权限是 FTP 站点上目录授权与 NTFS 权限的组合权限。

13.4 FTP 站点的用户隔离设置

FTP 站点的用户
隔离设置

为了管理不同类型的用户，建议使用 FTP 用户隔离功能，让不同的用户拥有其专属的主目录。这样一来，用户登录 FTP 服务器后，会被定向到其专属的主目录，无法切换到其他用户的主目录。

13.4.1 FTP 用户不隔离模式

1. FTP 用户隔离功能

以上创建的 FTP 站点使用的都是用户不隔离模式，当用户连接 FTP 站点时，不管是用匿名账户还是用其他用户账户登录，所有用户账户都将被定向到 FTP 站点的主目录。

可以利用 FTP 用户隔离功能，让用户拥有其专属的主目录，用户还能被限制在其专属主目录内。

单击"功能视图"按钮，双击"FTP 用户隔离"按钮，打开图 13-34 所示的"FTP 用户隔离"窗格，其中的选项的功能如下。

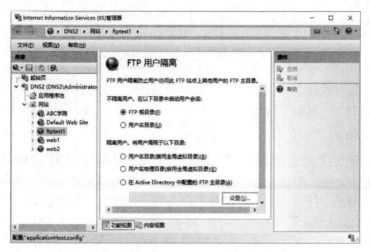

图 13-34　"FTP 用户隔离"窗格

（1）"不隔离用户。在以下目录中启动用户会话"：有两个选项。

1）FTP 根目录。系统默认值，所有用户都会被定向到 FTP 站点的主目录。

2）用户名目录。用户拥有自己的主目录，不过并不隔离其他用户。也就是说，只要拥有适当的权限，用户便可以切换到其他用户的主目录，查看修改其中的文件。此选项的前提是在 FTP 站点的主目录内已经建立目录名称与用户账户名称相同的物理目录或虚拟目录。

（2）"隔离用户。将用户局限于以下目录："分为三种情况。

1）用户名目录（禁用全局虚拟目录）。在 FTP 站点的主目录内已经建立目录名称与用户账户名称相同的物理目录或虚拟目录，用户连接到 FTP 站点后，便会定位到与用户名同名的物理目录（或别名），无法访问 FTP 站点内的全局虚拟目录。

2）用户名物理目录（启用全局虚拟目录）。在 FTP 站点的主目录内已经建立目录名称与用户账户名称相同的物理目录，用户连接到 FTP 站点后，便会定位到与用户名同名的物理目录，可以访问 FTP 站点内的全局虚拟目录。

3）在 Active Directory 中配置的 FTP 主目录。用户必须用域用户账户连接 FTP 站点，需要在域用户账户内指定其专用主目录。

2．不隔离用户 FTP 站点准备

（1）创建用户账户。为了演示用户隔离模式 FTP 站点，先利用"计算机管理"控制台创建两个用户账户，分别是 f1 和 f2，如图 13-35 所示。

（2）创建物理目录。在 FTP 主目录下创建 f1 和 f2 两个子文件夹，并在两个文件夹中分别创建 f1.txt 和 f2.txt 两个文件，便于测试，如图 13-36 所示。

3．选择不隔离用户的用户目录功能

在"FTP 用户隔离"窗格中选择"用户名目录"单选按钮，然后单击"操作"窗格中的"应用"按钮。

图 13-35　创建用户账户

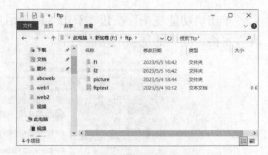

图 13-36　创建物理目录

4．FTP 站点测试

（1）匿名登录 FTP 站点。在客户机的资源管理器的地址栏中输入"ftp://210.43.32.223"，连接到 FTP 站点。

（2）用户名登录 FTP 站点。右击文件夹窗格的空白区域，在弹出的快捷菜单中执行"登录"命令，打开"登录身份"对话框，如图 13-37 所示。输入用户名"f1"和密码，单击"登录"按钮，弹出 f1 对应的主目录窗口，如图 13-38 所示。

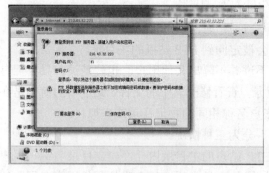

图 13-37　"登录身份"对话框

图 13-38　f1 对应的主目录窗口

（3）访问其他目录。在地址栏的地址之后输入别的目录名，如 f2，则显示 f2 主目录的内容，说明是不隔离用户模式。

13.4.2　FTP 用户隔离模式

过程与上边过程类似

1．创建用户账户

还是使用上边的两个账户 f1 和 f2 进行说明。

2．规划目录结构

目录结构与上边有区别，先在 FTP 站点的主目录 F:\ftp 下创建一个物理目录 LocalUser，再在 LocalUser 目录下创建用户名目录 f1 和 f2，分别对应两个用户名的主目录，再创建一个目录 public，对应匿名账户 Anonymous 的主目录。

下面创建虚拟目录，Video 是上边创建的全局虚拟目录，再在 f1 目录下创建一个专用虚拟目录 f11。

规划好的目录结构如图 13-39 所示。

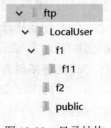

图 13-39　目录结构

3. 隔离用户模式选择及测试

分别在隔离用户模式的三种情况下进行测试。

（1）隔离用户，有专用主目录，但无法访问全局虚拟目录。

1）在"FTP 用户隔离"窗格中选择"用户名目录（禁用全局虚拟目录）"单选按钮，然后单击"操作"窗格中的"应用"按钮。

2）在客户机进行测试，测试结果如图 13-40 和图 13-41 所示。

图 13-40　匿名访问 FTP 站点　　　　　　图 13-41　用户名访问 FTP 站点

（2）隔离用户，有专用主目录，可以访问全局虚拟目录。

1）在"FTP 用户隔离"窗格中"用户名目录（启用全局虚拟目录）"单选按钮，然后单击"操作"窗格中的"应用"按钮。

2）在客户机进行测试。匿名访问与用户 f1 访问 FTP 站点的情况与上面相同，访问全局虚拟目录的结果如图 13-42 所示。

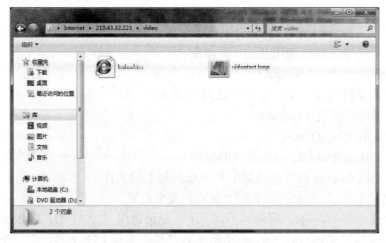

图 13-42　访问全局虚拟目录

（3）通过活动目录隔离用户。

要使用"在 Active Directory 中配置的 FTP 主目录"模式，要求 FTP 服务器和客户机必须在域环境下，使用域用户账户进行配置和登录，配置过程比较复杂，此处不再介绍，感兴趣的读者可自行了解。

本 章 小 结

本章主要介绍了 FTP 的相关概念和客户机访问 FTP 站点的方法，Windows Server 2016 中 FTP 服务器的安装、配置和管理方法，以及各种 FTP 用户隔离模式的配置方法。

习题与实训

一、习题

（一）填空题

1. 在 FTP 服务器上用户一般会建立两类连接，分别是_____和_____。

2. FTP 服务器的默认端口为_____。

3. 在"Internet Information Services（IIS）管理器"窗口中，设置 FTP 站点的访问权限有_____和_____。

4. FTP 身份验证方法有_____和_____两种。

（二）选择题

1. 匿名 FTP 访问通常使用（　　）作为用户名。

　　A．Guest　　　　　　B．Email 地址　　　C．Anonymous　　　　D．主机 ID

2. 在 Windows 操作系统中，可以通过安装（　　）组件来创建 FTP 站点。

　　A．IIS　　　　　　　B．IE　　　　　　　C．POP3　　　　　　　D．DNS

3. 下面的软件中，不能用作 FTP 客户端的是（　　）。

　　A．IE 浏览器　　　　B．Lead Ftp　　　　C．Cute Ftp　　　　　D．ServU

4. 一次下载多个文件应使用（　　）命令。

　　A．mget　　　　　　B．get　　　　　　　C．put　　　　　　　D．send

5. 关于匿名 FTP 服务，以下说法中正确的是（　　）。

　　A．登录用户名为 Anonymous

　　B．登录用户名为 Guest

　　C．用户有完全的上传/下载文件的权限

　　D．可利用 Gopher 软件查找某个 FTP 服务器上的文件

6. 下列选项中，（　　）不属于 FTP 站点的安全设置。

　　A．读取　　　　　　B．写入　　　　　　C．记录访问　　　　　D．脚本访问

7. 在一台安装了 Windows Server 2016 的计算机上实现 FTP 服务，在一个 NTFS 分区上创建了主目录，允许用户进行下载，并允许匿名访问，可是 FTP 用户报告不能下载服务器上的文件。通过检查，发现这是由于没有设置 FTP 站点主目录的 NTFS 权限造成的。为了让用户能够下载这些文件，并最大限度地实现安全性，应该如何设置 FTP 站点主目录的 NTFS 权限？（　　）

　　A．设置 Everyone 组具有完全控制的权限

　　B．设置用户账户 IUSR_Computername 具有读取的权限

C. 设置用户账户 IUSR_Computername 具有完全控制的权限

D. 设置用户账户 IWAM_Computername 具有读取的权限

8. 在一台安装了 Windows Server 2016 的计算机上创建一个 FTP 站点，为用户提供文件下载服务。FTP 的客户报告他们访问 FTP 服务器进行下载时，速度非常慢。通过监视发现，来自某一个 IP 地址的用户长时间访问服务器。管理员决定暂时停止为该用户提供 FTP 服务，以提高其他用户的访问质量，应该如何做？（   ）

A. 在 FTP 服务器上设置 TCP/IP 过滤此 IP 地址

B. 在 FTP 服务器上设置取消匿名用户访问

C. 在 FTP 服务器上设置另外一个端口提供 FTP 服务

D. 在 FTP 服务器属性的对话框中的"目录安全性"选项卡中设置拒绝此 IP 地址访问，然后重新启动 FTP 站点

9. FTP 服务使用的端口是（   ）。

A. 21　　　　　　B. 23　　　　　　C. 25　　　　　　D. 53

二、实训

1. 安装 FTP 发布服务角色服务。

2. 配置和管理 FTP 站点属性。

3. 在 FTP 站点上创建虚拟目录。

4. 设置并测试 FTP 站点用户隔离模式。

参 考 文 献

[1] 刘永华，孟凡楼. Windows Server 2003 网络操作系统[M]. 2 版. 北京：清华大学出版社，2012.

[2] 刘永华，孟凡楼，孙建德. Windows Server 2008 网络操作系统[M]. 北京：清华大学出版社，2017.

[3] 张伍荣，朱胜强，陶安. Windows Server 2008 网络操作系统[M]. 北京：清华大学出版社，2011.

[4] 刘本军，杨君. 网络操作系统教程 Windows Server 2016 管理与配置[M]. 北京：机械工业出版社，2021.

[5] 杨云，刁琦，郑泽. Windows Server 网络操作系统 Windows Server 2019[M]. 北京：人民邮电出版社，2022.

[6] 傅伟，黄栗，彭光彬. 网络服务器配置与管理[M]. 北京：人民邮电出版社，2021.

[7] 戴有炜. Windows Server 2008 网络专业指南[M]. 北京：科学出版社，2009.

[8] 戴有炜. Windows Server 2008 安装与管理指南[M]. 北京：科学出版社，2009.

[9] 韩立刚，张辉. Windows Server 2008 系统管理之道[M]. 北京：清华大学出版社，2009.

[10] 刘晓辉，陈洪彬. Windows Server 2008 服务器配置及管理实战详解[M]. 北京：化学工业出版社，2009.

[11] 刘淑梅，郭腾，李莹，等. Windows Server 2008 组网技术与应用详解[M]. 北京：人民邮电出版社，2009.

[12] 张伍荣. Windows Server 2003 服务器架设与管理[M]. 北京：清华大学出版社，2008.

[13] 雷震甲. 网络工程师教程[M]. 3 版. 北京：清华大学出版社，2009.

[14] 王达. 网管员必读——网络组建[M]. 2 版. 北京：电子工业出版社，2007.

[15] 王伟. Windows Server 2003 维护与管理技能教程[M]. 北京：北京大学出版社，2009.

[16] 鞠光明，刘勇. Windows 服务器维护与管理教程与实训[M]. 北京：北京大学出版社，2005.